新时代

工匠精神

王如平　苏瑞莹／编著

教育读本

中国电力出版社
CHINA ELECTRIC POWER PRESS

内 容 提 要

本书通过古今中外通俗、生动的事例，比较全面地阐述了工匠精神的科学内涵和特征，工匠精神中匠德、匠心和匠艺的关系以及新时代加强工匠精神培育的基本途径和方法。

本书吸收中华优秀文化的思想智慧和发达国家产业发展的先进理念，可作为职业院校学生教材使用，也可作为企业员工培训和有关领导干部的参考资料。

图书在版编目（CIP）数据

新时代工匠精神教育读本 / 王如平，苏瑞莹编著 . —北京： 中国电力出版社，2020.9
ISBN 978-7-5198-4738-8

Ⅰ.①新…　Ⅱ.①王…②苏…　Ⅲ.①职业道德—高等职业教育—教材　Ⅳ.①B822.9

中国版本图书馆 CIP 数据核字（2020）第 106391 号

出版发行：中国电力出版社
地　　址：北京市东城区北京站西街 19 号（邮政编码 100005）
网　　址：http://www.cepp.sgcc.com.cn
责任编辑：丁　钊（010-63412393）
责任校对：黄　蓓　郝军燕
装帧设计：王红柳
责任印制：杨晓东

印　　刷：三河市万龙印装有限公司
版　　次：2020 年 9 月第一版
印　　次：2020 年 9 月北京第一次印刷
开　　本：710 毫米 ×980 毫米　　16 开本
印　　张：15
字　　数：267 千字
印　　数：0001—2500 册
定　　价：59.00 元

前言

　　习近平总书记在纪念红军长征胜利 80 周年大会上强调："人无精神则不立，国无精神则不强。精神是一个民族赖以长久生存的灵魂，唯有精神上达到一定的高度，这个民族才能在历史的洪流中屹立不倒、奋勇向前。"工匠精神正是这样一种精神，不论历史怎样变迁，社会如何发展，工匠精神都是支撑人类社会不断前行的精神脊梁。

　　工匠精神是一种精益求精、专业专注的职业精神。古往今来，工匠精神一直都在改变着世界。热衷于技术与发明创造的工匠精神是每个国家活力的源泉，中国的创新驱动发展也呼唤工匠精神的回归。美国当代著名发明家迪恩·卡门说："工匠精神不仅是一个国家的一部分，更是让这个国家生生不息的源泉。"当前，工匠精神已经超越了"工"本身的范畴，每个人、每个职业都需要"工匠精神"。在深化改革开放的新时代，我们要让工匠精神成为人人向往、人人践行的价值追求，让尊崇工匠精神在社会上蔚然成风。

　　培育工匠精神是继承和弘扬中华传统文化的必然要求。中国是文明古国，自古以来就有工匠精神。工匠精神是中华优秀传统文化的重要内容，它体现了仁民爱物的担当尽责和精益求精的职业追求，达到了德艺兼修、物我合一的崇高境界。正是这种工匠精神，传承了传统文化的思想基因，成为中华民族的重要发展动力，奠定了中国成为世界四大文明古国之一的文化根基。新时代工匠精神必须坚持古为今用的历史传承，从传统文化中汲取精神营养并发扬光大。

　　培育工匠精神是践行社会主义核心价值观的时代要求。工匠精神与社会主义核心价值观、中华优秀传统文化一脉相承，是新时代中华儿女实现伟大"中国梦"的重要精神动力。习近平总书记指出："无论从事什么劳动，都要干一行，爱一行，钻一行。在工厂车间，就要弘扬工匠精神。"他在党的十九大报告中强调要"建设知识型、技能型、创新型劳动者大军，弘扬劳模精神和工匠精神，营造劳动光荣的社会风尚和精益求精的敬业风气。"

　　培育工匠精神是我国新时代创新发展的需要。《礼记·大学》云："苟日新，日日新，又日新。"创新是工匠精神的内在要求，没有创新，工匠的技术只能是故步自封，迟早会被时代淘汰。实现中华民族的伟大复兴，不仅需要技术的发展，更需要职业精神的提升。2015 年 5 月 19 日国务院正式印发《中国制造 2025》，提出了中国政府实施制造强国战略第一个十年的行动纲领。中国要迎头赶上世界制造强国，成功实现中国制造 2025 战略目标，就必须在全社会大力弘扬以工匠精神为核心的职业精神。李克强总理在 2016 年的政府工作报告中指出："鼓励企业开展个性化定制、柔性化生产，培育精益求精的工匠精神，增品种、提品质、创品牌。"工匠精神写在政府工作报告中，表明培育和弘扬工匠精神已成为国家意志和时代发展的价值追求。

　　培育工匠精神是我国新时代职业教育改革的重要使命。习近平总书记指出："只有科学文化与人文文化的有机交融，才能使一个人真正树立科学精神，'活化'所学知识，正确认识世界，能动改造世界。"工匠精神是一种重要的人文精神，是职业院校学生必须具备的职业素质。我们必须把工匠精神有机融入职业教育教学的各项工作中，促进"课程思政"与"思政课程"同向同行，不断增强学生思想政治工作合力，努力培养德智体美劳全面发展的社会主义接班人和建设者，为实现中华民族伟大复兴提供坚实的人才支撑。

国家电网有限公司（以下简称国家电网）的核心价值观与工匠精神高度契合。国家电网倡导的"努力超越，追求卓越"企业精神和"以客户为中心，专业专注，持续改善"的企业核心价值观，正是工匠精神的集中体现。"人民电业为人民"的企业宗旨，不仅体现了以人民为中心的发展理念，更是体现了工匠精神的本质要求。国家电网的战略目标是建设具有中国特色国际领先的能源互联网企业。为了实现这一宏伟的目标，国家电网员工不仅要在技术技能上努力超越，更要在职业精神上追求卓越。这就需要在企业员工中大力培育和弘扬工匠精神，努力培育一大批知识型、技能型、创新型的新时代电网员工。

基于以上考虑，我们组织编写了《新时代工匠精神教育读本》。本书紧密结合党的十九大精神，以习近平新时代中国特色社会主义思想为指导，注意吸收中华优秀文化的思想智慧和发达国家技能发展的先进理念，充分体现了思想性、时代性和先进性。同时，立足国家电网和电力系统实际，体现了行业性。本书以古今中外通俗、生动的案例和事典，比较全面地阐述工匠精神的科学内涵和特征，以及新时代加强工匠精神培育的基本途径和方法，具有典型性、创新性、系统性和可读性。

本书按照章节来编写，各部分内容相互联系，形成比较完整的逻辑体系，便于作为职业院校学生教材使用，也可作为企业员工培训和有关领导干部的参考资料。在本书的写作中也曾参阅了大量相关著述成果，在此向有关作者深表谢意。同时，本书的编写也得到福建电力职业技术学院有关领导的悉心指导和大力支持，在此也向他们表示衷心感谢。

因编写时间仓促，再加上编者的学习不够，体悟不深，在新时代工匠精神的探索和研究中，无论从理论广度和深度上都十分有限，在此希望有关专家学者、领导和师生员工在使用中多提宝贵意见和建议，我们将认真借鉴参考，使本书在今后的修订中更加完善。

编　者

目录

前言

第一章 工匠精神之源 1

第一节 起源和发展 2
一、"工匠"一词的历史溯源 2
二、工匠精神萌芽及历史演变 6
第二节 内涵和特征 11
一、工匠精神的科学内涵 11
二、工匠精神的基本特征 17

第二章 工匠精神之道 22

第一节 修身养性培匠德 23
一、以匠德为先 23
二、匠德的要素 24
三、匠德培养之法 36
第二节 专心致志养匠心 46
一、以匠心为本 47
二、匠心的要素 49
三、匠心培养之法 66
第三节 善做善成学匠艺 69
一、以匠艺为根 69
二、匠艺的要素 70
三、匠艺培养之法 76

第三章 工匠精神之典范 86

第一节 世界工业强国的工匠精神 87
一、日本：职业皆佛行 87
二、德国：对质量近乎宗教般狂热 100
三、美国：发扬光大的"职业精神" 114
四、意大利：高度尊重人和物 119
第二节 中国工匠精神之典范 123
一、工匠精神在工业领域的杰出代表 123
二、当代工匠精神企业典范 136
第三节 国家电网工匠精神之典范 142
一、企业精神 142
二、用奋斗诠释工匠精神 144

第四章 工匠精神之路 153

第一节 教育的原则 154
一、三全育人 154
二、立德为先 166
三、主体性 170
四、实践性 171
五、引领性 172

第二节 成为工匠的途径 175
一、内化于心 175
二、外化于行 185
三、融化于文 192
四、固化于制 195

第五章 工匠精神之新时代 198

第一节 新意义 199
一、增强国家经济竞争力的精神资源 199
二、企业生存、发展的重要保障 200
三、职业院校自身生存、发展的需要 202
四、促进工作主体自我价值的实现 204

第二节 新内涵和新要求 206
一、精益求精、追求极致的职业品质 206
二、开放协同、分工协作的共赢意识 208
三、爱岗敬业、专注专业的执着追求 208
四、与时俱进、勇于创新的开拓精神 209

第三节 新时代职业教育改革 212
一、立德树人 212
二、课程教学 213
三、实践育人 214
四、校园文化 215
五、培养模式 217
六、育人体系和保障机制 219

第四节 新时代员工成长 220
一、文化铸魂——营造工匠精神培育"大气场" 220
二、机制聚才——深挖工匠人才"蓄水池" 222
三、教育引领——提升工匠人才的思想品质 224
四、实战成军——打造工匠创新"主力军" 225

参考文献 227

第一章

工匠精神之源

在中国，工匠精神从古至今都流淌在中华文明的血液之中，随着中华文明的发展而丰富。当今社会，虽然手工劳动的时代已经过去，但是工匠精神中所蕴含的务实力行、精益求精的深刻内涵依然在全社会具有深刻、广泛的精神价值，时至今日，依旧是实现社会主义强国之路上不可或缺的精神力量。

第一节　起源和发展

时下，人们一提到工匠精神，就会联想起德国、日本，但事实上，回望中华民族五千年的文明发展，我们发现，从古至今，中国从来不缺乏能工巧匠，也从来不缺少工匠精神。从《山海经》里记载的"共工生术器"到《吕氏春秋》中的"公输般，天下之巧工也"；从商周的青铜器到唐代的三彩、北宋的汝瓷、明清的丝绸；从屹立千年而不倒的赵州桥到世界文化遗产都江堰、兵马俑、万里长城、故宫、西安大雁塔等，可以说，华夏五千年的文明史其实就是一部匠品辉煌史。而这一部匠品辉煌史也深刻地记载着如被尊为中国土木工匠始祖的鲁班、解牛技艺精湛的庖丁、纺织技术革新家黄道婆、陶瓷祖师赵概等历代巧匠们对产品质量的不懈追求、对精湛技艺的代代传承，以及对匠心的专注和执着的精神理念。"炉火纯青""切磋琢磨""巧夺天工""得心应手""游刃有余""鬼斧神工""出神入化"等词语，正是对工匠们出色技艺的描绘与认可。中华上下五千年的文明史不但为人类留下了灿烂的中国文化，铸就了业精技巧的工匠精神，同时也为历代技术人才的培养和社会经济的发展做出了巨大的贡献。

随着信息时代智能生产的到来，手工生产时代工匠精神中对于具体操作层面的重点关注已不适合当前时代的特点。所以，工匠精神也从最初对手工业劳动者职业精神的称颂逐渐演变出更丰富的现代意涵。其核心理念也从"造物"逐步向"育人"转变。

那么，什么是工匠精神呢？要了解其深刻内涵，就有必要先来探寻一下工匠精神的起源及其发展历程。

一、"工匠"一词的历史溯源

所谓"工匠"指的是"手工业者"，是以手工劳动作为基本方式的劳动者。工匠一词最早出现在春秋战国时期，是社会分工发展的产物，是社会劳动阶层的重要组成部分。从西周开始出现了"百工制度"。《考工记》："天有时，地有气，材有美，工有巧，合此四者，然后可以为良。"意指天气受季节限制，土地受气候限制，工匠有巧拙，材料有好坏，把这四者结合起来是最好的。《论语》中有"百工居肆，以成其事"的说法，是指工匠在作坊里完成产品，这表明百工已成手工业者的通称。

恩格斯说："工具的使用是人脱离动物界的第一步，劳动使人真正成为人，并且推动人类文明不断演进。"如果把器物当作人类文明进步的标志，那么，无论是石器文明、铁器文明，还是蒸汽文明和电气文明，以及现在的信息文明，我们均可清晰地看到它们的发展脉络。而各个文明中的器物，都是工匠创造的。

"工匠"之"匠"是个会意字，其外框为"匚"，指的是放木工用具的箱子；而"斤"是象形字，上面是横刃，下面是曲柄，本义是木工所使用的斧类工具。所以，"匠"的本意指的只有木工。后来，凡是具有专门技术的人都可以称为手艺人，只不过技艺一般的"匠"只能叫做"手艺人"，而只有具备工艺专长的手艺人才能称得上"工匠"，即优秀的手艺人。因此，上古时代的"工匠"作为具有一定工艺专长的匠人，受人尊敬，具有一定的社会地位。

在农业社会，大部分工匠是手工业的劳动者，他们拥有特殊的专业技能，以一技之长服务社会，通过职业的社会分工获取生存和发展，涉及的主要职业有木匠、裁缝匠、泥瓦匠、画匠等工种，涵盖了农林牧业等领域，荀子说："人积耨耕而为农夫，积断削而为工匠，积反货而为商贾。"意即一个人长期耕田，就会成为农夫；长期砍削，就会成为工匠；长期卖货，就会成为商人。社会生产领域早在夏商周三代时期已经分化为农、工、商三个阶层，工匠作为社会实体生产的重要一环，其社会地位的重要性不言而喻。

资料链接

在古代中国，墨子被称为是"工匠之祖"，他主张工匠技艺应服务于人民生活水平的提高，服务于生产力的发展进步。一些学者尊称其为中国古代最杰出的工匠理论家和工匠实践家。

《韩非子·外储说左上》中记载了墨子的一则见闻，文中记载道：墨子为木鸢，三年而成，蜚一日而败。弟子曰："先生之巧，至能使木鸢飞。"墨子曰："吾不如为车輗者巧也。用咫尺之木，不费一朝之事，而引三十石之任，致远力多，久于岁数。今我为鸢，三年成，蜚一日而败。"惠子闻之曰："墨子大巧，巧为輗，拙为鸢。"

该文说的是务实，说的是坚持，也说的是技巧。"为车輗者巧也"说的是工匠技艺更应服务于人民生活水平的提高，服务于生产力的发展进步。"三年而成"说的是墨子不曾放弃，不争朝夕，只要结果，才有"三年而成"。"先生之巧，至能使木鸢飞"说

> 的是不断改进、打磨而精益求精的技巧。
>
> 　　由墨子事例所反映出来的"工匠精神"就是"务实于发展、坚持而不懈、精益再求精"。

　　第二次社会大分工以后，手工业逐渐脱离了农业劳动，成为一个凭借手工技艺谋生的独特行业。随着社会的进步，以工匠为代表的手工业不断发展，其包含的工种越来越多，门类划分也越来越明确。据《考工记》记载，春秋战国时期，我国官营手工业中便有了木工、金工、皮革工、染色工、制陶工等六大类三十多个工种，充分体现出了当时我国所拥有的高超技艺水平。《考工记》中将当时的社会成员分为六大类："王公、士大夫、百工、农夫、妇功、商旅"。其中，对"百工"的职责做了明确界定："审曲面势，以饬五材，以辨民器，谓之百工"，也就是说工匠的职责是需要充分了解自然物体和原材料的形状和性能，对其进行辨别挑选，加工成各种器具供人使用，这种职业特性从本质上把工匠和那些"坐而论道"的王公区别开来，工匠成为当时除巫职之外的一个重要专业阶层。同时，《周礼·考工记》中记载："百工之事，皆圣人之作也。烁金以为刃，凝土以为器，作车以行陆，作舟以行水，此皆圣人之所作也。"将"创物"的"百工"称为"圣人"。

　　我国古代的各个朝代几乎都设有专管工匠的官吏。周朝设"作场"，设立"百工制度"，将工匠安排在一个相对固定的专业上进行管理。南北朝时，"百工制度"逐步被"番役制度"所替代。北周时期，工匠每年只有两个月的时间需为官府"上番"劳动，其余的时间可以自行支配。隋唐时期，工匠便已可以"纳资代役"。作为谋生立业的必备技能，工匠们十分重视自己的技术水平，并希望通过高超的技艺吸引更多的客户，从而获得更高的收入。正因如此，工匠们不断改进自己的技术，练就独门绝技，力图制造出更优质的产品，这也是工匠精神形成的原始动力。古代工匠对自己的技艺要求十分严格，精益求精、追求极致，也因此对自己的技艺有着绝对的自信。很多掌握"独门绝技"的工匠只愿将技术传给自己的后代，不愿意传授给外族的人，而且因怕女子出嫁时将自己的独门秘籍传于外族，所以"传男不传女"。"艺徒制度"是中国古代传统的工匠培养体系，它不仅重视知识和技能的传承，也重视师徒之间的领悟和互动。工匠们在教授徒弟时不仅传授技艺，也传授从业的态度及为人处世的道德准则。他们重视立业，也重视立德，不仅传授给子孙高超的技艺，也包括为人处世的道德素养，这也正是我国古代工匠精神的原始内涵。师徒之间共同学习、生活、工作、研讨，也在工作和实践中一起继承和发扬着工匠精神。

"三百六十行，行行有工匠"，工匠的工艺和类别划分比较细致。且几乎每个行业都有该行业所共尊的始祖，作为一种激励和准则引领着这门技术的传承。这些行业在传承技艺的同时，也以不同的方式传承着专注、敬业的工匠精神，从中闪烁着人文关怀的人性光辉。

《诗经》云："有匪君子，如切如磋，如琢如磨"，就把古代工匠在加工玉石、象牙、骨器时仔细、专注、求精的过程与态度，引喻为君子自我修养。对此，孔子在《论语》中十分肯定，朱熹《论语》注中解读为"治之已精，而益求其精也"。而庄子则用"庖丁解牛""运斤成风"等几个故事，赋予"技"更深层次的意义，把人性的意识渗透进其技术思想中，认为天道美的展现是技术的本质，人之技的最高境界是以技入道，从而在强调技艺精湛的同时，又从不同侧面把处世之道和人生哲学传达给读者，使读者明白，当工匠的技艺达到炉火纯青之时，是可以进入随心自由的境界的。在道家经典《庄子》一书中，更是为我们描绘了匠石、梓庆、轮扁、庖丁、承蜩者等一系列能工巧匠的形象。

清代思想家魏源说"技可近乎道，艺可通乎神"，意思是当某项技艺达到巅峰之后，再进一步就接近了"道"，即天地万物的本源。《庄子》笔下的许多匠人都将工作视作一种体察万物之道的途径。王阳明所讲的"知行合一"，也强调人们应当把工作当成一种"致良知"的修行。在传统文化中，世俗的事务超越了器物的层面，被赋予更多精神的意义，这正是中国工匠文化中"道技合一"的传统。

"亲民爱物"是中国工匠文化的一大特色。其中"亲民"主要源于儒家仁爱亲民的思想，由此形成了"贾而儒行"的中华民族儒商文化。"爱物"则更多源于"万物一体""天人合一"的道家文化。

千百年来，无数工匠创造出中华民族光辉灿烂的技术文明。中国作为世界四大文明古国之一，其技术文明上的成就曾令许多国内外专家学者赞叹不已。英国著名学者李约瑟曾在《中国科学技术史》一书中指出，在3~14世纪期间，中国的科技水平始终是领先世界的，而且在科技发展的很多领域，中国也领先于现代西方文明的发源地古希腊。

被誉为"天下第一塔"的开宝寺塔，其前身是一座木塔，系北宋著名建筑学家喻浩所建。初落成时，望上去塔是向西北方向稍微倾斜的。有人问喻浩缘由，预浩说京城地势平坦无山，而且总是刮西北风，不远处又有大河流过，由于受到风力与河水浸岸的影响，不用一百年，塔身自然就直过来了。如今，细心的游客在游览时总会发现，眼前的塔已向东南方向倾斜。喻浩在建塔之初用心之精细由此可见一斑。

比开宝寺塔还要早三百多年建成的西安小雁塔，在漫长的历史岁月中，更有"三离三合"的神奇经历。所谓"三离三合"，就是在三次大地震时塔身分离，地震过后又渐渐自行"复合"。今人在修复小雁塔时发现，原来当时的工匠根据西安的地质情况用夯土将塔基筑成了一个半圆球体，这样受震后塔身所受的压力就会均匀分散，像个"不倒翁"一样，防震效果大大提高。

小雁塔和开宝寺塔，代表了中国古代工匠精湛的技艺，以及中国古建筑艺术的卓绝成就，在当时都是领先世界的。

如果放在一个较长的历史时期来看的话，中国是当之无愧的匠人之国、匠品之国，丝绸、瓷器、茶叶等一直都是名副其实的世界知名品牌；也出现了像鲁班、李冰、李春、蔡伦、张衡、蒯祥、样式雷家族这样闻名于世的工匠。以他们为代表的无数匠人先辈们用精湛的技艺，为后人留下了都江堰、长城、赵州桥、浑天仪、故宫、圆明园、苏州园林等蔚为大观、巧夺天工的匠心之作。这些千年"匠心工程"的背后，正是中国工匠精神之萌芽。

二、工匠精神萌芽及历史演变

工匠精神在中国自古有之。我国工匠群体从历史时间轴的起点开始，不断积聚着力量和惯性，凝集着中华民族传统文化精髓的工匠精神，一步一步跨过时间的长河，留下了令世界惊叹的造物技艺和创造精神。

（一）中国工匠精神的产生阶段

中国工匠精神的萌芽和产生阶段是旧石器时代——夏商周时期。这一时期的工匠精神开始从人类本身思维中的潜意识状态正式进入人类的视野，这一时期的工匠精神是工匠的本位精神，是最质朴的精神。

旧石器时代开始，人类的祖先开始创造工具和使用工具，这是中国传统工匠精神最开始的模糊状态。人类发挥工匠精神使得工具从打制石器转变成为磨制石器，之后又开始开发使用骨器、角器、陶器、铜器等一系列的工具。

有历史记载的工匠精神源自4300年以前。据传说，当年舜"陶河滨，河滨器皆不苦窳"（在河滨制陶，陶器没有不好的），从这句话中可以看出古代工匠追求精益求精、精工细作的精神。翻开史书，从舜帝到夏朝奚仲，再到商朝傅说，各个朝代的能工巧匠都被记载在册，他们所展现的精神影响了中国社会的各个领域，推动了中国的工匠文化以及工匠精神的塑造。这一时期的工匠精神普遍是简单朴实的，工匠们练就一身好的本领，通过手艺作为一种谋生的手段。《增广贤文》中记载："良田千顷，不如薄艺在身"，由此可见技艺在当时具有的重要作用。

中国传统文化的精髓在历史上闪闪夺目，在河姆渡遗址中出土的许多打磨得十分精细光滑、富有神采的石骨制品、象牙制品，做工非常的精巧，每一件都是匠心之作。这些原始文化的遗址不仅见证了当时中国传统文化的精髓之处，同时对现代人提供了宝贵的智慧财富，其中所体现的是中国传统工匠智慧的结晶，他们凭借一丝不苟的态度、巧夺天工的技术以及刻苦认真的追求，精心打磨出来的作品不仅对当时人们的生活提供了便利，更重要的是直到今日，每一件作品中所体现出来的工匠精神都没有褪色。作为中华民族最宝贵财富之一的传统工匠精神，我们不仅需要铭记在心，更需要不断传承，使其生机勃勃地延续。

（二）中国工匠精神的发展阶段

我国工匠精神的延伸和发展阶段是手工业时期。儒家思想逐渐占据了中国社会的治理主流，衡量一个人的主要标准是"德"。这一时期的工匠精神也随着文化的发展有了更加丰富的内容，开始了从本位主义向超越本位的过渡。随着科技文化的不断进步和手工业的进一步发展，工匠们的工种种类变得日益繁多，不仅如此，社会对工匠们的要求不仅要满足于技术的高超，同时对工匠们的道德水平也有了进一步的要求。"道德精神"是中国的文化精神，这种道德精神成为中国人普遍认同并且渴望实现的一种"理想人格"。工匠们适应社会发展的需求，极力维护自身的职业理想。随着道德社会的不断推动，社会团体中的工匠这一群体，逐步在社会发展中形成职业规矩以及职业道德。工匠的身份遍及的行业和角落越来越多，技术的高超很重要，但是工匠们的道德水准比技艺更加重要。匠人们要想真正的创造出精美的作品，就应发挥道德的力量，以匠人之骨为艺，以匠人之魂为德，努力达到德艺双馨便成了每一位匠人的追求。

对于道德的追求是中国传统文化的重要组成部分，同时也是对工匠的伦理要求。正是这种内在的伦理要求，不断激励着古代的工匠们锤炼技艺，追求道德艺术。这一时期的工匠精神，随着社会经济的发展，人们的思想变得更加成熟，而对工匠精神的追求也变得越来越深刻，由此对工匠们的技艺传承一步步有了新的要求。中国的传统文化中等级观念的存在，使手艺的传承本身就存在着约束，而匠人传承技艺的过程中，因为途径的改变而逐渐发生了社会关系的不断变化。

（三）中国工匠精神的退化阶段

中国工匠精神的退化阶段主要是指从明初开始，到改革开放初期这个大的时间范围。这里的退化是指相对于工匠精神的不断发展和日益完善而言，工匠精神在这一历史时期并没有得到更好的发展和完善并发挥其应有的作用，因为时代背景的不同甚至可能出现的是被边缘的一些现象。但是，工匠精神的退化现象在这个历史时期并不是一个连续的过程。

在这段历史时期和一些特定的时间段内，中国传统的工匠精神有新的内容并对中国成就有过积极的作用。新中国成立后出现过很多的工匠模范事迹，如 1956 年 7月，沈阳飞机厂试制成功我国第一架喷气式飞机；1964 年 10 月 16 日，我国第一颗原子弹爆炸成功，这些成就都体现了中国工匠精神的传承。

第一个时段，明清时期。这一时期对工匠精神的破坏是超过以往其他任何时代的。定于明初的匠籍制度，严重影响了民间手工业者的商品生产，也导致了官营生产的日益衰落。明代时期，政府将所有的手工艺者编纂入册，使得他们服役于国家，并对他们的身份进行了分类，设置相应的班次，如工作方式分为轮班制和坐班制，同时还有军匠和民匠之分。按照规定，工匠在服役的时候没有人身自由，同时国家不进行经济拨款，只是分发些直米和月粮。工匠们在当时服役时间长，每日劳作时间久，再加上工作的环境十分恶劣，这种"役皆永充，世业罔替"服役制度对工匠们来说苦不堪言。后期银代役制度代替了徭役，但是政府官员的剥削和一些硬性的规定使得全国工匠出现极大地困境，有些地方没人可出甚至没有钱可出。体制的限制和管理制度的混乱对我国的工匠们无疑是雪上加霜，整个国家的手工业也因此而受到了破坏，经济逐渐萧条。顺治二年，清政府吸取教训，将匠籍制度废除。清政府的这项规定标志着手工业生产的徭役时代结束，在手工业生产发展史上具有重要的意义。匠人们被编入普通的籍贯中，按照规定无需再缴纳钱粮，也无需再服役，他们有了更多的精力从事其他方面的生产了。如果政府有工程建设，需要工匠时会实行招募的制度，并且给工匠们一些报酬，这一举措促进了经济的进一步恢复。政府的贪腐和工匠的匠籍管理制度根深蒂固，历史遗留问题依然存在，清政府在发展过程中由于财政的亏损，产生了巨大的压力，由此他们又开始向匠人们征收匠班银。为了保持政府对工匠的控制同时安抚匠人们的情绪，开始实行匠班银摊入地亩的方式，这一政策达到了缓解政府困难的目的，同时还提高了工匠的生产积极性。在实行这一制度时，官营手工业同时进行了改革，将徭役劳动真正的废除了，实行雇佣招募劳动制度。民间手工业借助这些举措开始发展起来，逐渐脱离官府的干涉，逐步走上了正规的发展之路，工匠们和工匠精神因此有了回暖的状态。

第二个时段，近代时期（从鸦片战争开始到新中国成立）。在这一时期我国的工匠精神遭受了重大的挫伤。鸦片战争极大地抑制了中国各个方面的发展。那个时期的中国工匠们，在战争中失去了生存的基础，中国坚持千百年的自给自足经济体制受到破坏。鸦片战争之后，中国被迫开放通商口岸，西方的工业产品不断涌入到中国的市场。这些现象造成了中国大量的财富流向其他国家，对中国传统手工业造成了极大冲击，使得中国引以为傲的丝织品、瓷器和茶叶失去了优势。近代工业时期，中国的政治、经济和文化受到西学东渐的影响而遭受前所未有的质疑。西方列强不断入侵，中国的政治局面极其混乱，文化受到冲击，战争不断发生，整个国家、整个民族都处在危机时期，中国的传统文化无法发展，工匠精神更无法建设和传承。这一历史时间段里，救亡图存是国家的根本大业，整个民族陷入呐喊中，工匠精神更是十分的彷徨。

第三个时段，改革开放初期。中国的思想逐步解放，我国实行市场经济，在尚不成熟的市场经济发展条件下，工匠精神成了阻碍商人谋取经济利益的一股力量。特别是经历了社会的动荡之后，人们对于金钱的渴望、对于物质的追求相对于以前更加贪婪。工匠精神的主要内容与商人的追求背道而驰。

工匠精神的退化从其根源来说在于工业化的不断发展而使人类出现了异化现象。结合当前社会发展实际，工匠精神衰退的具体原因在于：劳动分工过于细致使得工匠们片面发展，科技的发展使得工匠们变得懒散，逐利思想和急功近利的影响等方面。因此，工匠精神衰退的原因是复杂的。

（四）中国工匠精神的重塑阶段

自 2015 年我国开始了从"制造大国"向"制造强国"的转型，《国务院关于印发〈中国制造 2025〉的通知》（国发〔2015〕28 号）文件，标志着转型之路的开始，而具备工匠精神的技能型人才将成为"制造强国"转型之路中的重要力量。由此，在强国征程中人们对"工匠精神"的关注度也越来越高，对"工匠精神"的历史源流和主要内容的认识也在不断深入，这有助于"工匠精神"的传承，有利于中国传统工匠精神在当今时代体现当代价值。从 2016~2019 年，"工匠精神"四个字四度写入政府工作报告。2016 年政府工作报告中指出："鼓励企业开展个性化定制、柔性化生产，培育精益求精的工匠精神，增品种、提品质、创品牌。"2017 年政府工作报告中指出："大力弘扬工匠精神，厚植工匠文化，恪尽职业操守，崇尚精益求精，完善激励机制，培育众多'中国工匠'打造更多享誉世界的'中国品牌'，推动中国经济发展进入质量时代。"2018 年政府工作报告中指出："全面开展质量提升行动，推进与国际先进水平对标达标，弘扬劳模精神和工匠精神，建设知识型、技能型、创新型劳动力大军来一场中国制造的品质革命。"《中国制造 2025》中指出："制造业是国民经济的主体，而工匠文化是推动我国从'中国制造'向'智能制造'转变的原动力。"

当今时代，我们追溯工匠精神，了解工匠精神，继承和发扬工匠精神，同时要站在一个全方位的思维角度，与中国的实际相结合，与民族的立场相融合，与全球的发展形势相贯通，重新构造我们新时代的工匠精神。重构新时代工匠精神要深刻地剖析其内在的价值、工匠文化的产生原因，以及工匠文化的使命，不能再仅局限于技术、劳动过程等，而是在工匠精神本位的基础上，注重工匠精神的升华，尤其是工匠文化的升华。

在过去漫长的历史进程中，中国的工匠精神和科学技术一直领先世界，工匠精神也一直是中华民族的优良传统和民族精神之一。如今，在实现中华民族伟大复兴的光辉历程中，我们除了要以开放、包容的心态积极吸收世界文明的有益成分之外，还应寻回在经济快速发展过程中逐渐失落的工匠精神。通过推行工匠精神，培育工匠文化，让国人能享受到更优质的产品和服务，让更多的中国企业、中国品牌走出国门，赢得世界的尊重。

第二节　内涵和特征

建设社会主义现代化强国，需要千千万万的能工巧匠。当前，大力弘扬工匠精神已成为时代的热潮。我们要正确把握工匠精神的科学内涵及其基本特征，这是新时代弘扬工匠精神的重要前提。

一、工匠精神的科学内涵

（一）工匠精神的内涵

"工匠"是社会分工的产物，一般指有工艺专长的手工匠人。随着科技的进步和生产的大发展，社会分工越来越细，如今的工匠外延已大大扩大，涵盖了各行各业从事技术、技能类工作的职业群体。正如马克思所指出的，分工"不仅使物质活动和精神活动、享受和劳动、生产和消费由各种不同的人来分担这种情况成为可能，而且成为现实"。

"工匠精神"指的是一种精益求精、专业专注的职业精神，它是职业能力、职业道德、职业品质的体现，是从业者的一种职业价值取向和行为表现。工匠精神内涵十分丰富，它既包含精雕细琢、精益求精的工作理念，精湛高超的技艺技能，也包含严谨细致、专业专注的工作态度，以及爱岗敬业、勇于担当的职业精神，体现了知、情、意、行的有机统一。工匠精神也体现了中华优秀传统文化"天人合一""德技合一""道技合一"的基本精神。

《新时期产业工人队伍建设改革方案》也提出，大力弘扬劳模精神、劳动精神、工匠精神。这三者构成一个完整的有机整体，相辅相成，相互促进。努力弘扬工匠精神，应成为新时代职业工作者的一种价值追求和行为导向，并应成为新时代职业教育的一个重要内容。

（二）工匠精神的本质

工匠精神的本质就是"仁民爱物"，即对百姓的担当精神和对物尽其用的负责精神。这是工匠精神的出发点和立足点。孟子曰："亲亲而仁民，仁民而爱物。"意即爱护亲人而仁爱百姓，仁爱百姓而爱惜万物。在儒家看来，亲亲不仅是一般血缘群体的基本准则，而且成为遍及宇宙的普遍法则。"仁"应由己及人、由近及远、由人及物。孟子所倡导的"老吾老，以及人之老；幼吾幼，以及人之幼"，都是体现了这一以贯之的原则。康熙帝说："仁者无不爱。凡爱人爱物，皆爱也。"

工匠精神实际上体现了对人对物担当尽责的态度和精益求精的精神，而这些都是符合"仁"的价值准则，达到了德艺兼修、物我合一的境界。孔子曰："志于道，据于德，依于仁，游于艺。"当时的"艺"，主要包括"六艺"，即礼、乐、射、御、书、数等。孔子告诉我们，"道""德""仁"是"艺"之纲领和灵魂。因此，工匠精神不仅体现了对精湛技艺的追求，也体现了对仁义道德的推崇，从而达到德艺双馨。

（三）如何正确认识工匠精神

1. 工匠精神是神与形的统一

工匠精神之"神"就是其内容，就是它的本质要求；而其"形"就是其形式，就是它的外在表现和实现途径。工匠精神之"神"是它的核心所在。从内容看，它具有统一性，即对职业工作的认真负责和勇于担当的精神，以及精益求精和尽善尽美的价值追求。而工匠精神从形式看，它具有多样性，即不同人、不同职业表现工匠精神的形式、方法和途径各不相同。当然，内容决定形式，万变不离其宗，形式的变化归根到底是由内容所决定的，所以形散而神不能散。而形式又反作用于内容，好的形式能促进内容的发展，而不好的形式则会阻碍内容的发展。所以我们也不能忽视形式的能动反作用。

总之，工匠精神是"神"与"形"的有机统一，两者相互依存，缺一不可。但是，二者相比，神比形更为重要。所以，在具体实践中我们不能颠倒主次，否则就会犯形式主义的错误。就像一座庙，如果外面装饰得富丽堂皇，但里面却没有至圣的神，那这座庙又有何用呢？同时，我们也不能忽视形式的能动作用，必须采取适当的方法和形式来弘扬工匠精神，使之更好地发挥作用。

——————— "庖丁解牛" 的故事 ———————

厨师给梁惠王宰牛，技术高超得令梁惠王很是惊讶，问他是怎样达到这样的水平：手所触及之处，肩膀所依靠之处，脚所踩到之处，膝盖所顶之处，全都哗哗作响，进刀时霍霍地响，这些声音没有不和音律的。

梁惠王问他的技术怎么会到这种程度。

厨师回答梁惠王说，他靠的是精神，而不是靠眼睛与牛进行接触，19年杀牛的经历，他的刀刃仍然像刚从磨刀石上磨出来的一样锋利，他按照牛的身体结构，用很薄的刀刃插入有空隙的骨节，一旦碰到筋骨交错很难下刀的地方，他就小心翼翼地提高注意力，动作缓慢下来，动起刀来非常轻。就是这样，哗啦一声，牛的骨和肉一下子就解开了。

---

2. 工匠精神是德与才的统一

工匠精神必须是德艺兼备。中国传统文化认为，作为君子应该德才兼备，以德为首。《周易》曰："天行健，君子以自强不息；地势坤，君子以厚德载物。"意即君子处事要效法天，像天那样力求进步、不断努力；大地的气势厚实和顺，君子要不断积累道德，方能承担事业。这是古人基于"道法自然"的理念，提出以德为首的价值准则。老子曰："道生之，德畜之，物形之，势成之。是以万物莫不尊道而贵德。"他强调有了坚实的道德作支撑，我们就能克服一切困难，无坚不摧。

工匠精神首先要体现以德为先。因为一个人只有具备良好的品行，才能担当大任，才能服众。《周易·系辞下》有"德不配位，必有灾殃；德薄而位尊，智小而谋大，力小而任重，鲜不及矣。"意即德行如与地位和待遇不匹配会受到报应，德行不够而地位尊贵，智能低下而谋大事，力量小而负担重，这样的人几乎都会有祸患。《三国志》曰："士有百行，以德为首。"意即士有百种品行，都把德看作是第一位。

如果一个人很有才干和能力，但缺乏德行，那他就失去了匠魂，也不具备工匠精神最基本的要求。司马光在《资治通鉴》中说："才德全尽谓之圣人，才德兼亡谓之愚人，德胜才谓之君子，才胜德谓之小人。"

当然，工匠精神也需要有真正的才干，只有德而没有真才实干，那只能是一个愚人而已。所以曾国藩说："德若水之源，才若水之波。德若木之根，才若木之枝。德而无才则近于愚人，才而无德则近于小人。"

总之，工匠精神必须是德与才的有机统一，两者缺一不可。

3. 工匠精神是知与行的统一

孔子曰："好学近乎知，力行近乎仁，知耻近乎勇。"工匠精神作为一种职业精神，既是知，也是行，是知行合一。如果两者分割开来，那就难以铸就工匠精神。

王阳明最早提出了"知行合一"理念。所谓"知"，主要指人的道德意识和思想意念；所谓"行"，主要指人的道德践履和实际行动。为此，他提出了"致良知"这个价值理念，即人们必须按照道德的要求去行动。

首先，工匠精神是一种"知"，即职业道德体系和行为规范的要求。如果没有解决好"知"的问题，那么人们的行动就会失去了价值导向和精神支柱而陷入迷茫和盲从。亚里士多德说："不知道道德就不能做到道德，知道了道德才能做到道德。"

其次，工匠精神更是一种"行"，即人们应积极践行心中的道德准则和价值理念。《周礼·冬官考工记》曰："坐而论道，不如起而行之。"荀子曰："口能言之，身能行之，国宝也；口不能言，身能行之，国器也；口能言之，身不能行，国用也；口言善，身行恶，国妖也。"

习近平总书记积极倡导知行合一，他多次强调："实干兴邦，空谈误国。"他在2014年同北京大学师生座谈会上曾说："道不可坐谈，德不能空谈。于实处用力，从知行合一上下功夫，核心价值观才能内化为人们的精神追求，外化为人们的自觉行动。"

4. 工匠精神是方与圆的统一

所谓"方"，就是坚持原则，坚守正道；所谓"圆"，就是与时俱进，敢于创新，善于变通。因此，方与圆的统一就是守正与创新相统一。

守正是创新的基础前提。没有守正，创新就会失去基础和前提，就会偏离正确的方向和轨道。工匠精神的弘扬，不是另起炉灶，不是推倒过去重新再来，而必须坚持工匠在职业活动中形成的好传统、好作风。这些好传统、好作风是前人经验的总结，是我们宝贵的精神财富，我们要按照"古为今用"原则加以继承和吸收，并融合到新时代的工匠精神建设中。

创新是守正的必然要求。没有创新，守正就会失去发展的动力，就会变成因循守旧，墨守成规。《淮南子》曰："苟利于民，不必法古；苟周于事，不必循旧。"工匠精神具有时代性，其内涵必须随着时代的发展而不断延伸和拓展，这样才能与时代发展相适应。在我国改革开放的新时代，工匠精神必须与社会主义核心价值观相融合，使之既能体现传统文化基本精神，又能体现时代精神和创造精神，更好地弘扬社会正能量。

当前，我国要从一个"制造大国"向"创造强国"迈进，必须大力弘扬工匠精神。我们必须把守正与创新有机统一起来，既要继承优秀传统，更要与时俱进，大胆创新。习近平总书记指出："创新是一个民族进步的灵魂，是一个国家兴旺发达的不竭动力，也是中华民族最深沉的民族禀赋。在激烈的国际竞争中，唯创新者进，唯创新者强，唯创新者胜。"

5. 工匠精神是道与术的统一

工匠精神既要讲道，也要讲术，必须把道与术合二为一。所谓道，就是规律、原理、规则；而术就是指具体的技巧、方法。

道是世界观，主要用于解决原理问题；术是方法论，主要用于是解决技术问题。以术载道，把道与术合二为一，才是正道，才能成就不凡事业。如果把两者分开，有道无术，只会沦为夸夸其谈；或有术无道，只会沦为庸俗匠人，两者最终都难以建功立业。庄子曰："以道驭术，术必成；离道之术，术必衰。"

当然，道是术之灵魂，居于主导地位，起支配作用。老子曰："有道无术，术尚可求也。有术无道，止于术。"因此，在工匠精神的培育上，不能只重视术的钻研，更要重视道的养成。

小木匠与理发师

从前，有一个小木匠外出做工。几个月下来整天忙于工作，头发也很长了，要回家啦，怎么也得剃剃头吧。小木匠找到一家理发店，理发师傅仔仔细细地给小木匠洗好头，然后说："师傅有三个月没理发了吧？"

小木匠略一掐算："师傅好眼力，整整三个月，一天不差。"

理发师傅说："师傅，我要开始剃啦！"说着，将剃头刀子在小木匠的眼前一晃，手指一搓向上一扔，只见剃头刀滴溜溜打着转，带着瘆人的寒风向空中飞去，快要落下时，只见剃头师傅手疾眼快，一伸手稳稳地接住剃头刀子，并顺势砍向小木匠的头，这下可把小木匠给吓坏啦。"啊！"声还没叫出，只觉头皮一凉，紧接着听到"嚓"的一声，一缕头发已经被削下，这时小木匠才"啊"的一声，刚要一闪，剃头师傅用肥胖的手往下一摁说："别动！"说着，刀又旋转着飞向空中，小木匠用力挣扎着要闪，可是被剃头师傅紧紧地按得不能动弹，说时迟那时快，剃头师傅一接旋转的刀，嚓的一声又是一缕头发落地，小木匠脸都吓白啦，又不能挣脱，只好闭上眼睛，心想："这下完了，小命儿不保啦"。只见剃头师傅就这样一刀接一刀，三下五除二，不一会就给小木匠剃好了头，拿过镜子一照，嘿，一点没伤着，而且剃的锃明瓦亮。

这时小木匠才长舒一口气，从惊悸中苏醒过来，但浑身还在颤抖。突然，一只苍蝇正好落在剃头师傅的鼻子尖上，小木匠，从自己的挑子中抽出锛子抡圆了照着剃头师傅砍去。这时剃头师傅刚要用手走落在鼻子上的苍蝇，只见小木匠双手一起，不知什么东西砸向自己，只感到一阵风从面前吹过，吓了一跳，只见小木匠将锛子头向他面前一伸，只见上面半只苍蝇的两只翅膀还在呼扇，小木匠又拿了镜子给剃头师傅

15

一照，剃头师傅又看见另一半苍蝇落在自己的鼻子上，两只前腿还在伸张。原来，活活的一只苍蝇被小木匠这一锛子劈为了两半。看完两个人哈哈大笑，相互佩服对方的技艺精湛。

工匠精神体现着人们对完美事物的追求，其成效就是体现在产品和服务质量上的精益求精。"艺痴者技必良"，一个人只要用心求道，专心求技，他的工艺就能达到炉火纯青、出凡入胜的水平。《考工记》记述："知者创物，巧者述之，守之世，谓之工。百工之事，皆圣人之作也"。

6. 工匠精神是真善美的统一

马克思指出，人类的实践活动应遵循物种的内在尺度和美的规律尺度，即真、善、美的尺度。工匠精神的弘扬也必须符合真、善、美的尺度，这样才能实现规律性、目的性与审美性的统一。把真善美统一起来，就是人类世世代代所追求的"尽善尽美"的理想境界。爱因斯坦曾说："照亮我的道路，并且不断地给我新的勇气去愉快地正视生活的理想，是善、美和真。"

工匠精神首先是要"求真"，即要体现规律性。真是善与美的基础和前提，如果离开了真，那就违背了实事求是，达不到善和美的境界。在工匠精神的打造上，我们一定要尊重客观规律，按照客观实际办事，不能为所欲为，否则就会遭受客观规律的惩罚。正如稻盛和夫所指出的有些人能开创新天地，不是由于他们经验丰富或智慧过人，而是因为他们遵循人类真正的精神，并凭借基本的真理与原则做决定。"

工匠精神也要"求善"，即要体现目的性。卢梭曾说："善良的行为有一种好处，就是使人的灵魂变得高尚了，并且可以使它做出更美好的行为。"罗曼·罗兰也说过："没有伟大的品格，就没有伟大的人，甚至也没有伟大的艺术家、伟大的行动者。"而善又是美的灵魂和统帅。工匠精神的打造要符合社会正义，有利于弘扬社会正能量，振奋民族精神。

工匠精神还要"求美"，即要体现审美性。因为真、善不等于美。只有真、善通过美的形式表现出来，才能更有效地体现真、达成善。18世纪德国诗人席勒说："若要把感性的人变成理性的人，唯一的途径是先使他们成为审美的人。""只有审美趣味才能导致社会的和谐，因为它在个体身上奠定和谐。"工匠精神不仅要体现技术美，也要体现人格美或心灵美。人生的目的并非荣华富贵抑或出人头地，而是塑造至美之灵魂。

二、工匠精神的基本特征

工匠精神的表现形式有多种多样，但从其共同特征来看，工匠精神具有普适性、时代性、实践性、创新性和引领性。

（一）普适性

工匠精神最早是从事手工技术和技能工作所需要的一种职业精神，它与从事的手工劳动和技术技能的职业工作密切相关，因此工匠精神具有明显的职业性特点。

工匠精神虽说是针对手工业者的职业品质要求，但工匠精神作为一种职业精神，随着时代的发展和行业分工的细化，已不仅局限于手工行业内部，它的适用性必须从手工行业延伸和拓展到其他行业，成为各行各业共同的职业品质要求。

"三百六十行，行行出状元。"习近平总书记强调："人生本平等，职业无贵贱。三百六十行，行行都是社会所需要的。"在改革开放新时代，其实各行各业都需要有工匠精神。习近平总书记曾指出："广大劳动群众要立足本职岗位诚实劳动。无论从事什么劳动，都要干一行、爱一行、钻一行。在工厂车间，就要弘扬'工匠精神'，精心打磨每一个零部件，生产优质的产品。在田间地头，就要精心耕作，努力赢得丰收。在商场店铺，就要笑迎天下客，童叟无欺，提供优质的服务。只要踏实劳动、勤勉劳动，在平凡岗位上也能干出不平凡的业绩。"

（二）时代性

工匠精神是时代的产物，并随着时代的发展而不断丰富、发展，它必然打上时代的烙印，体现时代特征。

工匠精神体现了时代的价值观。每个时代都有自己的价值观。价值观是社会文化的核心内容，不同民族和国家的价值观也各不相同，这就是文化的差异性。中国在历史上创造了辉煌灿烂的文明，是世界"四大文明古国"之一，而工匠精神是中华文明的重要组成部分，它体现了中华传统文化的基本精神和价值理念。如"仁义礼智信"等"五常"思想，不仅影响中国人的思维方式和行为规范，也影响着工匠的精神境界和道德追求。

工匠精神体现了时代技术的进步。人类的思想解放运动必然会推动社会生产技术的进步，而技术的进步又将极大地促进人类思想的发展，两者紧密相连，相辅相成。时代技术的进步必然影响着工匠的职业规范要求。如在技术落后的条件下，工匠们往往是个体单干的。但随着技术的进步和社会分工的发展，特别是在机械化大生产条件下，工匠们需要群体的作业，这就需要协作的精神。文明的发展更需要交流互鉴，互通有无，这就是开放共享的精神。

（三）实践性

荀子曰："不闻不若闻之，闻之不若见之，见之不若知之，知之不若行之。"工匠精神不仅在于"知"，更在于"行"。所谓行就是践行，即行动上的实践和执行。习近平总书记强调："学以致用、用以促学、学用相长。"

一是"始于行"。

老子曰："合抱之木，生于毫末；九层之台，起于累土；千里之行，始于足下。"夸美纽斯说："德行的实行靠行为，不靠文字。"这说明做任何事情都要从眼前的细小处做起，不断积累，打好基础。量变是质变的必要准备，没有量变就没有质变。这就要求我们，做事情一定要脚踏实地，一步一个脚印地走，才能最终到达终点。习近平总书记指出："青年有着大好机遇，关键是要迈稳步子、夯实根基、久久为功。"工匠精神的培养必须从日常工作的一点一滴小事做起，这样才能厚积薄发。如果平时不刻苦磨炼，而想一步登天，这无疑是痴人说梦。

空中楼阁

古时候，有个很有钱但十分愚蠢的富翁。一次，他到一家楼房前仔细打量，觉得那楼房十分美。于是，他便找来一位建筑高手，请人家为他盖一座漂亮的楼房。

工匠问他："你准备盖一座三层的楼房吗？"

富翁答道："是的。我要盖附近那座三层楼房第三层那样的！"

于是，工匠便开始准备材料，挖掘地基了。

富翁见工匠从地面上开始，便大喊着："你在干什么呀！"工匠答："当然是给你盖房了。"富翁发怒了，他嚷了起来："我只说要最上面一层楼房，不要下面的两层！"木匠一听，简直哭笑不得。他说："这不可能。如果不先盖第一层和第二层，那第三层从何而来呢？"

富翁此时根本听不进工匠的解释，他不停地喊叫着："我就是不要下面两层，你一定要给我盖最上面那层！"

当然，那富翁的房子没有盖成。而且当人们听到这件事以后，无不笑得前仰后合。

二是"敏于行"。

孔子曰："君子欲讷于言而敏于行。"孔子告诫我们要少说话、多做事。为此他强调要"听其言而观其行"。《礼记》曰："博学之，审问之，慎思之，明辨之，笃行之。"这告诉我们，"学""问""思""辨"，最终都要落在"行"上面。

工匠精神的培养不是说在嘴上的，而必须真真实实地落在具体行动上。孔子曰："君子耻其言而过其行。"因此，我们不能当语言上的巨人，行动上的矮子。然而，一些人只会夸夸其谈，好高骛远，而缺乏实干的精神，对身边的小事不屑一顾，工作浮躁，华而不实。习近平总书记指出："成功的背后，永远是艰辛努力。"工匠精神的培育，不是靠言语能说出来的，而是要靠行动干出来的。

两个和尚

四川边远的地方有两个和尚，一个穷一个富。

一天，穷和尚找到富和尚请教："我想到南海去，你的意见如何？"

富和尚问："你凭什么去那么遥远的地方呢？"

"我有一个瓶子和一只碗，瓶子用来盛水，碗用来装饭。"穷和尚回答，底气十足。

富和尚一笑，说："多年来我一直有个志向，租一条船去南海，但一直未能如愿，如今你只靠一个瓶子和一只碗，岂能成行！"说罢，连连摇头。

一年后，穷和尚从南海回来了，富和尚还在为他的船发愁呢。

四川与南海隔着几千里地，富和尚一直没去成，而穷和尚却把这件事做成了。

三是"终于行"。

"知"是"行"的起点，而"行"是"知"的终点。荀子曰："学至于行而止矣。行之，明也，明之为圣人。"只有把"知"真正落实到"行"，才能明白事理，才能达到圣人的境界。因此，"行"比"知"更为可贵。司马迁在《史记》中说："决弗敢行者，百事之祸也。""能行之者未必能言，能言之者未必能行。"

（四）创新性

创新是工匠精神应有的内涵和品质。在改革开放新时代，创新是一个国家和民族发展的不竭动力，崇尚创新更应成为工匠精神的价值追求和行为准则。习近平总书记指出："生活从不眷顾因循守旧、满足现状者，从不等待不思进取、坐享其成者，而是将更多机遇留给善于和勇于创新的人们。"

新时代工匠精神的创新性主要体现在：

（1）思想创新。思想是行动的先导，如果没有思想的解放和观念的更新，就没有人类社会的变革与创新。马克思指出："人是靠思想而站立的。"习近平总书记指出："解放和发展社会生产力、解放和增强社会活力，是解放思想的必然结果，也是解放思想的重要基础。"工匠精神的培育和弘扬，首先必须大力倡导勇于创新的精神，大力破除传统惯性思维的束缚，使工匠精神能适应时代变革的需要，并成为引领社会发展的新风尚。

（2）技术创新。工匠精神虽然强调严谨求实，但不能墨守成规，循规蹈矩，而是积极推进技术变革与创新，这样才能始终走在时代发展的前列。曾国藩认为："艺成以多做多写为要，亦须自辟门径，不依傍古人格式。"一些人固守传统工艺，不思变革，机械重复，按部就班，迟早会被时代所淘汰。因此，努力钻研技术，推动技术革新，应成为弘扬工匠精神的一个永恒主题。正如习近平总书记所强调的："当代工人不仅要有力量，还要有智慧、有技术，能发明、会创新，以实际行动奏响时代主旋律。"

（3）制度创新。一切创新最终都要以制度形式进行固化，这样才能转化为现实的生产力。工匠精神所倡导的创新精神，必须注意破除那些过时的陈规陋习，并以制度或规则形式加以规范，使之成为大家所共同遵守的行为准则。习近平总书记指出："实施创新驱动发展战略，最根本的是要增强自主创新能力，最紧迫的是要破除体制机制障碍，最大限度解放和激发科技作为第一生产力所蕴藏的巨大潜能。"

（五）引领性

一种先进的思想或精神品质，必然对社会发展具有重要的引领和示范作用。工匠精神融入了社会主义核心价值观，与时代发展高度契合，必然对新时代发展具有重要的引领作用。

（1）对身边人的引领作用。榜样的作用是无穷的。老子曰："不言之教，无为之益，天下希及之。"所谓"不言之教"就是以身作则，以榜样示范。工匠精神对周边人具有的重要感染力，优秀的工匠往往以精湛的技艺、严谨的精神和崇高的人格感染和影响身边的同事、朋友和顾客，从而带动身边人不断地成长、发展。这就是"影响一个人，带动一片人"的连锁效应。

"喝马桶水"

美国旅馆业巨头康拉德·希尔顿年轻时有过在酒店打工的经历。最初，上司安排他打扫卫生，刷马桶是其中必要环节。希尔顿对这份工作不满意，对待工作很懈怠。有一天，一位年龄稍长的女同事见他刷的马桶很不干净，就亲自为他做示范，并告诉他，自己刷完的马桶，是有信心从里面舀水喝的。这件事对年轻的希尔顿触动很大。从此他一改对工作的懈怠应付，逐渐树立起踏实认真、一丝不苟的职业精神。后来，希尔顿拥有了自己的酒店，并在行业内独树一帜。回顾他的成功之路，不难发现，他年轻时所遭遇到的"喝马桶水"的职业精神教育这一课，是他成长、成才和成功的重要精神财富。

（2）同业人的引领作用。工匠精神不仅是个体的精神品质，也是行业群体的职业精神。因此，我们必须加强先进个体精神品质的宣传，使之成为全行业共同的价值共识和行为准则，大家共同遵守、共同践行，这就能产生强大的"蝴蝶效应"，使个体的精神力量扩大为行业的整体力量。

（3）对时代的引领作用。"涓涓细流，汇成江河"。工匠精神不仅是个体、行业内部的精神品质，也是整个社会宝贵的精神财富。只要把工匠精神有效融入社会主义核心价值观，融入各行各业的企业文化和各职业院校的校园文化，形成各具特色的工匠文化，那就能对时代发展起重要的引领作用，并促进社会的发展和进步。

第二章

工匠精神之道

　　工匠精神的培育，关键在于把握和遵循工匠精神之道。《礼记·中庸》云："道也者，不可须臾离也；可离，非道也。"古人认为做事把握"道"比"术"更为重要，所谓"道"，即事物运动的规律；所谓"术"，即是做事方法。

第一节　修身养性培匠德

古人云："自天子以至于庶人，壹是皆以修身为本。""修身"才能"立德"，"立德"才能"树人"。工匠精神的灵魂在于匠德，而匠德培养最关键的是必须依靠个人的修身养性。

一、以匠德为先

（一）何谓匠德

匠德就是一名工匠或一个人从事某一专业工作所应具备的职业精神、职业品德和职业操守。教育以德为先，职业教育要把立德树人摆在首位，加强学生的匠德教育，促进学生健康成长成才，成为对社会有用的匠人。

人无德不立，业无德不兴。各行各业都有自身的职业道德规范，官有政德、商有商德、医有医德、师有师德、匠也有匠德。不管我们从事什么行业和工作，若要成就一番事业，必须立德为先。作为一名匠人，要在岗位工作上做出不凡的业绩和成就，首要必须认真遵守匠德，以匠德来规范自身职业行为。

（二）培养匠德的重要性

1. 匠德是匠人的灵魂

中国传统文化强调君子必须以德立身，儒家提出只有"修身"，才能"齐家、治国、平天下"。所谓"修身"其实就是"修德"。而德指的是"仁德"。德是君子的立身之本，也是君子与小人的根本区别。孔子曰："君子怀德，小人怀土。"著名文化学者余秋雨先生认为，德是指"利人、利他、利天下"的社会责任感。用通俗的话说，君子首先必须是一个好人。

作为一个成功的匠人，必须德才兼备。但德与才二者相比，德比才更为重要。因为德是才的灵魂。古罗马哲学家辛尼加曾说："先学德行，后学智慧，因为没有德行，智慧便难学到。"宋代政治家司马光说："才者，德之资也；德者，才之帅也。"只讲技术但缺乏灵魂的人，只有匠气，而没有匠魂。因此，在职业教育中不能只注重专业技能的教学，还必须强化对学生职业道德的教育和培养，否则培养出来的学生就难以和谐发展。爱因斯坦曾说过："用专业知识教育人是不够的。通过专业教育，他可以成为一种有用的武器，但是不能成为和谐发展的人。要使学生对价值有所理解并且产生热烈的感情，那是最基本的。他必须对美和道德上的善有鲜明判断力。否则，他连同专业知识，就像一只受训很好的狗，而不像一个和谐发展的人。"

学会做人是学会做事的前提。一个不会做人的人，也是往往不善于做事的。因此，学会做人比学会做事更为重要。教会学生学会做人，这是教育工作的重要职责，也是工匠精神培育不可或缺的一项重要任务。习近平总书记指出："不仅要教会学生学习文化知识，而且还要教学生懂得立身做人的基本道理，使学生心智健全、人格完善、体格健康，得到全面发展和整体发展。"

2. 立业以立德为先

强调以德为先，乃是中华传统文化的一个重要特征。《左传》中有言："太上有立德，其次有立功，其次有立言，虽久不废，此之谓不朽。"在这人生"三不朽"中，"立德"是排第一位的。《大学》曰："君子先慎乎德。有德此有人，有人此有土，有土此有财，有财此有用。德者本也，财者末也。"

不论哪一个行业，哪一个岗位，想要出精品、出业绩，都必须努力打造一个精神高地。柏拉图说："把灵魂之善放在首要的、最荣耀的位置上，把身体之善放在第二位，把城邦之善放在第三位。"古罗马著名政治家、哲学家西塞罗也说："伦理学可以使心灵适于进一步授受知识种子。"

要兴事业，首先要兴德业。因此，物质文明和精神文明必须坚持"两手抓、两手硬"。习近平指出："国无德不兴，人无德不立。"他还强调说："道德之于个人、之于社会，都具有基础性意义，做人做事第一位的是崇德修身。这就是我们的用人标准为什么是德才兼备、以德为先，因为德是首要、是方向，一个人只有明大德、守公德、严私德，其才方能用得其所。"

二、匠德的要素

（一）敬业精神

荀子曰："百事之成，必在敬之；其败也，必在慢之。"可见，古人很早就强调了敬业精神对成就事业的重要性。

1. 培养职业责任感

职业责任感是一种对所从事专业或岗位工作的担当和负责精神，其根本在于责任心。责任心是指个人对自己和他人、对家庭和集体、对国家和社会应承担责任的认识、情感和信念，以及与之相应的遵守规范、承担责任和履行义务的自觉态度。孔子提出了"执事敬"，就是指行事要严肃认真不怠慢，反映的就是一种责任心。

职业责任感是敬业精神的核心，也是从事职业工作的基本要求。比尔·盖茨说："人可以不伟大，但不可以没有责任心。"缺乏责任心对工作就会懈怠，就难以出精品，更难以有非凡的成就。培养职业责任感是职业生涯一个永恒课题和使命，它必须贯穿于一个人职业工作的自始至终。朱熹说："敬业者，专心致志以事其业也。"

2. 培养职业兴趣

敬业的关键是乐业。孔子曰："知之者不如好之者，好之者不如乐之者。"一个人如果对自己所从事的工作或岗位缺乏兴趣，那他就不可能真正对自己工作认真负责的，平时可能对工作马虎应付，敷衍了事。美国石油大王洛克菲勒说过："如果你视工作为一种快乐，人生就是天堂；如果你视工作为一种义务，人生就是地狱。"因此，我们必须注意培养职业兴趣，做到"干一行，爱一行，专一行"。

资料链接

一群心理学家做了一个归纳研究。

他们找了二十个刚大学毕业，决定做自己喜欢的工作的人；另外也找了同样学历，决定先投身热门行业，赚到钱再做自己喜欢事情的二十个人。

二十年后，在两个对照组中发现，做自己喜欢的工作的人，有十八个成为百万富翁，而后者只有一个成为百万富翁。

乐业的培养需要一个过程。有的人刚开始可能对自己从事的职业或工作不感兴趣，甚至非常排斥、厌恶，想放弃和逃之夭夭。但是，当他一旦认真投入工作时，就会慢慢从工作中发现一些乐趣，从而喜欢上自己从事的职业。因此，职业兴趣不是天生的，需要我们耐心地培养，并使之成为我们奋进的精神动力。一生中能从事自己所喜欢的职业，这也是人生的一种幸福。

（二）吃苦精神

1. 吃苦是对个人品质和意志不可或缺的历练

"自古雄才多磨难"。吃苦耐劳是一个人成就一番事业所必须的意志品质。任何成功的事业，都不可能轻轻松松、舒舒服服地取得，它必须付出艰辛的汗水，经受各种各样的磨难。孟子曰："天将降大任于斯人也，必先苦其心志，劳其筋骨，饿其体肤，空乏其身，行拂乱其所为，所以动心忍性，曾益其所不能。"

有付出必有收获。今天你付出了汗水和眼泪，明天你将收获成功和喜悦。印度诗人泰戈尔说："你今天受的苦恼，吃的亏，担的责，扛的罪，忍的痛，到最后都会变成光，照亮你的路。""只有经历过地狱般的磨砺，才能练就创造天堂的力量；只有流过血的手指，才能弹出世间的绝响。"美国作家海明威说："生活总是让我们遍体鳞伤，但到后来，那些受伤的地方一定会变成我们最强壮的地方。"因此我们要把挫折视为人生历练的契机，迎难而上，不屈不挠，这样最终才能成就大志。

人都喜欢快乐，而害怕吃苦。其实，吃苦也是人生不可或缺的精神营养，也是人生成长的催化剂。星云大师认为苦是人生的增上缘，如果不经过苦读、不经过苦学、不经过苦练、不经过苦磨，是不能成功的。为此，他把吃苦妙喻为"吃补"。每当面对困难和挫折时，我们不能怨天尤人，而要把它当成磨炼自己的机遇。加西亚·马尔克斯在《霍乱时期的爱情》中说："趁年轻，好好利用这个机会，尽力去尝遍所有痛苦，这种事可不是一辈子什么时候都会遇到的。"

成功固然可喜，但失败亦不可悲。因为苦难是人生一笔宝贵的财富。只有经历过风雨，才能见到最美的彩虹。马云曾说过："在所有人倒下的地方，你还半跪着，你就赢了。这是我亲身的经历，我也形成了这样的性格，所以今天无论碰到什么灾难，我都告诉自己，越是困难越是要坚持，最后比的是耐力。"

马克思指出："在科学上没有平坦的大道，只有不畏劳苦沿着陡峭山峰攀登的人，才有希望达到光辉的顶点。"这已为科学家的实践所证明。美国科学家吉耶曼和沙利，为研究下丘脑激素，历经 21 年的磨难，失去了专家们和研究经费资助者的支持，但他们毫不气馁，在解剖了 27 万只羊脑后，终于取得成功，于 1977 年荣获诺贝尔化学奖。有人问他们成功的秘诀，他们回答说："靠的是坚忍的意志"。习近平总书记指出："成功的背后，永远是艰辛努力。青年要把艰苦环境作为磨炼自己的机遇，把小事当作大事干，一步一个脚印往前走。"

亿万富翁家的一条家规

在纽约繁忙的曼哈顿码头，人们可以看到一位叫哈里的英俊年轻人。一边用毛巾擦汗水，一边开动吊车把集装箱从货轮上卸下。他工作努力，是码头工人一致承认的。可谁又能想到，这位年轻人是美国哈佛大学经管系的高才生。他祖父老洛克菲勒是洛克菲洛财团的董事长。父母是曼哈顿集团公司经理，其家产近百亿美元，是世界著名的大富翁。洛克菲勒家族有个家规：18 岁以后，经济上自理。这位名叫哈里的年轻人说："我父亲年轻时比我更苦。他当年就读普林斯顿大学时，为了支付昂贵的学习费用，每年假期便到密西西比河的货轮上做水手，干着最脏最累的活，这样才念完大学。"洛克菲勒有意识地让孩子经受一定的贫穷和饥饿、磨难和委屈，让他们明白金钱来之不易。

2. 培养"逆商"

人们要取得成功，要有智商和情商，但同样也离不开逆商。逆商（Adversity Quotient，简称 AQ）是保罗·斯托茨提出的概念，也称指逆境商数，是指人们面对逆境时的反应方式，即面对挫折、摆脱困境和超越困难的能力。巴顿将军曾说："衡量一个人的成功标志，不是看他登到顶峰的高度，而是看他跌到低谷的反弹力。"这就是一个人的逆商。

要成就一番事业，没有平坦的道路可走，大多会经受许多的挫折、磨难。一个人若有高智商却缺乏逆商，那也很难取得成功。曾国藩曾说："古人患难忧虞之际，正是德业长进之时，其功在于胸怀坦夷，其效在于身体康健。"

古今中外，成功者不是那些从不会遇到逆境的人，而是那些在逆境中仍然顽强奋斗的人。司马迁说："文王拘而演《周易》；仲尼厄而作《春秋》，屈原放逐，乃赋《离骚》；左丘失明，厥有《国语》；孙子膑脚，《兵法》修列；不韦迁蜀，世传《吕览》；韩非囚秦，《说难》《孤愤》；《诗》三百篇，大抵贤圣发愤之所为作也。"

困难和磨难是人生的一把双刃剑，它既可以压垮一个人的自信和决心，也可以磨炼一个人的意志和能力，这一切都取决于你对困难和挫折的态度。面对困难和磨难这座大山，你若能勇敢地跨越它，前面就是阳光大道；你若在它面前退缩不前，那只能沉沦无为了。稻盛和夫提出："面对艰苦卓绝如何应对，将改变当事者此后的人生。如果遭遇灾难便心灰意冷、意志消沉，那宝贵的一生也只会黯然虚度；反之，勇于迎难而上，克服艰难困苦，就能提升精神境界，人生也会随之展开新的一页。"

那么，如何培养自己的逆商呢？

（1）宽容失败、磨难。我们要充分认识到，成功是我们所想要的，而失败也是我们难以避免的。因此，面对困难和挫折，我们不必惶恐不安，妄自菲薄，丧失信心。因为"失败乃是成功之母"，我们可以从失败中总结经验、教训，然后再东山再起，最后走向成功。中国古代"卧薪尝胆"的典故，就是告诉我们这个道理。习近平总书记指出："青年时期多经历一些摔打、挫折、考验，有利于走好一生的路。"

教育学的"舒适圈理论"认为：人如果长久待在舒服的环境下，会因为生活安逸而不想动脑筋。但若把人带到比较险恶的环境，人一旦经历了挑战和痛苦，反而会变得成熟。正如英国著名物理学家和数学家威廉·汤姆生在晚年时说过："我坚持奋斗五十五年，致力于科学的发展，用一个词可以道出我最艰辛的工作特点，这就是'失败'。"大发明家爱迪生也说过："失败也是我所需要的，它和成功对我一样有价值。只有在我知道一切做不好的方法以后，我才能知道做好一切工作的方法是什么。"

（2）保持乐观、自信。乐观、自信，这是我们战胜一切困难、挫折所必须的精神品质。热爱生活、乐观自信是科学家和一切伟人具有的重要素质。据对美国 500 位科学家的调查，其中，77% 的科学家在自信一项上给自己打了满分，他们都非常自信。热爱生活，才能享受生活；乐观自信，才能创造生活。著名生理学家巴甫洛夫曾说："忧愁、顾虑和悲观，可以使人得病；积极、愉快、坚强的意志和乐观的情绪，可以战胜疾病，更可以使人强壮和长寿"。

（3）培养控制感。要想取得成功，必须养成在各种不利状况下，都能稳住一切、从容应对的积极心态，做到"泰山崩于前而脸不改色"。这就是一种对周围环境的控制能力。面对各种不期而遇的困难和险阻，我们要有"咬定青山不放松"的坚忍意志，哀而不伤，惊而不乱，迎难而上，积极想办法去克服它、战胜它。而一切怨天尤人、自暴自弃的做法，都是不可取的。

控制感强的人能做到境由心转，即使外面的风浪翻天、山崩地裂，内心仍然"如如不动"，从而达到"不以物喜，不以己悲"的从容淡定境界；而控制感弱的人，往往是"心为物役"，让外在的环境左右自己的内心，外面的一点风吹草动都会引起内心的波澜。因此，要当生活的强者，就必须努力培养自身的恒心和毅力，提高生活的控制感。

（三）谦逊精神

中国传统文化中的儒家、道家都强调为人处世要谦逊。老子曰："自见者不明，自是者不彰，自伐者无功，自矜者不长。"唐代名相魏征说："傲不可长，欲不可纵，乐不可极，志不可满。"晚清名臣曾国藩说："天下古今之庸人，皆以一'惰'字致败；天下古今之才人，皆以一'傲'字致败。"他给次子曾纪鸿的家信中写道："无论大家小家、士农工商，勤苦俭约，未有不兴；骄奢倦怠，未有不败。"

"谦受益，满招损。"我们想要在事业上精益求精，更上一层楼，那就必须要有谦逊的精神，做到"胜不骄，败不馁"。一个人即使在事业和工作上取得一点成绩，做出一番成就，也要保持谦虚谨慎、戒骄戒躁的精神，否则他就会止步不前，最终走向失败。稻盛和夫说："成而不骄，谦虚律己，生命不息，克己不止，方才为人杰。"他还告诫，一个人即便凭借一时的运气获得成功，也绝不能忘乎所以。不失谦逊之心，努力不懈，这点至关重要。古今中外，因骄傲自满而最终导致失败的人比比皆是。

《易经》中有一个"谦卦"，此卦说："天道亏盈而益谦，地道变盈而流谦，鬼神害盈而福谦，人道恶盈而好谦。"在周易的六十四卦中，唯独谦卦六爻的爻辞都是吉，其他的卦里都有吉有凶。此卦的意义是做人学谦、学敬，那么一切都是吉祥如意的。按照谦卦行事，就不会有危险。季羡林被人们称为"国学大师""学术泰斗"，但他却不敢贸然授受。请求把"学界（术）泰斗"的桂冠从自己头顶上摘下来。他认为在朋友中国学基础胜于自己者，大有人在。"

如何培养谦逊的精神呢？

（1）为人要低调，力戒轻狂。为人低调，才能不被他人所伤。因为往往是"枪打出头鸟"。木秀于林，风必摧之。人浮于众，众必毁之。就是这个道理。如果为人太过于高调，恃才傲物，必不容于世。一些人身上有一些本事，就开始狂妄自大起来，目中无人，意气用事，为所欲为，结果成为众矢之的。

"杨修之死"

三国时期，杨修凭着超高的智商出尽了风头。杨修在任主簿的时候，修建相国府大门，曹操亲自去察看，叫人在门上写了"活"字就离开了。在其他人都云里雾里的时候，杨修站出来，让人把门拆了，说："门中加活，阔也。王是嫌门大了呢。"还有一次，有人送给了曹操一杯奶酪，曹操吃了一口就在杯盖上写了一个"合"字给大家，刚开始没人懂，传到杨修时，杨修吃了一口说："曹公教我们每人吃一口啊，还犹豫什么？"曹操多次出题，别人考个不及格，他却次次满分，引得人家羡慕嫉妒恨。

《三国演义》中杨修之死是因为"鸡肋事件"。有一次，曹操攻打刘备受挫，夏侯惇询问暗号时，曹操那时手里正拿着一个鸡肋，口中说："鸡肋。"杨修听了对众人说："从今天的号令得知我们不久便要撤军。鸡肋鸡肋，食而无味，弃之可惜。"于是夏侯惇军中的人开始收拾行李。曹操见了很是奇怪，拉了一个人问，那个人如实禀报。曹操大怒，最终找借口斩了杨修。

为人低调，才能有"海纳百川"的胸怀，认真学习他人的优点和长处，不断提升自身的素质和能力。《国语·越语》中云："天道盈而不溢，胜而不骄，劳而不矜其功。"即使自己的本事再大，也不能自负狂妄。国学大师钱穆曾提醒说："你得意了，你成为第一流的人物，你千万不要骄傲，你要谦虚，你要谨慎，你要有礼貌，你要懂得退让，才能与人相处。"任正非曾给华为员工写了一封内部信，其主题是：人感知到自己的渺小，行为才开始伟大。他在信中提到自己的成就时，姿态特别的谦卑低调。他对员工说："我无能、傻，才如此放权，使各路诸侯的聪明才智大发挥，成就了华为。"如果为人太过于高调，往往会故步自封，必然阻碍自身成长、发展之路，自毁前程。

（2）提升人生境界，扩大视野。要保持谦逊的精神，一定要有人生大格局。"会当凌绝顶，一览众山小"。我们要站得高，才能看得远。所谓高瞻远瞩、高屋建瓴说的就是这个道理。如果你是井底之蛙，那你的天地就只有井口之大了。因此，一个人如果缺乏人生大格局，那他就会鼠目寸光，夜郎自大，自以为天下老子第一，不把人放在眼里。

（3）保持清醒头脑，注意"捧杀"。人对自己的能力要有一个清醒的认识，才不会因别人的吹捧而翘起尾巴，扬扬得意；也不会因他人的诋毁而自惭形秽、妄自菲薄。杨绛先生说："无论人生上到哪一层台阶，阶下有人在仰望你，阶上亦有人在俯视你，你抬头自卑，低头自得，唯有平视，才能看见真实的自己。"她说的"平视"自己，就是要客观看待自己，不卑不亢。

有时，一个人不能保持清醒头脑，不是因自己心高气傲，而是被他人所"捧杀"所致。所谓"捧杀"，就是在表面上赞誉你，实际上是在麻痹你，让你在无形中自我膨胀、自我懈怠，不知不觉中走向衰败。因此，"捧杀"杀人不见血，更容易麻痹人，让人放松警惕。不少人就是被这种"糖衣炮弹"所击中，在自我得意中慢慢倒下。

太过得意的乌龟

一只乌龟常常羡慕老鹰可以在天空自由翱翔，于是它要求老鹰是否可以带它一起飞上天，老鹰答应了它。

于是，老鹰要乌龟用口紧紧地咬住它的脚，而且不可开口说话。当他们飞到天空时，引起地上许多动物啧啧称奇，不但有羡慕的眼光，更有赞美的声音，乌龟听了非常得意。

此时，它听见有人问道："是谁这么聪明，想出这个好方法。"

此时乌龟心花怒放，完全忘记了老鹰的交代，它迫不及待要告诉别人这是它想到的方法。

刚一开口，便从高空中摔了下来。

但是，谦逊虽说是一种美德，但也要注意把握分寸，懂得适可而止，否则就会走向反面。可以说，过分的谦虚就会变成虚伪。季羡林说："在伦理道德的范畴中，谦虚一向被认为是美德，应该扬；而虚伪则一向被认为是恶习，应该抑。然而，究其实际，二者间有时并非泾渭分明，其区别间不容发。谦虚稍一过头，就会成为虚伪。"

（四）担当精神

勇于担当，才能履职尽责，精益求精，把工作做到完美、极致。当前，我们缺乏的正是勇于担当的精神。一些人对工作马虎应付，只追求过得去就可以，得过且过。

如何培养担当精神呢？

（1）增强责任心。责任心是做好工作、成就事业的前提条件。有了责任心，才能有坚强的意志，从而去克服一切困难和磨难，百折而不挠。当你心中有了责任感，浑身就会充满无穷的力量，勇往直前。丰子恺曾说："过去一年的逃难经验告诉我：凡无医药之处不生病；有重任在身时不生病。此定理一年来百试不爽。"此外，有了责任心，才能去追求尽善尽美，精益求精，提高工作质量和效率。

（2）认真落实责任制。要培养勇于担当的精神，必须认真落实工作责任制。这就是要求把责、权、利有机统一起来。你要享受权利，就必须尽好责任。中国古代就实行了"物勒工名"制度，它要求器物的制造者把自己的名字刻在自己制作的产品上，以方便管理者检验产品质量、考核工匠的技艺。秦国就较早实行这种制度，据《吕氏春秋·孟冬纪》记载，"物勒工名，以考其诚，工有不当，必行其罪，以穷其情。"这就是中国古代的追责制度。

（3）诚心为他人着想。担当精神，不仅是对工作和企业、单位担当，更要为客户担当，对客户负责。心中如果没有客户和他人，就不可能创造出精品和品牌，就不能赢得客户的心，真正做到让客户满意，让企业放心。我们常说"客户就是上帝"，其实就是强调对客户的理解和尊重。

德国的菲仕乐锅

有人问德国的菲仕乐锅具负责人："你们德国人造的锅说要用100年，卖出一口锅，也就失去了一位顾客。因为没多少人能活100年。你看别人造的锅，10年20年就足够了，这样一来，顾客就得经常来买。你们把产品的使用期搞短一点，不是可以赚更多钱吗？""菲仕乐"听起来似乎有点笨。事实也是如此，甚至国内外很多好的产品，都预设了一定的使用期限，也吸引了回头客，扩大了产品销量。这位菲仕乐锅具负责人却这样回答："正因为所有买了我们锅的人都不用再买第二次，所以产品质量才有口碑，才会吸引更多人来买。"

孔子曰："己所不欲，勿施于人。"诗人雪莱也说过一段非常精彩的话："精明的人是精细考虑他自己利益的人，智慧的人是精细考虑他人利益的人。"为他人着想，就必须站在他人的角度，设身处地为他人考虑，理解他人的需要和关切，帮助他人解决实际难题。作为企业员工，你为客户着想，反过来客户也为企业着想。因此，企业造就客户，客户也会造就企业，两者是相辅相成的共生关系。所以，在某种意义上，为他人着想其实也是为自己着想。

换位思考创奇迹

二战期间，美国空军与降落伞制造商之间发生了矛盾。当时，降落伞的合格率已经提升到99.9%，军方则要求合格率必须达到100%。对此，厂商认为任何产品都不可能达到绝对 100% 的合格率，除非出现奇迹。这就意味着每一千个伞兵中，会有一个因跳伞而丧命。后来，军方改变质量检查的方法：从前一周交货的降落伞中，随机挑出一个，让厂商负责人装备上身后，亲自从飞机上跳下。这个方法实施后，奇迹出现了：不合格率立刻变成了零。这是因为当厂商负责人运用了换位思维进行思考后，他不仅亲身经历了伞兵所处的危险境遇，真切体会到不合格的降落伞对伞兵的生命所构成的威胁，而且真正了解到不合格的降落伞主要问题所在。这样，他既有了改良产品的动力，又准确找到了产品需要改良的地方，自然能创造奇迹。美国空军巧妙地运用换位思维，轻而易举就解决了难题。

（五）奉献精神

工匠精神是一种真、善、美，它不仅在于利己，更在于利人。

1. 舍得付出

所谓"舍得"，就是有"舍"才能有"得"，而没"舍"就不能"得"。因此，"舍"与"得"是辩证统一的。俗话说，天上不会掉馅饼的。你想要有收获，必须付出汗水；你想取得成功，必须付出努力；你想幸福生活，必须付出辛劳；你想扬名天下，必须勇于拼搏；你想赢得大家尊敬，必须付出爱心。因此，一个人只有付出才有回报。如果一个人绝顶聪明、能力过人，但却不懂去积极付出，倾注工作热情，这就很难有成功的回报。

奉献也是一种付出，这种付出也必有回报。所谓"爱出者爱返，福往者福来"，说的就是这个道理。老子有一句话也深刻地揭示了奉献对人的回报，他说："圣人不积，既以为人，己愈有；既以与人，己愈多。"意即"圣人"不私自保留什么，他尽全力帮助别人，自己反而更充足；他尽可能给予别人，自己反而更丰富。美国有位生命伦理学教授通过研究，发现了"回声"的本质："付出与回报之间存在着神奇的能量转换秘密，即一个人在付出的同时，回报的能量正通过各种形式向此人返还，只不过在大多数情况下，自己浑然不知……"

2. 乐于助人

《易经》曰："利者，义之和也。"助人是一种义，它既是利人，也是利己，二者是统一的。人生毕竟不是独角戏，大家需要彼此互相扶持、帮衬。其实，帮助别人最终也是帮助自己，这也是一种爱的回报。孟子曰："爱人者，人恒爱之；敬人者，人恒敬之。"因为人际关系是对等的，你在别人需要时帮助了别人，别人也会在你需要的时候帮助你。

在这个社会里，其实就是人们所常说的："我为人人，人人为我。"英国首相丘吉尔小时候不幸落水被一位农民救起，为了感谢农民，丘吉尔的父亲资助了农民的儿子接受高等教育，后来这位农民的儿子即亚历山大·弗莱明发明了青霉素，并在第二次世界大战期间用青霉素救了患肺病的丘吉尔。

（六）协同精神

1. 协同精神的重要性

中国近代思想家严复说："能群者存，不能群者灭，善群者存，不善群者灭。"新时代工匠精神的历练和发挥，需要有协同的精神，这样才能克服个人的局限性，充分发挥集体的智慧和力量。正如任正非所说的："人，很难靠一己之力抵达人生的顶峰，你想有一番成就，必得众人扶持。"

有一漫画讲到这样一个故事：有一个地方着火了，瘸子，跑得慢，很难逃出去；盲人，看不见路，急得在火堆里打转。眼看两个人都得葬身火海。怎么办？在这紧要关头，他们急中生智，想出一个办法：盲人背上瘸子，由瘸子指路，盲人来跑，互相帮助，结果他们两个人都平安脱险。这就是一种优势互补的协同精神。

现代社会，我们必须强化协同精神，其重要性和必要性在于：

（1）为了克服个人局限性。在自然界中，群狼可以对抗老虎，群牛可以对抗狮子。这都是靠协同团结的力量。同样的，在社会领域，要成就一番事业，单靠一个人的力量毕竟是微弱和有限的，因为很多工作是十分复杂、繁重的，这就需要借助于群体的智慧和力量才能顺利完成。先要"树立人生或事业的远大目标，而实现目标犹如修筑高墙，不可急躁，需要一块砖一块砖地垒砌。同时，仅一个人的力量有限，必须集结众人之力。"

协作与共赢

美国南部有一个州，每年都要举行南瓜品种大赛。有一个农夫，比赛成绩非常优秀，常常是比赛首奖的获得者。然而，他却毫不吝惜地把他的优良品种赠送给街坊邻居。有一位邻居对他的行为感到很诧异，问他："你每年都要花费大量时间和精力用在改良品种上，而你却慷慨地把优良品种赠送给我们，难道你不怕我们南瓜品种超过你吗？"这个农夫说："我把优良品种赠送给大家，帮助你们，其实是帮助我自己。"原来，农夫居住的地区是个典型的农村形态，他们的田地相互毗邻，农夫把优良品种赠送给邻居，一方面帮助邻居改良南瓜品种，另一方面可以避免蜜蜂传递花粉时把邻居较差品种花粉传递给自己。如果他把优良品种藏起来，蜜蜂传递花粉时就可能把邻居较差品种花粉传到自己的田地，这不仅影响自己南瓜品种的改良，而且也使他不能专心搞品种改良研究。

（2）社会存在着"共生"现象。所谓"共生"，最早来自生物界，是指各物种相互联系、相互依存，形成了共生关系。其实，在社会领域也存在"共生"的现象。在开放多元的社会里，一个人的成长和发展离不开他人的协作与帮助。"不是你自己有多么优秀、突出，而是你和共生对象如何和谐相处，你在未来的生态圈价值链中有没有自己的位置；也不是木秀于林，而是你在一片森林中如何共生成长、彼此激励进化——从现在开始。"

（3）现代科学技术发展出现了既分化又综合的趋势。在古代，工匠精神往往是个体的卓越精神，而现代社会，工匠精神却更多地体现在整体的协作精神。因为现代科学技术的发展呈现出既高度分化又高度综合的特点。一方面高度分化，造成隔行如隔山；另一方面高度综合，各学科和专业相互交叉、渗透、融合，使许多边缘学科和横向学科异军突起。现代科学技术发展的这种特点，决定了从事创造性活动必须与人合作交流，在不同领域、不同的智力结构以及其他因素的基础上实现互补，达到最佳的整体组合，发挥最大的创造效力。

资料链接

　　20世纪70年代，"胶子"的发现是高能物理实验的重大成果。华裔美籍科学家丁肇中因这一卓越贡献而获得了诺贝尔奖。但同他一起在德国汉堡实验中心高能加速器做试验的整个班子有300多人，可以说来自五湖四海。他们都为这项发现作出了共同贡献。我国著名科学家钱学森在《论系统工程》一书中指出："40年代，美国研制原子弹的'曼哈顿计划'的参加者有1.5万人；60年代，美国'阿波罗载人登月计划'的参加者是42万人。"

2. 协同精神的表现

现代社会的协同精神主要体现在以下方面：

（1）思想上的协同。思想上的协同就是同心同德，做到"心往一处想，劲往一处使"。而思想上的协同，最关键的是价值观的一致性。只有志同道合，人们才能真正走到一起，形成有凝聚力、战斗力的团队，否则，迟早都会分道扬镳。

（2）目标上的协同。一个团队中，大家的总体目标是一致的，都是为了完成一个共同的任务。尽管因为分工的不同，大家的具体工作和任务可能会有差别，但这不影响共同目标的实现。有了共同目标，才能凝聚力量，才能激发团队活力，去克服前进路上的困难和险阻。

（3）行动上的协同。对于一项艰巨、复杂的工作，我们可以根据各人所长进行适当分工，以充分发挥各自的优势；然而，在分工的同时，也必须密切的协作，这样才能提升整体效能；否则，大家"各人自扫门前雪，莫管他人瓦上霜"，各自为政，条块分割，必然削弱整体工作效能。

3. 协同与竞争的统一

现代社会是市场经济，到处充满了竞争。在一般人看来，竞争犹如战场，充满了硝烟。其实，竞争并非都是你死我活、残酷无情的争斗和对抗。在必要的时候，双方可以寻找利益结合点，共同协作，扬长避短，以避免在激烈的竞争中两败俱伤，最终取得共赢。

协同与竞争是社会发展的双翼，是既对立又统一的矛盾关系，它们相互渗透，相辅相成，相互促进。CWL 出版公司总裁约翰·伍兹说："竞争是一种特殊的合作形式。"在一个组织或团队内部，有竞争没有协同，就会产生内耗，浪费人力、物力等资源；有协同而没竞争，往往会失去活力，降低工作效能。因此，在工匠精神的培育中，我们必须把二者有机地统一起来，从而实现优势互补。

总之，有协同才能出效益，才能促发展。这一点也被现代量子理论所揭示。"量子管理理论"的奠基人丹娜·左哈尔认为，人从本质上讲是一个量子系统。她提出："量子整体大于各组成部分之和。量子系统有额外的性能和潜力，不是各部分的简单叠加。""量子组织受物理宇宙的整体性、交互性和共同创造的本质的启发，看到了合作会带来的收益。"基于此，她强调必须加强团队的协作能力，发挥集体优势。她批评了西方的自由个人主义是原子式的，因为它强调个人的重要性，怀疑集体。

三、匠德培养之法

习近平总书记指出："精神的力量是无穷的，道德的力量也是无穷的。"工匠精神的培养必须以德为先。匠德的培养就是一个"内化于心，外化于行"的过程。这个过程最关键的三个环节：知、行、省。其中"知"要解决内化于心的问题，"行"要解决外化于行的问题，而"省"要解决自我反思和逐步提高的问题。

（一）知

知的根本任务在于学习，这是修身的前提，也是匠德培养的基础。如果没有"知"，"行"就会失去方向，就会盲从瞎混，使个人陷于危险的境地。

1. 知就是要"明明德"

中华传统文化倡导修身为本。《大学》中曰："自天子以至于庶人，壹是皆以修身为本。""大学之道，在明明德，在亲民，在止于至善。"意即大学教人的道理，在于彰显每人自身所具的光明德性，使人人都能去除污染而自新，以达到至善的境界。在儒家"八条目"中，将修身作为个人安身立命和为人处世的出发点。《大学》中曰："物格而后知至，知至而后意诚，意诚而后心正，心正而后身修，身修而后家齐，家齐而后国治，国治而后天下平。"

在匠德的培养中，"知"是基础和前提。人们常说一句话：无知者无畏。那些对于道德、法律、政策、制度等无知的人，可能就会胆大包天、为所欲为，什么违法乱纪、伤天害理的事都敢干出来。孔子曰："君子有三畏：畏天命，畏大人，畏圣人之言。"作为匠人要想有所成，必须有敬畏之心，否则迟早会走上歧路，最终身败名裂，一无所成。因此，大家要树立终身学习的理念，养成良好学习习惯，掌握正确学习方法，做到"活到老，学到老"。

2. 知就是要养正气

作为一个匠人，要有才气、志气、底气和骨气等，但最重要的是要有正气。因为"正气存内，邪不可干"。一个人有了正气，才能走人生正道，才能抵御外在各种邪气的侵入，才能经受社会形形色色不良诱惑而勇往直前。元朝著名画家王冕在《墨梅》中写道："吾家洗砚池头树，朵朵花开淡墨痕。不要人夸颜色好，只留清气满乾坤。"明代政治家于谦在《石灰吟》中曰："粉身碎骨浑不怕，要留清白在人间。"就是表达了一种洁身自好，不与恶势力同流合污的思想。

正气来自正义感。一个人有正气，才会有锐气，才敢于坚持原则、坚守正道，弘扬社会正能量，以一身正气引领社会新风尚和时代新潮流，为社会、为人民创造出不凡的业绩。然而，有些人在社会这个大染缸中，遭受不良风气的污染和侵蚀，丧失了良知和正义感，见利忘义，是非不辨，善恶不分。因此，在复杂多变的社会大环境中，泥沙俱下，鱼龙混杂，人心不古，一个人要养正气并非易事，必须练就坚强的毅力。

（二）行

陆游诗曰："纸上得来终觉浅，绝知此事要躬行。"匠德培养的关键在于实现从"知"到"行"的飞跃，做到知行合一。如果没有这一步决定性的飞跃，匠德的培养就会成为空中楼阁，无法真正实现。明代哲学家王阳明在《传习录》中说："知是行之始，行是知之成。"季羡林说："光修养还是不够的，还必须实践，也就是行动……"管理大师德鲁克在《管理的实践》中说："管理是一种实践，其本质不在于'知'，而在于'行。'"习近平总书记指出："道不可坐论，德不能空谈。""一种价值观要真正发挥作用，必须融入社会生活，让人们在实践中感知它、领悟它。"所有这些，都是在强调"行"的极端重要性。

知易行难，一些人虽然解决了"知"的问题，可是就没有很好解决"行"的问题，使自己打拼的事业化为泡影，前功尽弃。那么，我们如何解决好"行"的问题呢？

1. 行正道

人生的道路往往有多种方向，既有正道，也有歪道，这一切都取决于自身的选择。什么是正道？稻盛和夫说："所谓'正道'，非人类的小聪小慧，而是天之摄理。"他认为，为人处世的行为规范与基本道德，如正义、公平、公正、诚实、谦虚、勇敢、努力、博爱、无私等，都是属于正道的。他还进一步阐释："依循正道，亦即依循天道而行，换言之，就是不搞机会主义，不可为求自保而见风使舵，曲意逢迎，或妥协让步。"

得道者多助，失道者寡助。只有选择正道，才能获得众人的支持，才能凝聚人心和力量，也才能有光明的前途和未来。反之，如果选择歪道，必然丧失人心，众叛亲离，即使一时能获得一点利益或成功，但最终也会"多行不义必自毙"。

在改革开放新时代，什么是"正道"？正道就是要符合社会主义核心价值观，符合中华优秀传统文化基本精神，符合国家法律法规和党的政策、路线和方针，符合广大人民群众的根本利益。如果能掌握了以上标准，我们就能把握事业正确之航向，就不会迷失了方向，人生之路就会越走越宽广。

在复杂多变的社会中，一个人要走正道、守正道也并非易事，可以用"难于上青天"来形容。毛泽东当年欣闻人民解放军占领了南京，曾豪情满怀挥笔写下了那首著名的七律："天若有情天亦老，人间正道是沧桑。"稻盛和夫认为依循正道者，总会遭遇艰难困苦。因此，在工匠精神的培育中，必须坚定正确的理想信念，确立"四个意识"，筑牢"四个自信"，努力为实现中华民族伟大复兴贡献自己的力量。

2. 行中道

所谓"中道"，即"中庸之道"。孔子曰："我扣其两端而竭焉。"孔子主张认识和处理事物，必须将两个不同的甚至极端的东西统一起来考虑，这样才能求得问题的圆满解决。孔子曰："君子中庸，小人反中庸。"孔子认为君子支持中庸，而小人反对中庸。长期以来，很多人对"中庸之道"的认识存在误区。著名美学家宗白华先生指出："中庸之道并不是庸俗一流，并不是两可、苟且的折中，乃是一种不偏不倚的毅力、综合的意志，力求取法乎上、圆满地实现个性中的一切而得和谐。所以中庸是'善的极峰'，而不是善与恶的中间物。"

"贵和谐，尚中道"，这是中国文化的基本精神，是中华文化与西方文化的一个重要差异。《易经》云："说以行俭，当位以节，中正以通。天地节而四时成。节以制度，不伤财，不害民。"说的是行事有节制，以中成为目标。孔子主张："允执其中。"老子曰："甚爱必大费，多藏必厚亡。知足不辱，知止不殆，可以长久。"这些都是强调坚守中道精神。然而，长期以来，很少人能坚守这一中道原则。所以孔子说："中庸其至矣乎！民鲜能久矣！"孔子认为中庸是最高原则了，人们却很少人能长久实行它。

我们要行中道，必须注意把握以下原则：

（1）把握适度原则，防止过或不及。所谓"适度"，就是注意把握分寸，不走极端，懂得适可而止。法国有一句谚语说："节制重千金。"曾国藩曾说："人生之善止，可防危境出现，不因功名而贪欲，不因感极而求妄。"很多人就是因为不懂得适可而止和不知进退而走向失败。《大学》曰："知止而后有定。"知止是人生一种定力，缺乏这种定力的人很难有所成就。因此，知止也是一种人生智慧。

（2）把握和谐原则，防止对立绝对化。和谐是人生和宇宙的根本法则，也是世上一切事物发展的动力。辩证唯物主义认为，矛盾具有斗争性和同一性，而和谐就是矛盾对立面之间的一种相互依存、相互促进的一种稳定状态，它构成了事物发展的前提基础。

中国传统文化中的儒释道三家都讲和谐，都把"和"纳入自己的思想体系和行为规范。特别是儒家的思想更为突出。如孔子曰："君子和而不同，小人同而不和。"孟子曰："天时不如地利，地利不如人和。"道家也同样有和谐思想。老子曰："道生一，一生二，二生三，三生万物。万物负阴而抱阳，冲气以为和。"老子认为，宇宙问的万事万物都处于一种普遍和谐有序的状态，而"和"正是"道"运行的一种状态和方式。庄子曰："夫明白于天地之德者，此之谓大本大宗，与天和者也。所以均调天下，与人和者也。与人和者，谓之人乐；与天和者，谓之天乐。"其意是说，明白天地以无为为本的规律，这就叫做把握了根本和宗旨，而成为与自然相和谐的人；用此来均平万物、顺应民情，便是跟众人和谐的人。跟人和谐的，称为人乐；跟自然和谐的，就称为天乐。佛教从印度传到中国，并与中国传统文化相融合。佛法中也包含着丰富的和谐理念。佛家提出了"六和敬法"，以此来处理人与人之间关系，使自己保持和乐的境界。

和谐的外延十分广阔，它包括外部的和谐和内部和谐。从外部看，和谐就是人与自然的和谐、人与人的和谐，即"外和"；从内部看，和谐就是人与自身的和谐，即身与心灵的和谐，即"内和"。国学大师季羡林先生提出："人生于世，必须处理好三个关系：① 人与大自然的关系，那也称之为'天人关系'；② 人与人的关系，也就是社会关系；③ 人自己的关系，也就是个人思想感情矛盾与平衡的问题。这三个关系处理好，人就幸福愉快，否则就痛苦。"

"内和"是"外和"的基础和前提，即人与自身的和谐是一切和谐的根本所在。首先，古人认为"和"是养生保命的一个重要原则。荀悦曰："养性秉中和，守之以生则已。"《黄帝内经》中说："内外调和，邪不能害，耳目聪明，气立如故。"可以说，一部《黄帝内经》就是讲"和"的医书，它强调阴阳相和，五行相和，与四时相和，与五运相和。

其次，如果一个人不能达到自身内部身心灵的和谐，那么他就难以实现与外部的和谐，即与自然、与他人的和谐。因此，我们必须在实现自身和谐上下功夫，特别是当面临外在环境压力时，必须保持自己超然物外的心性自由，而不能心为物役。所以荀子曰："君子役物，小人役于物。"庄子曰："物物而不物于物，则胡可得而累邪。"古罗马皇帝马可.奥勒留曾说："当你在某种程度上因环境所迫而烦恼时,迅速地转向你自己,一旦压力消失就不要再继续不安,因为你将通过不断回到自身而达到较大的和谐。"

当然,和谐并不排斥差异和对立。我们不能把和谐理解成为大家思想意识完全一致,个人不能提出自己不同的意见和观点;也不能把和谐理解成为大家一团和气,当"好好先生",不要得罪人,你好大家好。和谐应该是在求同存异基础上的相互尊重、相互包容、相互促进。

3.行大道

所谓"大道",就是天下为公。这是一种胸怀天下、心系苍生的人生大格局、大境界,它既是天道的昭示,也是人道的体现。古人云:"大道之行,天下为公。"意即在大道施行的时候,天下是天下人共有的天下。孙中山先生为人题字,写得最多的是"天下为公"四个字,这也是他一生的理想和追求。2017 年 12 月 1 日,习近平总书记在中国共产党与世界政党高层对话会上的主旨讲话中曾引用此语,倡导世界各国人民应该秉持"天下一家"理念,求同存异,共同为构建人类命运共同体而努力。

作为一名有事业心的人,想干出一番利国利民的成就,就一定要行大道,胸怀天下,公而忘私。那种只会打个人小算盘和只想谋取个人私利的人,注定是无所作为的。亚当.斯密认为:"人性之尽善尽美,就在于多为他人着想而少为自己着想,就在于克制我们的自私心,同时放纵我们的仁慈心;而且也只有这样,才能够在人与人之间产生情感上的和谐共鸣,也才有情感的优雅合宜可言。"毛泽东指出:"自私自利,消极怠工,贪污腐化,风头主义等等,是最可鄙的;而大公无私、积极努力、克己奉公、埋头苦干的精神,才是可尊敬的。"习近平总书记向世人说:"我将无我,不负人民。"这都是倡导人们要行大道、谋大事。

新时代的康庄大道,就是要走中国特色社会主义道路,实现中华民族的伟大复兴。这条大道就是在中国共产党的领导下,团结全国各族人民,万众一心,汇集起磅礴的力量,实现伟大的"中国梦"。孙中山先生当年曾说过:"天下大势,浩浩汤汤,顺之者昌,逆之者亡。"当前,我国社会主义建设已进入新时代,这就是我们的大势,也是我们必须坚守的大道。

（三）省

所谓"省"，就是自我反省、自我反思。注重自我反省，它是个人修身的不可缺少的方法。荀子曰："君子博学而日参省乎己，则知明而行无过矣。"稻盛和夫提出："提升并维持人格，必须反反复复学习优秀的哲学思想，同时每日三省自身言行。"一个人只有深刻地进行自我反省，才能不断自我完善、自我提高。

1. 自省自警

自省自警，这是一个自我净化的过程。在匠德的培育中，如果缺少了这个过程和环节，人生的境界和事业的成就就很难提升。德国作家海涅说过："反省是一面镜子，它能将我们的错误清清楚楚地照出来，使我们有改正的机会。"

（1）要察己省过。所谓"察己"，就是自我认知。《吕氏春秋》曰："故察己则可以知人。"人贵有自知之明，"自知"比"知人"更为重要。老子曰："知人者智，自知者明。"古希腊也有一句格言：认识你自己。文艺复兴时期法国思想家蒙田说："这世界上最重要的事情，不论从哪个角度来说，都是自己彻底了解自己。"当然，一个人要清醒地认识自我并非易事。因为很多事情往往是"旁观者清，当局者迷"。所以，我们善于倾听他人的意见，做到"有则改之，无则加勉"。

所谓"省过"，就是反省自己的过失。"人非圣贤，孰能无过？"现实生活中的人，都不可能是十全十美的。但是，人有了过失不可怕，真正可怕的是有过错却不懂得反省自新，还自以为是。《左传》曰："人谁无过，过而能改，善莫大焉。"孔子曰："内省不疚，夫何忧何惧。"子贡说过："君子之过也，如日月之食焉；过也，人皆见之；更也，人皆仰之。"

中国传统文化的儒、道、佛都强调自我反省，这是中国优秀传统文化的一个鲜明特征。曾子曰："吾日三省吾身。"佛家有一首著名偈语："身是菩提树，心如明镜台，时时勤拂拭，莫使有尘埃。"它提醒人们要经常清除思想上的"污垢"，检点自己的行为。如果我们平时疏于拂拭思想行为上的"尘埃"，它就难免积少成多，天长地久，不知不觉中就会尘土满面，待到毁容伤体之日再去拂拭，往往积重难返，悔之已晚矣！

老子曰："知不知，上矣；不知知，病也。圣人不病，以其病病。夫唯病病，是以不病。"其意是说，能知道自己无所知，这是最高明的了；不知道自己无所知，这就是毛病，圣人之所以没有这个毛病，是因为圣人意识到了这个病，所以才没有这个毛病。一个人如要保持事业的精进，那么就必须经常进行自我反省，这样才能不断克服身上的负能量，保持正能量，使事业做到善始善终。

稻盛和夫曾告诫说："当初似乎很优秀的人，早则 10 年，晚则 30 年，往往开始走上衰退之路。这是因为，当初他们埋头工作，提高了人格，但功成名就之后，疏于反省，没有继续努力去提高和维持自己的人格。"为此，他非常注重自身每天的自我反省。他有个习惯，每天早晨站在盥洗室的镜子前，注视自己，回想前一天的所作所为、所思所想。如果倘若回想起曾有过摆架子、说大话，就会猛然陷入自我嫌恶之中，顿时羞愧难当。他的这一习惯已持续 30 多年。

（2）要克己自律。所谓"克己"，即律己，就是约束自己，注意自我节制。孔子曰："克己复礼为仁。一日克己复礼，天下归仁焉。"他认为"克己"就是仁的体现。亚里士多德认为，人类原本是个无拘无束的野生动物，对自己的需要、愿望毫不克制，听凭秉性行事，不服从外来的管教，执拗使性，无所顾忌。但是，人类是从自然界分化而来的，已成为社会性的群体，就必须遵守社会行为规范，以道德和法律等约束自己，再不能无法无天，为所欲为。

要做到"克己"，必须把握以下方面：

（1）懂得节制。只有节制才能避免失败。因为物极必反。凡事如果不懂得节制，就会走向反面，最终事与愿违，后悔莫及。《易经》曰："亢龙，有悔。"有些人虽取得成就，但自我膨胀，不懂得收敛节制，最终功亏一篑。黑格尔说："一个志在有大成就的人，他必须如歌德所说，知道限制自己。反之，什么事情都想做的人，其实什么事都不能做，而终归于失败。"康德曾说："所谓自由，不是随心所欲，而是自我主宰。"美国总统罗斯福曾说："有一种品质，可以使一个人从碌碌无为的平庸之辈中脱颖而出。这个品质不是天资，不是教育，也不是智商，而是自律。"曾国藩年轻时，贪色、妄语、懒惰。但他正是凭借极致的自律，最终实现了人生的逆袭。从 31 岁那年，曾国藩给自己定下了日课 12 条：主敬、静坐、早起、读书不二、读史、谨言、养气、保身、日知所亡、月无亡所能、作字、夜不出门。这 12 条看似简单的要求，他却像铁规军纪一样严格遵守，一直坚持到终老。于是，他从天赋平常的笨小孩，变成世人眼中的"完人。"因此，可以说自律者出众，不自律者出局。

资料链接

史玉柱曾是国内创业界的风云人物。1993 年，他创建的巨人集团仅靠卖中文手写电脑软件就赚了 3.6 亿元，成为当时中国第二大民营高科技企业。被胜利冲昏头脑的史玉柱，在巨人公司成立的第二年即决定兴建 38 层的珠海巨人大厦，后来设计方案一改再改，从 38 层蹿至 70 层。1994 年初，巨人大厦一期工程破土动工，当年 8 月巨人集团又推出"脑黄金"新产品。两大投资项目同时上马，使巨人集团背上了沉重的经济包袱，结果两败俱伤。

节制才能聚集力量。老子曰："少则得，多则惑，是以圣人抱一为天下式。"夸美纽斯提出："我们的身体要过一种有规律、有节制的生活，才能保持健康精壮。"因为只有节制，才能保持专注，才能不会放纵或随意消耗自己的精力，从而专心致志从事一种专业。稻盛和夫认为才智越发超群之人，越需要强大力量来控制他的才智。这就是"人格"。只有人格才能掌控才智。

节制才能有自由。人们喜欢追求自由，这无可厚非。但是自由并不是为所欲为，肆意妄为，爱干什么就干什么。自由是以约束为前提的，没有约束的自由是不存在的。孔子曰："从心所欲不逾矩。"意即自己可以随心所欲、收放自如，却又不超出规矩。穆勒说："个人的自由，以不侵犯他人的自由为自由。"美国开国总统华盛顿 14 岁时就给自己定下的标准：别人讲话时，不要插嘴；别人站着，不要坐下；和别人在一起，不要读书看报。这就是一种以约束为前提的自由。而不守制度、规矩的自由，就是把自由绝对化、极端化，就是一种自由主义现象。

（2）注意"慎独"。克己难能可贵的是"慎独"。"慎独"语出《中庸》："莫见于隐，莫显于微，故君子慎其独也。"《大学》在解释"正心""诚意"时也讲到"慎独"："所谓诚其意者，毋自欺也。如恶恶臭，如好好色，此之谓自谦，故君子必慎其独也。"其意为：所谓心要诚实，就是不要欺骗自己。要像厌恶臭气和喜欢美丽风景一样，这就是自己意念诚实。所以君子要谨慎对待自己独处的生活。

所谓"慎独"，是指人们在独处无人监督的情况下，凭着高度自觉，按照一定的道德规范行动，做到人前人后都一个样，表里如一。"慎独"不自欺欺人，不哗众取宠，所以也是为人的一种诚信。通常情况下，一个人在公共场合不做坏事比较容易，而在独处时也一样能不做违反道德准则的事就难以做到了，这需要有很高的道德修养和严格的自律精神。

2. 自励自强

自励自强是一个自我提高的过程。这个过程在于激发个人内在的主观能动性，充分挖掘自身的潜力，努力做到尽善尽美。正如有句谚语所说的：水不激不发，人不激不奋。

（1）善于自我激励。人的发展需要内驱力，自我激励就是一种内驱力。稻盛和夫认为世上的东西分为三种：可燃物，不可燃物和自燃物。人也分为三种：① 自燃的人：不借外力，自发自动的人；② 可燃的人：外在刺激，可以活跃的人；③ 不可燃的人：否定一切，态度冷漠的人。我们真正需要的是自燃的人，他不管在什么情况下，都能做到"不待扬鞭自奋蹄"。

人的成长关键在于内生动力，而不是外在的压力。鸡蛋从外部打破是食物，而从内部打破却是生命。数学家华罗庚并没有上过几年学，从 14 岁开始自学数学，19 岁就着手写数学论文，25 岁便成为闻名世界的数学家。美术大师齐白石，他原是湖南乡间的一个木匠，没进过美术院校，通过自己刻苦自学，终于成为国画界的一代宗师。

（2）争取自立自强。首先，要自力更生，不等不靠。

墨子曰："赖其力者生，不赖其力者不生。"《周易》中说："天行健，君子以自强不息。"人如果有了这种自立自强的精神，就会产生锐意进取的不竭动力，不断实现人生奋斗的目标；就会有百折不挠、知难而进的抗争精神，不断克服人生面临的种种困难和挫折。

一些人很想要干出一番不同凡响成就而名闻天下，但自己又不想付出努力，好逸恶劳，一心只想等待他人的支持和帮助；或盼望"天下掉馅饼"，一心只想机遇能自己找上门来。"在家靠父母，在外靠朋友"，反映都是这种"等靠要"的依赖心态。许多事实证明，成功之路不在他方，其实就在自己脚下。

其次，要把握当下，积极作为。做事一定要立足于当下，脚踏实地，因为过去已经成为过去，一去不复返，而未来虚无缥缈，还没有真正到来，只有当下才具有现实的可靠性。为了实现人生奋斗的目标，为了让梦想成真，我们一定要把握当下，积极行动起来，不空谈，不幻想。孔子曰："君子讷于言而敏于行。"《汉书》云："临渊羡鱼，不如归而结网。"这些都是告诫我们不要当幻想家，要当实干家。

一个鸡蛋的"家当"

在明代《雪涛小说》中有这样一个笑话。在我国古代，有一个小市民叫庄幻。他家贫穷，只以做点小买卖为生。家中娶妻李氏，诸样都好，就是喜欢"吃醋"。所以，庄幻在外做生意一做完，就早早回家，从不拈花惹草，免得回家麻烦。

有一天，庄幻拾到一个鸡蛋，高兴地跑回家，告诉老婆说："我有家当了！"老婆问："你的家当在哪里？"庄幻拿出那个鸡蛋说："这就是。只要十年工夫，家当就有了。"

望着妻子的迷惑劲，庄幻接着解释说："我拿这个鸡蛋到邻居家借母鸡去孵化，待小鸡孵出，从中拿一只小母鸡回来，鸡生蛋，蛋孵鸡，两年之内，就可以有鸡300只。把鸡给卖了，可买回五头母牛。母牛生母牛，三年就有牛25头。把牛卖掉，即可得到一大笔钱。再把这笔钱全部用来放债，再过两年，我就有一份像样的家当了。"

庄幻越说越高兴，李氏也听得越来越得意。于是，庄幻就盘算发财以后的事情了："我要置地、盖房……"李氏插嘴说："我要买很多好看的花线，绣出很多好看的花来……"没等李氏说完，庄幻打断道："我还要娶个小老婆，给我生许多儿子……"

李氏一听说丈夫发财后要娶小老婆，勃然大怒，一拳把那个鸡蛋打得粉碎。

小市民庄幻"一个鸡蛋的家当"，就这样被全部毁掉了。

我们的人生理想再美好，未来目标再伟大，但如果不付诸实际行动，那只能是一种空想，永远不可能实现。歌德说："无论你能做什么，或希望能做什么，动手去做莫迟疑。"付诸真实的行动，就是你成功的第一步。爱因斯坦同一位爱讲空话的青年有一段有趣而深刻的谈话。青年整天缠着爱因斯坦，要他说出什么是成功的"秘诀"。爱因斯坦给他写下了这样一个公式：A=XYZ，解释说："A 代表成功，X 代表艰苦劳动，Y 代表正确的方法……""Z 代表什么呢？"那位青年急不可待地问。"代表少说空话！"爱因斯坦回答说。

务实是成功的第一品质，东汉哲学家王符说："大人不华，君子务实。"居里夫人夜以继日地工作学习，致力寻找新的放射性化学元素，从不因外界因素停止行动。行动，让她发现了镭和钋，让她的事业成功，为世界做出了贡献。

第二节 专心致志养匠心

北宋哲学家张载说："欲事立，须是立心。"匠心是工匠精神之本，一个人有匠心，才能成为名匠，成就事业；如果失却匠心，那就会沦为庸匠，一事无成。因此，我们必须专心致志养匠心。

一、以匠心为本

（一）何谓匠心

只有独具匠心，才能有所创新、有所创造，才能成就一番非凡的事业。所谓匠心，就是匠人为了创造精品和成就事业所具有的精神境界和心理品质，它体现在一个人的事业心、责任心。

匠心是我们成就事业之思想源头。因为心是神明，心是主宰。孟子曰："君子所性，仁义礼智根于心。"丰子恺先生说："万种学问犹如大江河的支流，你的心才是大江河的源泉呀！世间一切都在你的心中呀！"

（二）培养匠心的重要性

1. 只有培养匠心才能养匠气

匠气是一个人的胸怀和胆识，也是一个人为人处世、干事创业体现出来的气节。"下士养身，中士养气，上士养心。"匠气影响一个人的气魄，决定一个人的生命格局，直接影响事业的成败。

讲气节，是中华传统文化的一个重要特征。鲁迅先生曾在《中国人失掉自信力了吗？》一文中写道："我们自古以来，就有埋头苦干的人，有拼命硬干的人，有舍身求法的人……虽是等于为帝王将相作家谱的所谓'正史'，也往往掩不住他们的光耀，这就是中国的脊梁。"

匠气源自匠心。古人云："心者，神明之主，万理之统也。动而不失正，天下可感，而况于人乎？况于万物乎？"人的最大能量不在于外部，而在于人的内部，即在于人的内心。毛泽东在其《心之力》中曾说："心为万力之本。"所谓"相由心生"，就是说一个人的外在之相，包括面貌容颜、气质性格、所作所为，都是由其内心所生成的。

2. 只有培养匠心才能出精品

所有的精品都出自匠心。出精品没有什么捷径可走，必须投入大量的时间和精力，耗费大量的体力和脑力；必须勤于学习、勤于积累、勤于钻研、勤于创新。别人曾说鲁迅是天才，可鲁迅自己却说："哪里有天才？我是把别人喝咖啡的工夫都用在工作上的。"

一个人辉煌的成就不会自己从天上掉下来的，它们是人们大量心血凝结面成的。马克思写《资本论》用了 40 年，李时珍写《本草纲目》用了 27 年，歌德写《浮士德》用了 60 年。曹雪芹用了近 10 年才写完了《红楼梦》，然后进行反复修改，前后修改了五次。他自己感叹说："字字看来皆是血，十年辛苦不寻常。"《红楼梦》是中国古典四大名著之首，被人们誉为"中国封建社会的百科全书"，曹雪芹一生只写了这一本书，却成就了他在中国的文学史上的独特地位。

3. 只有培养匠心才能聚人心

人心决定事业的成败。匠心是一种仁爱之心，它不仅是对事业、工作的爱，也是对他人的爱。孟子曰："仁者爱人。"一个人有了仁爱之心，他对工作就会尽职尽责，精益求精，创造出客户认可的产品；他就会懂得换位思考，理解客户的需求，解决客户的难题，从而赢得客户的赞誉。同时，"人非草木，孰能无情？"一个人对他人献出爱心，给人恩惠，别人也会"投之以桃，报之以李"的，这样就能增进与客户的沟通与感情。为此，我们在无形中聚集了人心，争取了客户资源。

"心"少了一"点"

清代乾隆年间，南昌城有一间点心店，店主名叫李沙庚，以价廉物美赢得了顾客满门，生意十分火爆。但久而久之便掺杂使假、缺斤短两，对顾客也爱理不理，生意慢慢不再红火。有一天，书画名家郑板桥来店进餐，李沙庚十分惊喜，恭请题写店名。郑板桥便题上"李沙庚点心店"六个苍劲有力的字，引来众多的市民来看热闹，但还是无人进餐。原来是"心"字少写了一"点"。李沙庚请求补写一"点"。但郑板桥心平气和地说："没有错啊，你以前顾客满门，是因为'心'有了这一'点'，而今生意冷淡，正因为'心'少了一'点'。"李沙庚顿时满脸通红，愧疚难当。因为他做生意失去了人心和诚信。从此以后，痛改前非，重新建立诚信，又赢回了人心，使自己的店起死回生。

4. 只有培养匠心才能促创新

有了匠心才能有敏捷的思维和独特的观察力，才能有所创新和发明。匠心就是创新创造的活力之源。一个人有了匠心，才能摆脱思维定式的束缚，大胆解放思想，与时俱进，开拓进取。

当今社会是一个大众创业、万众创新的新时代，科技革命风起云涌，知识和技术日新月异，更新速度越来越快。只有具备匠心，才能把握先机，跟上时代的发展步伐，进而走在时代前列、引领时代前进。当今社会不再是"大鱼吃小鱼"，而是"快鱼吃慢鱼"的时代。为此，我们必须积极促进体制创新、技术创新和管理创新，不断增强综合实力和竞争力。

二、匠心的要素

（一）心定

古人云："人定胜天"。其实，这个"定"不是指"一定"，而是指人的"心定"。意即人们只有保持内心定力，才能去征服自然和改造自然。所以古人说："心浮则气必躁，气躁则神难凝。"我们要想建功立业，必须坚定内在定力，否则容易受到外在干扰而走偏方向，或者半途而废。如何做到心定呢？可从以下方面着手：

1. 增强自信

没有自信心，就没有毅力，做事就会半途而废，不能善始善终。高尔基说："只有满怀自信的人，能在任何地方都怀有自信，沉浸在生活中，并认识自己的意志。"爱默生说："自信是英雄的本质。""自信是成功的第一秘诀。"一个人在创业过程中，必然会遇到各种困难和挑战，如果你没有坚强的自信心和坚韧的毅力，那就不能迎难而上、勇往直前了。在人生前进的路上，我们可以失掉其他一切，唯独不能失去自信。

三只青蛙的命运

三只青蛙掉进了鲜奶桶中。

第一只青蛙说："这是命。"于是它盘起后腿，一动不动地等待着死亡的降临。

第二只青蛙说："这桶看来太深了，凭我的跳跃能力是不可能跳出去的。我今天死定了。"于是，它沉入桶底淹死了。

第三只青蛙打量着四周说："真是不幸！但我的后腿还有劲。我要找到垫脚的东西，跳出这可怕的桶！"

于是，它一边划一边跳，慢慢地，奶在它的搅拌下变成了奶油块，在奶油块的支撑下，这只青蛙纵身一跃，终于跳出了奶桶。

如此说来，是希望救了第三只青蛙的命。是因为永不放弃、坚决意志、必胜信念、持续行动，才会创造奇迹。

增强自信，必须注意克服自卑心态。自卑是由过多的自我否定而产生自惭形秽的体验。有自卑感的人轻视自己，过分看重自身短处，否定自己的长处或自己对长处没有足够的认识，因而常表现出胆怯、畏惧、怀疑。自卑和自傲都是自我认识的两个极端，它们都不能客观正确地评价自己。所以罗素强调："明智的做法是不要过于自负，尽管也不能自谦得没了进取心。"

我们不仅要增强个人自信，也要增强国家、民族的整体自信。这一点也很重要，因为个人命运与民族命运是紧密相连的。习近平指出："中国有坚定的道路自信、理论自信、制度自信，其本质是建立在5000多年文明传承基础上的文化自信。"他强调："实现中国梦必须凝聚中国力量。这是中国各族人民大团结的力量。只要我们紧密团结，万众一心，为实现共同梦想而奋斗，实现梦想的力量就无比强大，我们每个人为实现自己梦想的努力就拥有广阔的空间。"

2. 持之以恒

做事贵在有恒心。老子曰："民之从事，常于几成而败之。慎终如始，则无败事。"孔子曰："士不可以不弘毅，任重而道远。"

持之以恒是磨炼意志之道。"艰难困苦，玉汝于成。"习近平在2018年春节团拜会的讲话中曾引用了此名言，他指出："只有奋斗的人生才称得上幸福的人生。奋斗是艰辛的，艰难困苦、玉汝于成，没有艰辛就不是真正的奋斗，我们要勇于在艰苦奋斗中净化灵魂、磨砺意志、坚定信念。"一个人要取得成功，都必须要有意志力的磨炼，而这种磨炼不是随心所欲，也不是"三天打鱼，两天晒网"，而必须坚持到底，善始善终，否则就难以冲破种种艰难险阻而到达成功的彼岸。

持之以恒是做好学问之道。中国的近代思想家严复曾说过："学问之道，水到渠成，但不间断，时至自见。"曾国藩有句名言："学问之道无穷，而总以有恒为主"，"有恒则断无不成之事"。曾国藩不光提出，还做到了，自己"虽极忙"，也坚持"每日临帖百字，抄书百字，看书少须满二十页"。正是这种日日有功的坚持精神，让曾国藩在官场上获得了成长。丰子恺先生告诉我们，若要获得知识，可以先定一个范围，立一个预算，每日学习若干，则若干日可以学毕，然后每日切实地实行，非大故不准间断，如同吃饭一样。习近平指出："为学之要贵在勤奋、贵在钻研、贵在有恒。"

持之以恒是成就事业之道。创业艰难，我们需要有"十年磨一剑"的精神。荀子曰："不积跬步，无以至千里；不积小流，无以成江海。骐骥一跃，不能十步；驽马十驾，功在不舍。锲而舍之，朽木不折；锲而不舍，金石可镂。"曾国藩说："凡作一事，无论大小难易，皆宜有始有终。"毛泽东的老师杨昌济先生曾说："吾无过人者，惟于坚忍二字颇为着力，常欲以久制胜，他人以数年为之者，吾以数十年为之，不患其不有所成就也。"如果做事情半途而废，缺乏恒心与毅力，肯定难以成功。习近平总书记强调做事情要有"钉钉子的精神"，他很形象地说："钉钉子往往不是一锤子就能钉好的，而是要一锤一锤接着敲，直到把钉子钉实钉牢，钉牢一颗再钉下一颗，不断钉下去，必然大有成效。"

（二）心专

心专就是专心致志，心无旁骛，把自己的注意力和精力集中在一处。老子曰："少则得，多则惑，是以圣人抱一为天下式。"当今社会充满了浮躁，很多人想成功，却不能专心致志，孤注一掷，结果一无所成。

那么，我们如何才能达到心专呢？

（1）专业专注。《尚书》曰："人心惟危，道心惟微。惟精惟一，允执厥中。"这就是中华传统文化的"心法"，其中的"惟精惟一"就是强调"人心"仿效"道心"，做到专一专注，否则是危险的。《佛遗教经》曰："制心一处，无事不办。"把心聚拢到一处，没有什么事情是做不到、办不到的。稻盛和夫认为若我们专注于某一项技艺或领域进而达到非常高的境界，就可以了解整个宇宙。习近平总书记提倡"滴水穿石"精神，这是一种持之以恒的专注力量。他指出："滴水可以穿石。只要坚韧不拔、百折不挠，成功一定在前方等你。"

木塞与钢铁

有位物理学家曾做过一项实验：

将一块重五百磅的钢铁，用一小铁链悬在空中。在它旁边有一个小木塞，也用一条丝线悬在空中。

实验的目的是让那个木塞击打那块钢铁，看看结果怎样。木塞击打那块钢铁，起初钢铁丝毫不为所动。木塞继续地打，一直打了十分钟，钢铁开始不稳定了；再过十分钟，钢铁便有了反应；到了半个钟头之后，钢铁竟在空中摇摇摆摆，如同钟摆摇动一样。

专业专注是读书之法。朱熹曾说："读书之法，当循序而有常，致一而不懈，从容乎句读文义之间，而体验乎操存践履之实，然后心静理明，渐见意味。不然，则广求博取，日诵五车，亦奚益于学哉。"读书既要追求博，更要追求精。"博"才能扩大视野，增长见识；而"精"才能深化专业，有所创见。正如韩愈在《师说》中所说的："闻道有先后，术业有专攻，如是而已。"曾国藩认为，凡看书只宜看一种，一种未毕而另换一种，则无恒之弊，终无一成；若同时并看数种，尤难有恒，将来必不能看毕一种，不可不戒。他还说："穷经必专一经，不可泛骛。"然而，有些人却好高骛远，什么都想学，最终一无所成。

庄子曰："吾生也有涯，而知也无涯，以有涯随无涯，殆已。"虽说人生的知识非常广博，要全部都学完是不可能的。但是，我们可以集中精力去学习一、两门知识或专业，那完全是可能的。丰子恺先生说："人世的范围很大，要研究的事也太多。天文、地理、动物、植物、矿学、物理、化学、医药、美术、工业、机械、政治、经济、法律……没有一样不是人生所应该知道的事，又没有一样不是毕生的心力所研究不尽的。能够用毕生的心力来贯通了某一种的一部分，其人已可顶戴学士、硕士、博士或专家的荣名了。"

"像这块透镜一样"

有一次，一个年轻的学者，向昆虫学家法布尔（1823—1915）诉苦说："我不知疲倦地把自己的精力都花在我所爱好的事业上了，结果却收效甚微。"

"看来你是一位献身于科学事业的有志青年。"法布尔称赞说。

"是的，我爱科学事业，我也爱文学、音乐和美术事业，因为我都感兴趣。我就把全部的时间都用上了。"

法布尔从口袋里掏出一块放大镜，对那青年说："把你的精力集中到一个焦点上试试，就像这块透镜一样。"

曾国藩说："求业之精，别无他法，曰专而已。""心诚则志专而气足，千磨百折而不改其常度，终有顺理成章之一日。"他曾给弟弟的信中说："凡人为一事，以专为精，以纷而散。荀子称'耳不两听而聪，目不两视而明'，庄子称'用志不纷，乃凝于神'，皆至言也。"他曾很形象地比喻说，用功好像掘井，与其多掘数井，而皆不及泉，何若老守一井，力求及泉，而用之不竭乎？

人生要有个"职业锚"，即指当一个人不得不做出选择的时候，他无论如何都不能放弃的职业中的那种至关重要的东西，而且要把他最主要的精力集中在他的"职业锚"上，这样他才能在人生中某一领域有所成就、有所贡献。稻盛和夫强调工作必须"精进"，他认为工作不单指获得报酬的方式手段，而是专注于工作，一心不乱，由此锻炼心性，磨砺灵魂，塑造人格。从这个意义上讲，工作就是修行。

专业专注是幸福之法。当我们专心致志从事一项工作时，内心就会产生"心流"现象，它是幸福感的来源。因此，专一不仅是成功之道，也是养生之道，快乐之源。康熙皇帝有一名言："人果专心于一艺一技，则心不外驰，于身有益。"爱因斯坦也说："要不是全神贯注于客观世界——那个科学与艺术工作领域永远达不到的对象，那么在我看来，生活就会是空虚的。"此外，专业专注才能保持精神能量。美国心理学家鲍迈斯特曾提出"自我损耗"理论。所谓自我损耗，尽管你什么都没做，但每一次选择、纠结、焦虑、分散精力，就是在损耗你的心理能量；每消耗一点心理能量，你的执行能力和意志力都会下降。

（2）心无旁骛。要做到心专，必须心无旁骛，注意排除各种外在的干扰。朝秦暮楚、朝三暮四、心猿意马，都是心不专的表现。

1）做事要聚精会神。爱默生说："全神贯注于你所期望的事物上，必有收获。"格力电器工程师孔进喜入职格力集团的四年中，与另外三位研究生组成了一个研究小组。这个小组在四年里只做了一件事——不停地煮饭。每天用电饭煲煮不同的米，试验不同的水量，以便找出改进口感的办法。三年时间，研究小组用掉了 4.5 吨 20 多种不同品牌的大米。有些人一山望着一山高，心随境转，结果是"捡了芝麻丢了西瓜"，得不偿失。

楚王狩猎

春秋时候，楚国有个擅长射箭的人叫养叔。他能在百步之外射中杨树枝上的叶子，并且百发百中。楚王羡慕养叔的射箭本领，就请养叔来教他射箭。养叔便把射箭的技巧倾囊相授。

楚王兴致勃勃地练习了好一阵子，渐渐能得心应手，就邀请养叔跟他一起到野外去打猎。打猎开始了，楚王叫人把躲在芦苇丛里的野鸭子赶出来。野鸭子被惊扰地振翅飞出。楚王弯弓搭箭，正要射猎时，忽然从他的左边跳出一只山羊。

楚王心想，一箭射死山羊，可比射中一只野鸭子划算多了！于是楚王又把箭头对准了山羊，准备射它。

可是正在此时，右边突然又跳出一只梅花鹿。楚王又想，若是射中罕见的梅花鹿，价值比山羊不知高出了多少，于是楚王又把箭头对准了梅花鹿。

忽然大家一阵子惊呼，原来从树梢飞出了一只珍贵的苍鹰，振翅往空中窜去。楚王又觉得不如还是射苍鹰好。

可是当他正要瞄准苍鹰时，苍鹰已迅速地飞走了。楚王只好回头来射梅花鹿，可是梅花鹿也逃走了。只好再回头去找山羊，可是山羊也早溜了，连那群鸭子都飞得无影无踪了。

楚王拿着弓箭比画了半天，结果什么也没有射着。

2）做事不能见异思迁。对于自己确定的人生选择，要坚定目标方向，不要心猿意马，三心二意。意大利著名的男高音歌唱家帕瓦罗蒂在回顾自己走过的成功之路时，想起了他父亲对他说的一句话："如果你想同时坐两把椅子，只会掉到两把椅子之间的地上。在生活中，你应该选定一把椅子。"一些人由于受到外在的诱惑，往往见异思迁。由于不能集中精力，很多事情只能浅尝辄止，不能精益求精，有所建树。

见异思迁

有个郑国人想学一桩手艺，他想到雨伞人人都要用，便去学做雨伞。

三年后，手艺学成了，师傅送给他一整套做伞的工具，让他自谋生计。可是正好遇上了大旱灾，连个同伞的人都没有，这人一气之下，把工具全扔了。

后来，他看卖水车的生意很兴旺，便改行去学做水车。在三年学成，谁知又遇上连续大雨天，河水暴涨，水车没人要。他只好重新购置做伞的工具。可是，待他工具准备齐全，天又放晴了。

过了不久，郑国闹盗贼，家家要做防卫武器，这个郑国人又想去学铸铁的技术。可是岁月不饶人，他已拿不动大锤，剩下的只有唉声叹气了。

（三）心静

诸葛亮说："夫君子之行，静以修身，俭以养德。"清朝三代帝师翁同龢曾写一副对联："每临大事有静气，不信今时无古贤！"只有保持心灵的宁静，我们才能走得更远。

1. 心静的益处

（1）静能生慧。心静才能听见万物的声音，心清才能看到万物的本质。正所谓：心宁智生，智生事成。《大学》云："知止而后有定，定而后能静，静而后能安，安而后能虑,虑而后能得。"曾国藩说:"静则生明,动则多咎,自然之理也。"他曾经在静中沉思人生,得出了很多人生的真知灼见。曾国藩说:"静中,细思古今亿万年无有穷期,人生其间,数十寒暑仅须臾耳。大地数万里不可能极,人于其中寝处游息,昼仅一室耳,夜仅一榻耳。古人书籍,近人著述,浩如烟海,人生目光之所能及者不过九牛之一毛耳。事变万端,美名百途,人生才力所能办者,不过太仓之一粒耳。"基于此,他认为人生很有限,应当谦虚低调,不能骄傲自满。

我们在沉静思考中有了人生智慧,那么在困难和挫折面前,就能保持内心定力,不慌不忙,沉着应对,机智周旋,从而转败为胜,扭转乾坤;如果一个人不能保持内心沉静,遇事惊慌失措,不懂得从容应对,从而焦虑苦恼,乱了阵脚,那么结果可能一败涂地,损失惨重。

巨商与雨伞

有一个巨商,为躲避动荡,把所有的家财置换成金银票,特制了一把油纸伞,将金银票小心地藏进伞柄之内,然后把自己装扮成普通百姓,带上雨伞准备归隐乡野老家。

不料途中出了意外,只因他劳累之余在凉亭打了一个盹,醒来之后雨伞竟然不见了!

巨商毕竟经商数年,面对突如其来的变故,他很快冷静下来,仔细观察后他发现随身携带的包裹完好无损,断定拿雨伞之人应该不是职业盗贼,十有八九是过路人顺手牵羊拿走了雨伞,此人应该就居住在附近。

巨商决定就在此地住下来,他购置了修伞工具,干起了修伞的营生,静静等待。

春去秋来,一晃两年过去了,他也没有等来自己的雨伞。巨商沉下心来,仔细思量,他发现有些人当雨伞坏得不值得一修的时候,会选择重新购买新的雨伞。

于是巨商打出"旧伞换新伞"的招牌,而且换伞不加钱。一时间前来换伞的人络绎不绝。

不久,有一个中年人夹着一把破旧的油纸伞匆匆赶来,巨商接过一看,正是自己魂牵梦绕的那把雨伞,伞柄处完好无损,巨商不动声色给那人换了一把新伞。

那人离去之后,巨商转身进门,收拾家当,从此消失得无影无踪。

静出智慧。巨商的无言等待,是静之后的智慧。在突如其来的事件面前,能够沉着应对,从而化险为夷。

(2)静能止躁。静是韧性的智慧。老子曰:"致虚极,守静笃。重为轻根,静为躁君。静胜躁，寒胜热，清静为天下正。"现代有人说："心若不能栖息，到哪里都是流浪。"一个人在宁静的状态，才能保持内心的专注力。梭罗在独居瓦尔登湖时，写出了名篇《瓦尔登湖》；爱因斯坦常远离人群，独自泛舟思考天体物理；毕加索更是直接坦言，没有孤独，无法有所成就。现代社会到处都充满了浮躁，急功近利现象比比皆是，想一步登天的大有人在。如果一个人的心不能沉静下来，那他就难以取得非凡的成就。

人们通常认为，只有外向、张扬、冒险、传奇才是优秀企业家的必备特征，而美国学者小约瑟夫·巴达拉克在其《沉静领导》一书却认为，能真正成功的往往是那些不为人所知的"沉静领导"，他们的共同特点是：内向、低调、坚韧、平和。所以，低调处事往往成为一些知名企业家的领导模式和领导风格。

木匠与手表

有一个木匠，在自己家的院子里干活。他的生意非常好，每天从早到晚，院子里锯子声和锤子声响成一片，地上堆满了刨花，堆满了锯末。

有一大黄昏，这个木匠站在一个很高的台子上，和一个徒弟一起，两人拉大锯，锯一根粗大的木料。拉来拉去，锯来锯去，一不小心，他手腕上的手表的表链甩断了，手表就掉到地上的刨花堆里了。

当时手表可是贵重物品。这个木匠赶紧下来找。可是地上刨花太多了，怎么也找不到。他的几个徒弟也过来打着灯笼帮他一块儿找，大家伙儿一块儿找来找去，怎么也找不到那小小的一块表。木匠一看，说算了算了，不找了，锁上门，等明天天亮再找吧，说完就收拾收拾，准备吃饭睡觉了。

过了一会儿，他的小儿子跑了过来："爸爸，你看你看，我找到手表了！"木匠很奇怪："我们这么多大人，打着灯笼都找不到一块小小的手表，你是怎么找到的呢？"

孩子说："你们都走了，我一个人在院子里玩。没人干活了，这院子里静下来了。我忽然听到嘀嗒、嘀嗒、嘀嗒的声音，顺着声音找过去，一扒拉就找到手表了。"

（3）静能养生。生命的能量来自宁静。老子说："万物芸芸，各归其根。归根曰静，静曰复命。"其意思是说，根是万物生命的来源，回归根才是静，能静才回归生命。南怀瑾认为："宇宙万物，如我们吃的水果、粮食，观赏的花木，都是静态的生长。静态是生命功能的一种状态。"星云大师也说："心志专一，才能心无旁骛，静心做事，不容易受外界的侵扰，这样，忘却了烦恼，身心获得平衡，自然对健康有益。"

人生幸福来自内心的宁静。白岩松说:"不平静,就不会幸福,也因此,当下的时代,平静才是真正的奢侈品。"静能使人的情绪保持平和稳定,不会让人大悲大喜,这有利于人的健康。《黄帝内经》有云:"怒伤肝,喜伤心,悲伤肺,忧思伤脾,惊恐伤肾,百病皆生于气。"这就告诫人们情绪的波动对人身心的危害。

2. 心静的要诀

学会静,这是人生一笔宝贵的财富。那么怎样才能做到心静呢?

(1)保持心正。所谓"心正",就是要确立正确的世界观、人生观和价值观。只有心正,才能去除心中的杂念、妄念,才可以明心见性。庄子曰:"正则静,静则明,明则虚,虚则无为而无不为。"心正才能行端。一些人心术不正,整天胡思乱想,动歪脑筋,想搞歪门邪道,他的心哪能静下呢?

(2)淡泊名利。只有淡泊名利,才能冲出世俗的羁绊,做到"不以物喜,不以己悲"。得失心太重,会带来情绪上的烦躁,不利于专业专注,从而影响个人事业前程。印度诗人泰戈尔说:"鸟翼绑上黄金,还能飞远吗?"如果我们以平常心来处世,反而能产生大智慧和大聪明。

孔子曰:"君子怀刑,小人怀惠。"是否能淡泊名利是君子与小人的重要区别。孔子的弟子颜回,"一箪食,一瓢饮,在陋巷,人不堪其忧,回也不改其乐。"这就是不为物役,身心自由的人生境界。只有达到这一境界,物我两忘,你才能真正让自己的心安静下来。

《红楼梦》中有一首"好了歌",其中有一句:"世人都晓神仙好,唯有功名忘不了。……世人都晓神仙好,唯有金银忘不了。"日常生活中有许多人都把名利挂在嘴上,记在心上。其实人活在现实社会中,有一定的名利之心无可厚非,它往往成为事业奋斗的动力。但是,名利心不能太重,不要患得患失,否则就会影响一个人的才能的发挥,这样就不可能出精品,出成就。庄子曰:"物物而不物于物,则胡可得而累邪。"他在《逍遥游》中说:"至人无己,神人无功,圣人无名。"荀子曰:"君子役物,小人役于物。"稻盛和夫也认为一个人如果不为金钱、名誉、权利欲所驱动,而是被真心所激励时,他就能发挥出最大的力量,克服任何困难,一往无前。

当今社会是市场经济,很多人把名利看得高于一切,患得患失,瞻前顾后,心里始终不能平静,得则大喜兴奋,失则痛苦悲伤,最终成为名利场上的牺牲品。季羡林说："在世界上，争来争去，不外名利两件事。"名是为了满足求胜的本能，而利则是为了满足求生。二者联系密切，相辅相成，成为人类的公害，谁也铲除不掉。著名主持人白岩松直白地说："我们这个行当，是一个名利场，从某种角度说，它也是一个绞肉机，如果不是想打算以长跑的姿态进入，而仅仅因为诱惑而入，终究是一个牺牲品。"因此，培养工匠精神，一定要超越名利，才能真正提高追求的境界，活出人生的精彩。

（3）成败从容。在事业的奋斗中，每人都要面对成败的问题。通常情况下，人们成功了会欢喜兴奋，失败了会痛苦悲伤。其实，不管成功还是失败，人们都要从容淡定，不能大喜大悲，否则就难以保持宁静的心态。成功和失败不是一成不变的，它们会相互转化，一切取决于面对成败的态度。因此，成不可骄，败亦不可悲。陶渊明诗曰："纵浪大化中，不喜亦不惧。"只有这样，才能在平淡的生活中品出人生真味。

司马懿的淡定

在与诸葛亮对阵失败，被抢了陇上小麦后，魏军众将士都十分不满，明明魏军兵力是蜀军数倍，居然还输给了诸葛亮，连司马懿的两个儿子也坐不住了，一起去司马懿帐内抱怨。

去了司马懿的大帐后，却只见司马懿和管家优哉游哉地打着五禽戏，两个儿子顿时连连吐槽，司马懿倒是非常淡然，问儿子：

"你们是来打仗的，还是来斗气的？那些一心想赢的人，就能赢到最后吗？打仗，先要学的是善败，败而不耻，败而不伤，才真的能笑到最后。"

司马懿的一番话，立刻让两个儿子心领神会，明白了父亲按兵不动的用意，父子三人甚至一起打起了五禽戏。

（四）心细

老子曰："天下大事，必作于细。"孔子曰："君子尊德性而道问学，致广大而尽精微，极高明而道中庸。"我们在事业和工作上要达到精益求精，必须注意细节的打造。所以有人说，细节决定成败。特别是在讲究精细化的时代，更是如此。

1. 思虑要细

凡事要三思而后行，认真做好谋划和安排。智者千虑，必有一失；愚者千虑，必有一得。虽然思虑再细也可能会有漏洞、不周全，但有思虑总比没思虑要强得多。鲁莽行事，终会吃亏。明代文学家方孝孺说："君子畜德，无忽细微。"稻盛和夫认为事先考虑到事情的每个细节，让它们在头脑中形成清晰的印象，那么，毫无疑问，事情就一定能成功。

曾经的"烟王""罪犯"，后来成为"橙王"的褚时健，在谈到"成功之道"时，他说："就是爱琢磨，往往一件事情，别人想一种办法，我会想五种、八种，会找相关的人去交流、去考虑在执行过程中会出现什么样的限制，目标就只有一个，那就是事情不办好不罢休，我顽固得很。"

2. 观察要细

很多知识、技能不是从书本上得来的，而是要经过认真观察思考得来的。夸美纽斯指出："假如我们想使我们的学生对事物获得一种真正和可靠的知识，我们就必须格外当心，务使一切事物都通过实际观察与感官知觉去学得。"观察是一种直接经验，它往往比间接经验更为可靠可信。只有到现场去用心观察，才能把细节真正做好。

稻盛和夫认为产品要出精品，一定要贯彻现场主义，仔细观察现场的状况。他在创业不久，要试做某个产品，放在实验炉中烧制时，产品出现了翘曲的现象，样子很难看，经过反复试验观察，终于弄清产生翘曲的原因。事后他进行认真总结，他认为必须亲临现场，用真诚的目光仔细地观察现场，用眼睛去凝视，用耳朵去倾听，用心灵去贴近。这时我们才可能听到产品发出的声音，找到解决的办法。

认真的米开朗基罗

米开朗基罗是人类史上杰出的艺术大师，他无论雕刻或是绘画，速度都很慢，总是花许多时间在那里沉思、推敲、琢磨，力求作品的完美。

有一次，友人拜访米开朗基罗，看见他正为一个雕像做最后的修饰。然而过了一段日子，友人再度拜访，看见他仍在修饰那尊雕像。

友人责备他说："我看见你的工作一点都没有进展，你动作太慢了。"

米开朗基罗说："我花许多时间在整修雕像，例如：让眼睛更有神、肤色更亮丽、某部分肌肉更有力等。"

友人说："这都只是一些小细节啊！"

米开朗基罗说："不错！这些都是小细节，不过把所有的小细节处理妥当，雕像就变得完美了。"

---

3. 落实要细

工匠精神就是体现在对工作的精细把握上。落实就是计划、决策、制度的执行和实施过程。这个过程非常关键，一定要落细落小，注意一些细节问题，堵塞漏洞，预防万一。做事粗枝大叶、马马虎虎，是不可能做出精品的。现实生活中，有些人把计划做得很周全，但在落实环节上出了纰漏，结果弄得满盘皆输。1960 年，美国的一架 U-2 飞机被苏联击落，究其原因竟然是一颗小小的螺丝钉引起的。

（五）心灵

人是万物之灵，而"心灵"才能"手巧"。所谓"心灵"，就是让心达到"空灵"状态。作家林清玄曾说："人生不过就是这样，追求成为一个更好的、更具有精神和灵气的自己。"人的心在空灵的状态下，就能摆脱传统思维、习惯的影响和制约，使心灵获得自由和解放。于是，在这样条件下，人就容易产生创造性的思维，很多天才的想法就会自然地涌现出来，犹如神助。

（1）让心空灵才能培养创意。在学习和工作中，不唯书，不唯上，只唯实；既尊重权威，又不迷信权威；不墨守成规，敢于向"常识"质疑，敢于向"权威"挑战，敢于别出心裁，标新立异，以培养和增强自己的创新意识和创新能力。法国哲学家柏格森说："要生存就要变化，要变化就要成长，要成长就要不断地自我创新。"而创新正是来自让心空灵的状态，否则就难以突破定势思维和固有经验的限制。

"深山藏古寺"

宋徽宗赵佶喜欢绘画，是擅长花鸟画的名家。他为了选择有创造性的优秀画家到画院工作，下令全国招考，最后由他亲自决定名次。

有一次由赵佶亲自出题，题目是"深山藏古寺"。这个题目可把画家们给难住了。古寺既然藏在深山中，怎样在画上表现出来呢？于是，考场上，有的画家抓耳挠腮，有的愁眉苦脸，有的来回踱步，有的闭目凝思，只有少数几个在埋头作画。

这几个画家，有的在山腰间画一座古寺，有的在深山老林中画一座古寺，有的画在两峰中露出寺庙一角红墙。

只有一幅画与众不同：画面上既没有什么古寺，也没有什么森林，只是画了一个老和尚，在山脚的小溪边挑水。

赵佶亲自审阅画卷。他先看了那些画了古寺的画，连连摇头。最后看到和尚挑水的这一幅，不禁拍案叫绝："好呀，好！用一个和尚点出一个藏字；不画古寺，而古寺自在画中，构思有独到之处，当取此画为第一！"

（2）让心空灵才能让人善于变通。人的心如果能达到一种自由、放松、空灵的状态，那么对事物的理解就能触类旁通，举一反三。同时，人的心在空灵状态，也有利于摆脱思维定式的束缚，激发创新灵感。

人不同于机器。机器是死的，只能按部就班，而人可以变通、创新。而现在很多人就像机器一样死板，工作和生活上墨守成规，死气沉沉，究其原因在于缺乏灵性。丰子恺说："今世有许多人外貌是人，而实际上不像人，倒像一架机器。这架机器里装满着苦痛、愤怒、叫嚣、哭泣等力量，随时可以应用，即所谓'冰炭满怀抱'也。他们非但不觉得吃不消，并且认为做人应当如此，不，做机器应当如此。"

污渍变天鹅

在一座生意兴隆的茶馆中，有一桌的客人喝茶聊天，喝得兴起，彼此辩论起来，其中一人正在大发高论，手舞足蹈时，偏偏挥动的手碰着女侍端来的茶杯，把整杯浓茶溅在白色的粉壁上，留下斑斑的棕色污渍，店主坚持要这一桌的茶客赔偿损失。

大伙正在僵持不下时，隔座茶客是一位著名的画家，站起来说："不要紧，看我的！"

他随即拿出彩色画笔，把那棕色的茶污涂上颜色，变成一只美丽的天鹅伸展它的翅膀。

这幅画使所有的客人都喝彩赞赏，甚至招来了许多茶客专程来茶馆欣赏。

（3）让心空灵才能培养想象力。所有的科学发现和新发明新创造，都需要有丰富的想象力。爱因斯坦说过："想象力比知识更重要，因为知识是有限的，而想象力概括着世界的一切，推动着科学发展、进步，并且是知识的源泉。"俄国教育家乌申斯基也说："强烈的活跃的想象是伟大智慧不可缺少的属性。"达尔文在小时候，曾说他将用各种颜色的液体浇在报春花上，让它开出五颜六色的花来。他的姐姐认为他吹牛，还在父亲面前告状。父亲却说："他想到通过人工培植出各种颜色的花朵，正说明他是一个有想象力的孩子，他可能借助想象干出一番事业来。"事实证明，达尔文父亲的话说得对。

在20世纪初，一些地质学家和气象学家（如美国的泰勒和贝克以及德国的魏格纳等人）在观看世界地图过程中都发现南美洲大陆的外部轮廓和非洲大陆是如此相似，遂产生一种奇妙的想象：在若干亿年以前，这两块大陆原本是一个整体，后来由于地质结构的变化才逐渐分裂开来。在这种想象的指引下，魏格纳进行了大量的地质考察和古生物化石的研究，最后以古气候、古冰川以及大洋两侧的地质构造和岩石成分相吻合等多种论据为支持，提出了在近代地质学上有较大影响的"大陆漂移说"（这一学说到20世纪50年代进一步被英国物理学家的地磁测量结果所证实）。可见，"大陆漂移说"的提出离不开上述奇妙的想象。

（六）心高

所谓"心高"，就是内心的格局要大，胸怀要宽广；眼光要看远，高瞻远瞩。工匠精神的培养，一定要有人生的大格局、大视野。曾国藩曾说过："谋大事者首重格局。"一个人如果眼睛只盯住方寸之间，又怎能看到"山外有山，楼外有楼"呢？廖彬宇先生说："欲成其大，首须志远，不为琐事所羁，不为绳利所惑，不为暗局所迷，不较锱铢得失，不计当下成败，眼有大视野，胸怀大气魄；次须心高，不纠于情，不缠于人，能隐于市，可静于喧。"

1. 志存高远

立志乃人生第一等大事。明代思想家、哲学家王阳明说："志不立，天下无可成之事。虽百工技艺，未有不本于志者。今学者旷废隳惰，玩岁愒时，而百无所成，皆由于志之未立耳。故立志而圣，则圣矣；立志而贤，则贤矣；志不立，如无舵之舟，无衔之马，漂荡奔逸，终亦何所底乎？"王阳明在十二岁的时候，就对自己的老师说，人生第一等事是读书做圣贤，而不是什么"中状元荣耀家族"，正是自小就有远大志向，才有后来的"心学宗师"王阳明。

人生必须志存高远，其重要性在于：

（1）成就人生事业，必须志存高远。有志者，事竟成。我们不管是做学问还是创事业，都必须先立志。诸葛亮在《诫子书》中曰："非学无以广才，非志无以成学。"南宋心学创始人陆九渊说："道非难知，亦非难行，患人无志耳。"《颜氏家训》中说："有志向者，遂能磨砺，以就素业，无履立者，自兹堕慢，便为凡人。"可见，有无志向是伟人和凡人的重要区别。

只有志存高远，才能激励自己勇攀人生高峰。高尔基说过："一个人追求的目标越高，他的才力就发展得越快，对社会就越有益。我确信这也是一个真理。"如果追求那些低价的东西，容易迷失自己，不能有大成就。清代儒将左宗棠曾有一幅对联传世："发上等愿，结中等缘，享下等福；择高处立，就平处坐，向宽处行。"据说左宗棠在23岁时，曾在新婚之夜写下了对联自勉"身无分文，心怀天下。手释万卷，神交古人。"表达了他志存高远的人生志向。

资料链接

　　有一个年轻人，他自幼喜欢游览山水景观，研究地理图志。年少时，他就建立了以游览天下来证明自己的理想。他到处寻求书籍，收集资料，不惜用自己的衣物换取。二十二岁那年，他终于出发。一直到五十四岁那年，才生病回家。三十多年中，他以游览为目的，详细考察了山川、河流、气候等地理知识。为了求知长江的真实源头，他往北走遍了陕西，往南走过了江西、湖南、广西、广东等，得出了当时最接近真实的答案。除了风餐露宿，他曾三次遭遇强盗，四次断粮，还被迫跳水逃险。有人劝他不如回去过好日子。但他说："我带着一把铁锹来，哪里都可以埋我的尸骨。"最后，他写出了流芳百世的经典著作《徐霞客游记》。

（2）提升人生的境界，必须志存高远。只有志存高远，才能使我们能看到人生新天地，提升人生新境界，开创人生新事业。古人云："欲穷千里目，更上一层楼。""会当凌绝顶，一览众山小。"毛泽东年少时就立下宏志，他在《七绝·改诗赠父亲》中说："孩儿立志出乡关，学不成名誓不还。埋骨何须桑梓地，人生无处不青山。"毛泽东年少时就立下"三奇"之志："丈夫要为天下奇，即读奇书、立奇志、交奇友，做顶天立地的奇男子。"正是从小确立了宏伟志向，激励着毛泽东寻找救国救民的真理和解放道路。

此外，个人追求的境界越高，个人能量的发挥也就越大，就越能克服自身存在的惰性和缺点，经受住人生的各种困难挫折，突破奋斗路上的种种障碍，从而最终到达成功的彼岸。康熙皇帝说："人苟能有决定不移之志，勇猛精进而又贞常永固毫不退转，则凡技艺，焉有不成哉！"稻盛和夫认为一个人如果想追求卓越，一定要肯超越障碍，而最大的障碍就是追求安逸的惰性。其实每个人或多或少都有惰性，而凡人与伟人的区别就在于能否真正地克服惰性。自己向前行的确不容易。

境　　界

管理学界流传着一则小故事：三个建筑工人在共同修建一幢标志性建筑，第一个认为每天工作八小时，钱很少，工作很差；第二个人认为一天辛苦可以养活一家人，工作还可以；而第三个人认为他建的这座建筑将流芳百世，他以后会很骄傲地带自己的子孙来参观，工作很有意义，他很幸运。同样一个工作，第一个越做越烦，体力脑力心理都很苦；第二个人相对平衡；第三个人相反不仅不会觉得辛苦，而且他觉得是在为社会服务，为伟大的事业服务，因而这是神圣的使命。

这个故事并不新鲜，却别有一番意味。三个人实际在某种程度上代表着不同的需求，也代表着工作的几种心性和状态。第一种工作是苦差事，第二种把工作当饭碗，第三种视工作为使命。这说明人的境界是有区别的。人的一生，写有我之境者为多。然而能不能写无我之境，很多差异就由此而生了。

但是，不论我们的心走得多远，飞得多高，我们都不能忘记初心，不能忘记当初为什么出发？在墨西哥有一个寓言故事：有一群人匆匆地赶路，这时一个人突然停了下来。旁边的人很奇怪：为什么不走了？停下的人一笑，说道："走得太快，灵魂落在了后面，我要等等它。"因此，我们"心高"却不能"气傲"。傲气就是狂妄自大，盛气凌人。傲骨就是有自信、有志气，坚强不屈。曾国藩说："风骨者，内足自立，外无所求之谓，非傲慢之谓也。"他认为一个人有了傲气，就会阻断自身进步之路。他说："傲气既长，终不进功，所以潦倒一生而无寸进也。"艺术大师徐悲鸿曾说："人不可有傲气，不可无傲骨。"傲气与傲骨虽一字之差，但其意思却大相径庭。

2. 高瞻远瞩

心高，就是要求我们能高瞻远瞩，即站得高，看得远，具有远见卓识。孔子曰："人无远虑，必有近忧。"一个人如果只盯住眼前的事物，没有看到长远的发展趋势，那他事业的天地必然十分狭小有限。孟子曰："孔子登东山而小鲁，登泰山而小天下。"同时，清晰的远见能增强我们克服困难的勇气和信心，不会被一时的挫折所吓倒。

高瞻远瞩要求我们要树立未来眼光。古人云："凡事预则立，不预则废。"现在有人讲，"你的眼光决定你的未来""一分眼光胜过五十分智商"。比尔·盖茨在谈到他成功的秘诀时指出，时机、眼光和立即投入巨大行动，这就是成功的秘密。他还说："我从来都是戴着望远镜看这个世界的。"工匠精神的培养一定要瞄准未来的发展趋势，这样才能把握先机。

高瞻远瞩要求我们要未雨绸缪。"未雨绸缪"这个成语出自《诗经》："迨天之未阴雨，彻彼桑土，绸缪牖户。"原意是在还没下雨的时候，就要把门窗捆绑牢固。现在用来比喻事前要认真做好准备工作，防患于未然。我们有些人只有等到危害发生了，或问题出现了，再来采取措施，这恐怕就为时已晚，回天乏术了。所谓"临渴掘井""平时不烧香，临时抱佛脚"，就是讽刺了那些只顾眼前利益而缺乏忧患意识和长远打算的人。

（七）心悟

匠心修炼的最高境界在于悟道，从而达到天人合一，实现心灵的自由和解放。丰子恺先生认为，人生有三层楼：第一层楼是物质生活，第二层楼是精神生活，第三层楼是灵魂生活。稻盛和夫认为我们被赋予生命，正是为了在人生这一特定的时间与空间中磨砺灵魂，这也是人生的意义所在。历史学家阎崇年先生说："做事情、做学问，要能契理契机，事理圆融，心灵觉'悟'，非常重要。"星云大师也说："悟，如同人睁开了智慧眼，能看清宇宙万有，社会万象；不只是看到外相，还能看清前后关系。"任何一个成大器之人，往往有一个对灵魂的自觉过程。他们通过深刻的内省和反观中，真正焕发出生命的大气象。

有人在智商、情商、逆商之后提出了"灵商"概念。灵商其实是反映一个人的领悟和自我调适能力，是一个复杂的、有意识的自适应系统。丹娜·左哈尔认为灵商具有 12 个特点：自我意识、自发性、愿景及价值观引导、整体性、同理心、拥抱多样性、场独立性、刨根问底和勇于质疑、重建框架的能力、积极利用挫折、谦逊、使命感。

当然，要达到悟的境界并非易事，必须下苦功夫。要想达到悟道的境界，需做到：① 勤于积累：就是我们平时要努力用功，脚踏实地，不能急功近利。因为冰冻三尺非一日之寒，滴水穿石非一日之功，这是一个厚积薄发、水到渠成的过程；② 勤于思考：学而不思则罔，思而不学则殆，在思考中我们能产生联想，激发灵感，从而有所发现和创新，曾国藩认为自己虽略有见识，乃是从悟境中来；③ 不能迷信：即凡事不能人云亦云，要有自己独立的思考和判断，朱熹曾说："小疑小悟，大疑大悟，不疑不悟。"就是这个道理。

三、匠心培养之法

（一）书上学

治心养性，一个直接、有效的方法就是读书。孔子曰："吾尝终日不食，终夜不寝，以思，无益，不如学也。"英国哲学家培根说过："读史使人明智，读诗使人聪慧，演算使人精密，哲理使人深刻，道德使人高尚，逻辑修辞使人善辩。"

通过读书学习，可领悟许多为人处世的道理，让我们人生少走弯路、少犯错误。星云大师说："开卷有益。书可以解惑，书可以明理，书可以致富，书可以教给我们做人的道理。因此，我们每个人都需要读书。"大家津津乐道的钱氏家族，曾诞生了钱穆、钱学森、钱三强、钱钟书、钱伟长等名人大师，号称"一诺奖、二外交家、三科学家、四国学大师、十八两院院士"。以钱伟长为例，他幼年家境清苦，长辈们却坚持"子孙虽愚，读书须读"的家训，让孩子们读书明理，修身养性。

通过读书学习，可以扩大人的心胸，提升人生格局。苏轼诗曰："粗缯大布裹生涯，腹有诗书气自华。"清朝康熙帝曾说："凡人进德修业，事事从读书起。多读书则嗜欲淡，嗜欲淡则费用省，费用省则营求少，营求少则立品高。""读书一卷，则有一卷之益；读书一日，则有一日之益。"毛泽东曾经非常形象地指出："有了学问，好比站在山上，可以看到很远很多东西。没有学问，如在暗沟里走路，摸索不着，那会苦煞人。"

习近平总书记在其著作《之江新语》中指出："我们一定要强化活到老、学到老的思想，主动来一场'学习的革命'，切实把外在的要求转化为内在的自觉，让学习成为自己的一种兴趣、一种习惯、一种精神需要、一种生活方式。"

—————— **老戏骨陈道明** ——————

1984年，年轻的陈道明因为电视剧《末代皇帝》中青年溥仪一角而一夜成名。对于年轻时突如其来的成功，陈道明飘了。许多剧组请他去演戏，走到哪里都有人对他客客气气，他觉得很有排场，沾沾自喜。但1990年，陈道明因为饰演《围城》中的男主角方鸿渐，先后拜访了钱钟书3次。回去之后，陈道明说："突然发现自己特可怜。"

"钱老先生他们家，你知道唯一响的东西是什么吗？没有录像机，没有电视机，没有电话，唯一响的东西是药锅子。你可以在他家里闻到书香，在他们家可以感到安静，可以看到从容、真实。在学问面前，我特别可怜，我的自信也特别无助。"

他突然发现，只靠名气、财富撑起来的面子从来不会长久，更可能一损俱损。内心的从容，永远是一个人最好的姿态。

于是，他转而读书学习，细细打磨演技，他演的方鸿渐让钱钟书先生也夸赞"传神"。直到现在，陈道明每次演完自己的部分，都会留在片场认真看别人表演。他说："我虽然是一个老前辈，但我是抱着一个学习的角度，来看看你们正当年的人是怎么演戏的。"

当然，读书须下苦功夫，要有坐冷板凳的精神，耐得住寂寞，经得住诱惑。古人云："书山有路勤为径，学海无涯苦作舟。"唐代文学家韩愈告诫他儿子说："人之能为人，由腹有诗书；读书勤乃有，不勤腹空虚。"

（二）事上磨

工匠精神不能在温室中培育，而需要在实践中经历风雨的洗礼，在摸爬滚打中不断磨炼。北宋哲学家张载说："艰难困苦，玉汝于成。"

俗话说，好事多磨。任何的成长都必须经过一定挫折或苦难的磨炼。西方哲学家柏拉图有句名言："你若想害孩子，最简单的办法就是让孩子心想事成。"爱因斯坦曾说："我从来不把安逸和快乐看作是生活目的本身——这种伦理基础，我叫他猪栏的理想。"阿里巴巴集团主要创始人马云屡遭挫折，他曾经历三次高考才考上本地的一所大学。三年创业之后，公司才赚钱。他曾感慨地说："经历许多磨难、委屈、不爽，你才知道什么叫坚强。"

当然，事上磨要先易后难，从最简单、最容易的事情开始做起，然后循序渐进，逐步提升，千万不能好高骛远，操之过急，老想一步登天，欲速则不达。正如康熙皇帝所说的："凡人学艺，即如百工习业，必始于易，而步步循序渐进焉，心志不可遽也。"

（三）情上练

"人非草木，孰能无情？"匠心的培养离不开"情"。所谓"情"，它不仅是指人情，即人情世故，也是指个人的情商。

人生活于群体性的社会中，不能脱离他人而孤立存在。因而，一个人要成就一番事业，对社会交往、人情世故就不能不了解，不能不适应，否则，就难以融入社会，最终也会被时代所抛弃。

哈佛大学心理学教授丹尼尔·戈尔曼提出了"情商"（EQ）这个概念，他认为情商是一个人重要的生存能力，是一种发掘情感潜能、运用情感能力影响生活各个层面和人生未来的关键因素。他将情商概括为五个方面的能力：认识自身情绪的能力、妥善管理情绪的能力、自我激励的能力、认知他人情绪的能力和人际关系的能力。

强者不仅要有高超的本领和能力，更要有一流的情商。一个人的成功，智商因素只占20%，而情商因素占了80%。哈佛大学心理学家麦克利兰研究一家全球餐饮公司，发现高情商的人中，87%业绩优秀，获得奖金领先；而低情商的人，年终考评很少优秀，业绩指标完成不理想。

高情商主要体现在对自己意志、情绪的控制力，以及对他人内心需求的理解力上：

（1）能坚忍不拔。即有坚强的意志力，勤勤恳恳，吃苦耐劳，百折不挠。古人告诫我们："业精于勤荒于嬉，行成于思毁于随。"一些人意志不坚定，碰到困难和挫折就丧失勇气和决心。一个人的自信心差和意志力弱，都是低情商的一种表现。

（2）能营造和谐的人际关系。即善于与人交往、沟通交流，与他人和谐共处。能尊重他人，平等待人；能顾全大局，团结协作；能为人热心，乐于助人；能乐观自信，积极向上。因此，情商高的人最容易得到他人的帮助。正如丹尼尔·戈尔曼在《情商》一书中写道："智商不高、情商高的人，贵人相助；智商高、情商不高的人，怀才不遇。"

（3）能合理控制自己的情绪。即对人和气，不随意对他人发火或指责他人。有宽容心，能容忍他人的过错。这种人和蔼可亲，有较强的亲和力，最受人们喜爱和欢迎。所以有人说，一等人有本事，没脾气；二等人有本事，有脾气；三等人没本事，有脾气。

（4）能设身处地为他人着想。即能站在他人的角度考虑问题，理解他人的需要或忌讳的东西，做到"己所不欲，勿施于人""己欲立而立人，己欲达而达人"。这就是一种共情能力。拿破仑曾说过："懂得换位思考，能真正站在他人位置上，看待问题，考虑问题，并能切实帮助他人解决问题，这个世界就是你的。"

（四）心上思

匠心的培养最终是在落在"心"上，而内化于心的关键是在于"思"。孔子曰："三思者，言思之多，能审慎也。"孔子认为君子应要多思，这对人生很有益处。他说："君子有九思：视思明、听思聪、色思温、貌思恭、言思忠、事思敬、疑思问、忿思难、见得思义。"《礼记》中曰："博学之、审问之、慎思之、明辨之、笃行之。"总之，"思"能让我们小心谨慎，能让我们明理笃行。

学业的进步离不开思。学习要有自己独立思考，而不是照抄照搬，死记硬背。孟子曰："心之官则思，思则得之，不思则不得也。"所以他提出："尽信书，则不如无书。"爱因斯坦也说："学习知识要善于思考、思考、再思考，我就是靠这个学习方法成为科学家的。"工匠精神的培育，不是照猫画虎，必须要有自己独立的思考和创造，否则亦步亦趋，难以有所创见。

事业的成功离不开思。凡事都应三思而后行，不能急躁冒进，否则欲速则不达。季羡林提出遇事必须深思熟虑。先考虑可行性，考虑的方面越广越好，然后再考虑不可行性，也是考虑的方面越广越好。正反两面仔细考虑完以后，就必须加以比较，做出决定，立即行动。稻盛和夫认为万事皆始于"思"，始于强烈的愿望。思考推敲、反反复复、孜孜不倦，在这个过程中，通向成功的道路变得清晰，仿佛你已经走过一遍。

第三节　善做善成学匠艺

工匠精神需要德才兼备，其才就体现在作为一名工匠要有一技之长，这是工匠精神之根本所在。孔子曰："吾尝终日不食，终夜不寝，以思，无益，不如学也。"习近平总书记指出："学习是成长进步的阶梯，实践是提高本领的途径。"因此，我们必须努力学习，才能练就一身精湛的技艺。

一、以匠艺为根

（一）何谓匠艺

匠艺就是指从事某一专业工作必须具备的职业技能或专业能力，它是一种实际动手能力和操作能力。匠艺体现一个匠人的专业修养和技能水平，是一个匠人安身立命之本，也是一个匠人的价值体现。

精湛的匠艺不是一朝一夕所能练就的，它需要经过长期的积累和持之以恒的磨炼才能铸就。俗话说："台上三分钟，台下十年功"，说的就是这个道理。艺无止境，我们必须把打造精湛匠艺作为终身的课题和努力的方向。

（二）培养匠艺的重要性

1. 匠艺是个人谋生之术

一个人如果没有一技之长，就难以在社会立足。俗话说：送子千金，不如教子一艺。《增广贤文》有言："良田百顷，不如薄艺在身"。一个人有精湛的技术在手，有高超的本事在身，即使事业失败，倾家荡产，他照样能东山再起，转败为胜。因此，一个人手中有技，心中不慌，走到哪里都能生存发展；反之，一个人如果没有什么真本事，就会无立锥之地，他走到哪里都会四处碰壁。

2. 匠艺是奉献社会之本

"天下兴亡，匹夫有责"。一个人想奉献社会，为人民服务，这是个好事，但必须要有真本事才行，否则为社会做奉献就会成为一句空谈。一些人华而不实，只会夸夸其谈、纸上谈兵，结果只能是误人误国、害人害己。因此，一个人能掌握一门匠艺，它不仅是属于个人的，同时也是属于社会的。练就一门精湛技艺，既是对个人负责，也是对社会负责，可谓是利人利己。

3. 匠艺是自我实现之基

马斯洛提出了"需要层次论"，他把人的需求从低到高依次分为生理需求、安全需求、社交需求、尊重需求和自我实现需求。而自我实现就是人的最高层次需求，它真正体现了一个人的社会价值。作为社会中的人，我们不仅要追求个人价值，更要去追求社会价值，这样才能提升我们人生之格局和境界。而匠艺是自我实现的基础和依托，它体现了一个人的社会价值和尊严所在。正如清代著名政治家、军事家彭玉麟所说："人有一技之长以自养，不求人以取辱，便是大丈夫。依赖成性，仰人鼻息，最可耻。"

二、匠艺的要素

（一）精

学习技艺一定要追求精。能做到精益求精，这就是一种认真的态度和负责的精神。

（1）精能提升产品质量。因为如果没精湛的技艺，那就很难出精品。曾国藩说："若能事事求精，轻重长短，一丝不差，则渐实矣，能实则渐平矣。"蜀郡守李冰设计的都江堰。在 2008 年的汶川大地震中，都江堰市遭到了毁灭性的破坏。都江堰水利工程却只是受了可修复的损伤，不愧是延续了两千多年的业界良心产品。

（2）精能提升产品的美誉度。一件产品的口碑到底如何，关键取决它的质量水平。大家都喜欢精品，因为它赏心悦目，经久耐用，能满足人们的物质需要和精神需要。当人们被一件产品的精湛工艺所折服时，就会口口相传，广而告之，这无形中就提升了产品的美誉度和知名度。

资料链接

苏州檀香扇厂的微雕艺术家义壁，在一把不足方寸的象牙小扇上，刻上了14000字的《唐诗三百首》。在10多倍的放大镜下，可清楚地看到每首诗之间有空行空格，各诗独立成章，每首诗的结尾处，又有诗人落款的小红印章；更令人惊奇的是，每个字都像毛笔写的。作者根据诗句的内容，灵活地选用了篆、隶、行、楷、草、钟鼎6种字体，布局新颖，刻工秀逸，令人赞叹不已。

当人们在显微镜下，欣赏刘义林的作品时，会看到：一根头发上刻有中国现代四大文豪鲁迅、郭沫若、茅盾和巴金的头像；另一根胡须上刻着唐僧、沙和尚、猪八戒和孙悟空上西天取经的逼真形象。最令人折服的是他在长2厘米，宽1厘米的象牙片上，刻着大观园的全景，里面共有360多个人物，720多间房，1300多棵树。

美国电气工程师爱德华·沃尔夫，运用蚀刻术，在一个针尖上雕刻出一万个天使，每个天使头上，还顶着一个闪闪发光的光圈，不仅如此，他后来甚至可以在一根钢针尖上雕镂出100万个翩翩舞姿的天使，令人赞叹不绝。

（二）特

我们若想要干出一番不凡的成就，往往需要特立独行，走出一条不同寻常的道路，不能老是跟在别人背后，亦步亦趋。清人吴旦有一首诗："山因特立方称贵，人必孤行始足传。纵使岱宗高万丈，若无孔子亦枉然。"

我们要善于探索一条没有人走过的路，虽然这条路可能布满荆棘，充满艰辛，但无限风光在险峰。只有达到"人无我有，人有我优，人优我精，人精我特"境界，我们才能在激烈的竞争中独辟蹊径。

制胜一招

有一个十岁的小男孩，在一次车祸中失去了左臂，但他很想学会柔道。

最终，小男孩拜一位韩国柔道大师为师，开始学习柔道。他学得不错，可是练了三个月，师傅却只教他一招，小男孩有点弄不懂了。

他终于忍不住问师傅："我是不是应该再学学其他招数？"

师傅回答说："不，你只需要会这一招就够了。"

小男孩并不是很明白，但他很相信师傅，于是，就继续照着练了下去。

几个月后，师傅第一次带小男孩去参加比赛。小男孩自己都没有想到居然轻轻松松地赢了前两轮。第三轮稍微有点艰难，但对手还是很快就变得有些急躁，连连进攻，小男孩敏捷地施展出自己的那一招，又赢了。就这样，小男孩不可思议地进入了决赛。

决赛的对手比小男孩高大、强壮许多，也似乎更有经验。一开始，小男孩显得有点架不住，裁判担心小男孩会受伤，就叫了暂停，还打算就此终止比赛。然而，师傅不答应，坚持说："继续下去！"

比赛重新开始后，对手放松了戒备，小男孩立刻使出他的那一招，制服了对手，赢得冠军。

回家的路上，小男孩和师傅一起回顾每场比赛的每一个细节，小男孩鼓起勇气道出了心里的疑问："师傅，我怎么就凭一招就赢得了冠军？"

师傅答道："有两个原因：第一，你几乎完全掌握了柔道中最难的一招；第二，就我所知，对付这一招唯一的办法是对手抓住你的左臂。"所以，小男孩最大的劣势变成了他最大的优势。

（1）我们要有独特的思维，不能人云亦云，按部就班。特别是在很多人认为可行的方法或思路，更必须进行独立的思考和自主的判断。常言道："真理往往掌握在少数人手中。"

（2）我们要有独特的办法，认真寻找观察事物或处理事情的独特角度。在碰到困难和问题时，若能冲破惯性习惯的束缚，寻找解决问题的新角度、新方法，就能渡过难关，打开新局面。在激烈的竞争中，如果能在方法上独树一帜，或采用与众不同的角度，就能在众人中脱颖而出，让人刮目相看。

独特的角度

艾哈默德是古代阿拉伯世界一位威严的国王，但他只有一只眼睛和一条臂膀。

有一天，他招来三位画师，命令他们为自己绘制肖像。国王对三位画师说道："我希望有张像样的画像，现在你们就用彩笔精心描绘我身跨战马、驰骋疆场的形象吧！"

在画师们呈交画像的这一天，宫殿堂皇，号角嘹亮，国王威严地端坐在王位上。画师们诚惶诚恐地献上了他们画成的肖像。

国王站起身来仔细端详第一位画师献上的肖像，不由得怒发冲冠，气满胸膛。他认不出自己的面目！国王斥责说："骑在马上的这位君王两只手握着弓箭，两只眼睛正视前方，骑在马上的不是我。我只有一只眼睛，一条臂膀。我要你立刻予以回答，你怎敢大胆粉饰我的形象？"恼怒的国王下了一道旨令："该画弄虚作假，判处流放！"

国王拿起了第二张画像，不由得浑身颤抖，怒火万丈。他觉得自己的无上尊严受了污辱，怒吼道："好一副歹毒心肠！你胆敢让我的仇敌开心，竟然丑化你的君王！你这个居心叵测的小人，专画我一只眼睛一条臂膀！来人！推出去。"可怜这位写实主义的肖像画师，年纪轻轻便成了刀下的冤魂。

第三位画师吓得瑟瑟发抖，浑身筛糠。他毕恭毕敬地捧上了自己画的一幅肖像。画面上国王，侧身骑马，不是面向看画人。因此，看画人就不知道他没有右眼，也不晓得他是不是一条臂膀。在这张画上，人们只能看见一条健壮的左臂，紧紧地握着一面盾牌，一只完好无损的左眼，像鹰隼的眼睛一样锐利明亮！

从此，这位狡黠的画师备受青睐，官运亨通。临终时他的胸前挂满了勋章。

（三）新

《礼记·大学》中曰："苟日新，日日新，又日新。"意即如果能一天新，就应保持天天新，新了还要更新。毛泽东说："人类总是不断发展的，自然界也总是不断发展的，永远不会停止在一个水平上。因此，人类总得不断地总结经验，有所发现，有所发明，有所创造，有所前进。"匠艺的培养也不能墨守成规，故步自封，必须与时俱进，积极创新。

1. 思路新

创新是人类发展的不竭动力。思路新就是要有新的想法和新的创意，敢于破除惯性思维的束缚，解放思想，更新观念，提出与众不同的、适应时代发展需要的新理念、新观点和新主张。引领每一次科技革命，首先是人类思想的解放运动或文化的创新。

思想和观念的更新，要注意克服传统观念和惯性思维的束缚。所谓惯性思维，其实就是根据我们的经验习惯进行思考的一种模式。有人说过这样一句话：人基本上是一种由惯性铸成的动物。惯性思维在我们的日常生活中可以说是无处不在。如果没有观念的更新，就没有实践的创新。当前，阻碍工匠技艺改革创新的最大因素在于旧的思维定式和习惯做法。习近平总书记指出："要精其术，不拘泥于以往的经验，不照搬别人的做法，力求做得更好，成为本行业的行家里手。"

　　有位科学家将一只平常可以跳跃超过30厘米高度的跳蚤，放在一个透明的玻璃杯里面，而这个玻璃杯的高度却只有15厘米，也就是这只跳蚤所能跳跃最高限度的一半！

　　一开始，这只跳蚤在玻璃杯里面跳跃时，它的头部会撞到玻璃杯盖。于是在跳了几次之后，这只跳蚤为了不让自己的头部撞到玻璃杯盖，因此它就改用一半力气去跳，果然它的头部再也没撞到玻璃盖了！

　　经过一段时间后，科学家就把玻璃杯盖取下，让这只跳蚤能自由跳跃。然而，这只跳蚤所跳的高度却还是只有15厘米，因为，它已经在无形之中受到所处的环境制约了！

　　思想和观念的更新，要敢于与旧传统和保守势力进行斗争。稻盛和夫说："如果我们有勇气否定常识和传统知识，那么真正的创造力即可形成。"

　　2. 工艺新

　　工艺新，即技术新，就是运用新技术去推动产品生产方法的革新，并促进产品质量的提升。人类每一次科技革命，必然带来产品工艺的革新和生产效率的提高。如织布机从手工到机械化的变革，就是工业革命的产物。锁器从原来的实物变成现在的电子锁，就是信息革命的产物。

　　优秀的工匠永远不会满足于已经取得的成就，而是不断根据环境的变化，在品种、款式、材料、工艺和流程等方面寻求改进。如世界著名的品牌吉列公司，售出仅几十元一把的感应式剃须刀，但该公司在开发研制上花了两亿美元，在这个小小的产品上，吉列公司就获得23项国际专利，其中包括刀片装卸方式、刀柄造型等。目前吉列公司每年售出剃须刀一千万个，刀片一亿片。

　　3. 形式新

　　任何一个事物都有自己的表现形式。形式由内容决定，又为内容服务。我们做事情都要讲究一定适当的方法和形式，这样才能起到事半功倍的成效。比如打仗，要占领制高点；动手术，要选准切入点；观察事物，要找最佳立足点。如果不注重形式，认为形式无关紧要、可有可无，那做事往往就会事倍功半，甚至徒劳无益。

　　不同内容有不同的形式，而同一内容也可以有不同的形式，如"新瓶装旧酒"，就是这个道理。对同一样东西，大家可能都熟视无睹了，但我们也可以另辟蹊径，别出心裁，做出与众不同，让人耳目一新的玩意来。因此，为了追求新颖别致的形式，我们要善于转换思路，另辟蹊径，在"山重水复疑无路"之时，又能"柳暗花明又一村"。

资料链接

有三幅表现耶稣受难这一相同"内容"的油画：蒙太那的《耶稣在十字架上受刑》、马萨丘的《耶稣在十字架上受难》和格伦瓦尔德的《小十字架上受刑》。单从标题上也见出它们的"雷同"了，那么这三件不朽作品的不同在哪里呢？一是色彩线条有区别，二是人物布局不一样。这在有些人看来都只是"形式"因素，然而，仅需改变一点"形式"，比如改动一下明暗色调、光影对比，审美意味立即会发生巨大变化，以至同原来的迥然有别。

当然，我们也不能一味地追求形式的新，不能为新而新，否则就会陷入形式主义错误。因为形式的创新必须受制于内容，服务于内容的发展。如果不顾内容的特点和需要而随意创新，那就会起适得其反的作用，这就是搬起石头砸自己的脚。因此，形式的创新一定要从实际需要出发。

（四）奇

兵法上讲究以奇制胜。《孙子兵法》中曰："凡战者，以正合，以奇胜。故善出奇者，无穷如天地，不竭如江河。"其实，在技术工艺的打造上，也要吸收兵法的策略，讲究出奇制胜。

所谓奇，就是不按常理出牌，走不同寻常之路，不落入俗套，从而达到出其不意、出人意料、事半功倍的成效。

（1）新。"奇"从方法上说包含着"新"的要求，即别出心裁、新颖别致、与众不同。如果只是照抄照搬或简单模仿他人，那就达不到"奇"的效果。明朝抗倭英雄戚继光，为了对付倭寇锋利的日本刀，不仅发明了"鸳鸯阵"，还为此阵配备了诸多专属奇特的兵器。比如戚家军的独创兵器狼筅，一种在竹子上安装枪头的长矛，还留有竹子上的繁茂枝叶——据说可以作为防御工具；他还发明了融合日本刀与中国传统大刀优点的"戚氏军刀"；阵中长短兵器结合，长枪、藤牌、标枪、腰刀五花八门；最牛的是，戚家军据说光装备的"佛朗机"（火器）就有六种型号，口径大小齐备，专业程度直追当代炮兵。

（2）妙。"奇"从结果上说包含着"妙"的要求，即出人意料，事半功倍，奇妙无比。如一种新型玻璃即将问世，那就是"太阳能节能玻璃。"它有许多颜色可根据自己的爱好来选。这种玻璃的夹层里有一层细细的，但分布度很广的一种"节能网"。"节能网"在夏天，太阳光强烈的时候，它可将太阳的能量和热量储藏起来，并将太阳光挡在窗外，如你需要使用任何一类电器，均可将储藏的太阳能使用。这样，可使资源节省很多，冬天，这种"节能网"便将夏天的热量充分地释放出来，将室内充满温暖，像开了暖气一样。

三、匠艺培养之法

（一）自我认知

人贵有自知之明。精湛匠艺的培养，首先要有一个正确的自我认识，知道自己适合干什么，不适合干什么。这样才不会瞎做或盲从，否则可能"差之毫厘，谬以千里"。

1. 自我认知是正确人生定位之前提

一个人想要在事业有所成就，做好人生定位至关重要。而人生定位来自正确的自我认知，明确自我的个性特点、能力和素质所长所短。如果缺乏正确的自我认知，人生之舟往往就会偏离正确的航向，就会陷入泥潭不能自拔，甚至触礁沉没，最终使人生一无所成，黯然失色。如歌德年轻时立下的志向是成为世界闻名的画家。为此他一直沉溺于那变幻无穷的色彩世界中不能自拔，他也付出了长达十年的艰辛劳动，却收效甚微。在 40 岁那年，他游历意大利，看到了真正的造型艺术杰作后，终于恍然大悟过来：自己在这方面是难有成就的了。他痛苦地做出抉择，放弃绘画，转攻文学。经过不懈努力和摸索，歌德最终成为一名伟大的诗人。

也许，我们多数人早期的人生设计都有一定的盲目性，但这也没多大关系，关键在于我们要懂得适时调整，重整旗鼓，照样能旗开得胜。如马克思曾经想当诗人，鲁迅曾去日本学医，安徒生想当演员，高斯曾想当作家，但他们比常人高明的地方在于：他们能从自身条件出发，及时调整自己奋斗的方向，因此，他们最后都能取得成功。

2. 自我认知是事业上实现扬长避短之保障

只有正确认识自己，才能客观地评价自我，并在人生事业选择上做到扬长避短，从而实现人生价值。富兰克林曾说："宝贝放错了地方便是废物。"在人生的坐标系中，一个人如果站错了位置——用他的短处而不是长处来谋生的话，那将是非常艰难甚至可怕的，就像让武大郎去做投篮高手，他可能会在永久的卑微和失意中沉沦。重要的是：你应该选择最能使你全力以赴、最能使你的品格和长处得到充分发挥的位置，以经营属于自己有声有色的人生。

善于经营自己的长处

爱因斯坦在 20 世纪 50 年代，曾被邀请担任以色列总统，但他拒绝了。他说，我整个一生都在同客观物质打交道，因而既缺乏天生的才智，也缺乏经验来处理行政事务以及公正地对待别人的能力，所以本人不适合如此高官重任。大文豪马克·吐温曾经做过打字机生意和办出版公司，可结果亏了 30 万美元，赔光了稿费不算，还欠了一屁股债。他的妻子奥莉姬深知丈夫虽没有经商的本事，却有文学的天赋，便帮助他鼓起勇气，振作精神重走创作之路。马克·吐温很快摆脱了失败的痛苦，在文学创作上取得了辉煌的成就。

3. 自我认知是增强人生自信之基石

人生要有定力，否则就容易朝三暮四、朝秦暮楚，更容易受他人左右而改变人生志向，最终一事无成。而人生的定力就是来自正确的自我认知。

（二）确立目标

目标是人生的一盏指路明灯。事业的成功需要有正确目标的引领，精湛技艺的打造也同样需要明确的目标志向。王阳明说："志不立，天下无可成之事；虽百工技艺，未有不本于志者。"卡耐基说："朝着一定目标走去是'志'，一鼓作气中途决不停止是'气'，两者合起来就是'志气'，而一切事业的成败都取决于此。"一个人如果缺乏明确的目标，那他就会失去奋进的方向，得过且过，碌碌无为，甚至人生之舟会失去航向而触礁沉没。

要造就精湛的匠艺，一定要确立一个合理的奋斗目标。其实，杰出人才与平庸之辈，最根本的差别不在于天赋，也不在于机遇，而在于有无目标。美国心理学家曾做了一项调查：一批大学毕业生马上毕业了，把他们叫来，"请问你有目标吗？"当时统计 100 个学生里边只有 3 个人有目标，97 个人没有目标。30 年后，心理学家找到那些人，结果发现一个非常奇怪的事情。那 3% 的人的财富超过了那 97% 的人的财富加起来的总和，这是有无目标的巨大差异。

（三）勤学苦练

匠艺的培养，学与练很关键，一定要做到勤学、乐学、巧学，这样才能达到炉火纯青的精湛水平。

1. 勤学

古人云：业精于勤而荒于嬉，一勤天下无难事。学业上要有所成就，必须要有勤奋精神，所谓"书山有路勤为径，学海无涯苦作舟"，说的就是这个道理。人虽有天赋的差异，但世上没有生而知之的天才，一切都要靠自己努力。即使天赋高的人，如果后天不努力，一生也不会有大成就的。所以，我们要把读书学习当成一种习惯，当成一种生活方式。有人说，三日不读书，面目可憎。匠艺的培养，更需要持之以恒地操作、练习，这样才能达到熟能生巧。

"厚积"才能"薄发"，这是成才的一个规律。庄子曰："水之积也不厚，则其负大舟也无力。"在学业上，我们既要仰望星空，又要脚踏实地，勤学苦练，而不能好高骛远，急功近利。古人认为，作为君子做事必须脚踏实地，才能给人以厚重的感觉。孔子曰："君子不重则不威，学则不固。"意即君子如果不庄重深入，那么他就没有威严，所学的文化知识也不巩固。季羡林曾认为当前的社会风气，不都是尽如人意的。有的争名于朝，争利于市，急功近利，浮躁不安，只问目的，不择手段，痛批当前社会中存在的浮躁之风。

以匠人之心铸航天重器

2011 年 11 月 3 日，神舟八号飞船和天宫一号飞行器在太空实现的完美"太空之吻"。它们所装载的对接机构就是由王曙群带领的团队亲手装调，也使我国成为继俄罗斯之后第二个掌握对接机构装调技术的国家。这背后，是无数航天人的力量和智慧，是王曙群脚踏实地、兢兢业业、一丝不苟的"工匠精神"。而这一天，距离他走进对接构件，已过了整整 16 个年头。

从神舟八号至神舟十一号、天宫、天舟，对接机构经历了 7 次飞行试验考核，圆满完成了 13 次交会对接试验任务。王曙群也因此被贴上了对接机构的"标签"，成为对接机构中国制造的"代言人"。这背后，是来自王曙群及其团队上百万数据的积累，一次次"发现问题，解决问题"的攻坚克难。

人生事业不能靠小聪明，而必须靠自身的勤奋努力。曾国藩曾说："古之成大业者，多自克勤小物而来。百尺之楼，基于平地；千丈之帛，一尺一寸之所积也；万石之钟，一铢一两之所累也。"为此，他经常告诫他的子弟要做到"劳"与"谦"二字。对于如何做到勤奋，他曾总结出五个"勤之道"，一是身勤，二是眼勤，三是手勤，四是口勤，五是心勤。

2. 乐学

古人很早就提出了快乐学习的问题。孔子曰："知之者不如好之者，好之者不如乐之者。"孔子告诉我们，学习的境界可以分为三种：知之、好之、乐之。而乐之是学习的最高境界，它其实已进入"悟道"境界，知之、好之都只是为学，而乐之却是为道。

兴趣是最好的老师，匠艺的培养也是如此。苏霍姆林斯基指出："不要使掌握知识的过程让学生感到厌烦，不要把他引入一种疲劳和对一切都漠不关心的状态，而要使他的整个身心都充满欢乐，这一点是何等重要！"我们只有养成了快乐学习的习惯，这样学习才有了真正动力，才能持之以恒地进行下去，最终才能取得实效。如果我们把学习当成一种负担，或是强迫式的，那么学习就很可能半途而废，其成效也就可想而知了。

3. 巧学

匠艺的培养，既要做到"勤"，也要做到"巧"，这样才能事半功倍，提高学习成效。正如夸美纽斯所说的："伟大的成就常只是一个技巧问题，而不是一个力量问题。"习近平总书记也指出："对学习的追求是无止境的，既需苦学，还应善读。一方面，读书要用'巧力'，读得巧，读得实，读得深，懂得取舍，注重思考，不做书呆子，不让有害信息填充我们的头脑；另一方面，也不能把读书看得太容易，不求甚解，囫囵吞枣，抓不住实质，把握不住精髓。"

（1）做到"三到"。朱熹曾倡导读书要做到"三到"：眼到、手到、心到。受此启发，我们认为对于匠艺的培养，其巧学的关键也是要做到新"三到"，即眼到、手到、心到。

1）眼到。所谓眼到，就是要善于利用眼睛去观察事物、辨别事物，并从中发现规律性的东西。夸美纽斯曾说："所教的学科不仅应该用口教，这只能顾到耳朵，同时也应该用图画去阐明，利用眼睛的帮助去发展想象。"丰子恺说："嘴巴是肉体的嘴巴，眼睛是精神的嘴巴——二者同是吸收养料的器官。"但是眼睛与嘴巴却又是不同的，他说："嘴巴的辨别滋味，不必练习。无论哪一个人，只要是生嘴巴的，都能知道滋味的好坏，不必请先生教。所以学校里没有'吃东西'这一项科目。反之，眼睛的辨别美丑，即眼睛的美术鉴赏力，必须经过练习，方才能够进步。"丹麦天文学家第谷长于用肉眼对天象直观。三十年如一日，共观察了 750 颗星，并记录了它们的相对位置的变化，纠正了千百年流传下来的星表中的错误。

丰子恺画羊

丰子恺有这样一段文字："有一回我画一个人牵两只羊，画了两根绳子。有一位先生教我：'绳子只要画一根，牵了一只羊，后面都有会跟来。'我恍然自己阅历太少。后来留心观察，看见果然如此：就算走向屠场，也没有一只羊肯离群而另觅生路的。后来看见鸭也是如此的。赶鸭的人把数百只鸭放在河里，不需要绳子系住，群鸭自能互相追逐，聚在一块。上岸的时候，赶鸭的人只要赶上一两只，其余的都会跟上岸。即使在四通八达的港口，也没有一只鸭肯离群走自己的路的。"

2）手到。所谓"手到"，就是勤于动手去操作、实践，达到熟能生巧。善于动手是人与动物的一个重要区别，也是促进人智力发展的重要基础。夸美纽斯说："人类的身体需要动作、刺激和运动，不管人为的也好，自然的也好，在日常的生活中，都必须得到供应。"星云大师认为读书以勤、熟为功效，以用心、下手为实际。

① 要勤于动笔：我们常说，好记性不如烂笔头。丰子恺先生自己也曾说，他读书有个"笨法子"，那就是勤于动手做学习笔记。他说："我可用一本 notebook（笔记本）来代替我的头脑，在 notebook 中画出全书的一览表。所以我读书非常吃苦，我必须准备了 notebook 和笔，埋头在案上阅读。读到纲领的地方，就在 notebook 上列表，读到重要的地方，就在 notebook 上摘要。"

② 要勤于练习：很多技能不能只是纸上谈兵，必须靠亲自动手实践才能掌握的。曾国藩当年为了练字，坚持每天都动手摹写，终有所成。他说："人生唯有常是第一美德。余早年于作字一道，亦尝苦思力索，终无所成。近日朝朝摹写，久不间断，遂觉日异而岁不同。"以画马著名的画家徐悲鸿，曾对各种马画了不下千幅的速写稿；齐白石早年曾对一部芥子园画谱摹写了几十遍之多，他画了数十年才把虾画"活"了；文艺复兴时代的意大利画家达·芬奇，初学画时曾在一个时期内专门练习

画蛋；画家黎雄才的那些以松树为题材的优秀创作，是以他多年创作的两千幅以上的各种松树写生为基础的。

3）心到。所谓"心到"，就是要专心、用心，集中注意力，并善于思考和反思。世上无难事，只怕有心人。在"三到"中，"心到"最为重要、最为关键。如果只有"眼到""手到"而没有"心到"，那就是只有"形"而没有"神"，难以做出非凡业绩或成就。夸美纽斯说："在开始任何专门学习以前，学生的心灵要有准备，使能接受那种学习。"他还强调说："教学艺术的光亮是注意，有了注意，学生才能使他的心理不跑野马，才能了解放在眼前的一切事物。"曾国藩总结自己人生经验说："若事事勤思善问，何患不一日千里？""心常用则活，不用则窒；常用则细，不用则粗。"如果一个人读书学习时不专心，也是大不敬的。

学　棋

弈秋是全国独一无二的下棋名手。有两个学生一起跟他学棋，其中的一个总是集中精力，一心一意地跟他学。另一个虽然也坐在那里听讲，眼睛也看着棋盘子，可是他对猎鸟更有兴趣，所以老是记挂着在天空飞翔的鸿雁；有时甚至隐隐约约地听到鸿雁的叫声，因而他常想拿了弓箭去射鸿雁。结果，一个学生很快便学好了，另一个学了很久，还是没学会。

（2）要从个人实际出发。孔子强调要因材施教，其实学习方法也是因人而异的，不是千篇一律。因为每个人的先天条件和素质、能力、兴趣等各不相同，如果都是一种学习方法和模式，那就是"用一把钥匙开不同的锁"，不能有的放矢、对症下药。

（四）善于借鉴

《礼记》曰："独学而无友，则孤陋而寡闻。"学习就是要交流，相互借鉴，这样才能增长见识。爱因斯坦曾说："一个人要是单凭自己进行思考，而得不到别人思想和经验的激发，那么即使在最理想的情况下，他所想的也不会有什么价值，而且一定是单调无味的。"一个人想要铸就精湛的匠艺，不能闭门造车，必须以开放的心态认真学习他人的先进经验和技术。

1. 学习他人先进经验

"他山之石，可以攻玉。"我们倡导自立自强，但并不排斥学习他人的先进经验。

在一个开放的社会中，只有加强交流与合作，才能实现自我快速成长和发展，而自我封闭只能阻断自身成长的道路，自毁前程。因此，任何故步自封、闭门造车的做法都是错误的。特别是在信息技术日新月异发展的今天，更需要大胆地开放自我，勇于接纳一切新鲜的事物，强壮自身筋骨，扩大自身视野，拓展人生格局。

将巢筑在鹰的旁边

游隼属隼科，是一种猎鸟，体长约33~48厘米，背部呈蓝灰色，腹部是白色或黄色，上面有黑色的条纹。游隼体格强健，飞行速度奇快。它们在很高的空中飞行，看到水中的鱼会像闪电般地俯冲下来，以锋利的双爪捕杀猎物。它的猎物除了野兔、野鸭和鱼类，还有空中的鸟类。很多人不明白，游隼与别的鸟类相比，并没有什么特别之处，为何它的飞行速度要比其他鸟类快呢？

据说，在很多年以前，游隼和竹鸡都生活在马达加斯加的一个渔岛上。一直以来，它们和睦相处，以昆虫为食，吃饱了，便一起躲进草丛里休息。

有一天，渔岛上来了一群狼，从此打破了渔岛的宁静。竹鸡和游隼成了狼的捕猎对象，它们的生命受到了前所未有的威胁。要想躲避狼的追捕，唯一的办法就是像鹰那样把巢筑在悬崖上。

竹鸡看了一眼筑在悬崖峭壁上的鹰巢，吓得赶紧把头缩进了草丛。而游隼则带着自己的孩子慢慢地往悬崖峭壁上爬去。尽管一次次被海风从悬崖上吹了下来，摔得浑身是伤，但它们没有放弃。终于，它们爬上了悬崖，并且将自己的巢筑在鹰巢之上。此时，虽然狼对它们已经没有了威胁，可是它们并不能像鹰一样飞翔。何况悬崖太高，对它们的日常生活也十分不便。于是，游隼让自己的孩子跟鹰学习飞翔。

由于站得比鹰还高，鹰在教幼鸟飞翔的时候，游隼的幼鸟便在一旁观察，将所有的技巧尽收眼底。当小游隼能够自由飞翔的时候，它的父母还会带它去观看信天翁搏击海浪的情景。就这样，游隼跟着鹰和信天翁学会了一套飞翔的本领，这就是它何以变得如此强大的原因。游隼不但能像鹰一样快速灵敏地飞翔，还能像信天翁那样在风雨中自由穿行。

从此，游隼与鹰和信天翁一样，成了渔岛之王，自由自在地飞翔，再也不害怕狼的追捕了。而竹鸡，则被迫外迁，离开了渔岛，去其他地方谋生去了。

2. 吸收他人失败教训

俗话说：失败是成功之母。不管是自身的失败教训还是他人的失败教训，都是不可多得的宝贵财富。大发明家爱迪生为了发明电灯，曾试验了7600多种材料，失败了8000多次，但他毫不气馁，努力寻找失败的原因，终于制成了钨丝电灯。

恩格斯指出："顽强奋战后的失败是和轻易获得的胜利具有同样的革命意义的。"物理学家李政道也说过："在科学上，要得到正确的东西，总要先犯很多错误；如果你能把所有的错误都犯过以后，那最后得到的就是正确的结论了。"只要我们认真吸收"前车之鉴"，就能"吃一堑，长一智"，做到"亡羊补牢"，从而避免将来重蹈覆辙。在美国纽约有一个失败产品博物馆，该馆展出了美国大量不受消费者欢迎的产品。面对这些失败的产品，精明的生产经营者并不是简单地抛弃它们，而是很好地加以保存，并认真地研究，不断改进创新，直至开发出成功的新产品。在他们眼里，失败产品并不亚于成功的产品。

鱼王的儿子

有个渔人有着一流的捕鱼技术，被人们尊称为'渔王'。然而'渔王'年老的时候非常苦恼，因为他的三个儿子的渔技都很平庸。

于是他经常向人诉说心中的苦恼："我真不明白，我捕鱼的技术这么好，我的儿子们为什么这么差？我从他们懂事起就传授捕鱼技术给他们，从最基本的东西教起，告诉他们怎样织网最容易捕捉到鱼，怎样划船最不会惊动鱼，怎样下网最容易请鱼入瓮。他们长大了，我又教他们怎样识潮汐，辨鱼汛……凡是我长年辛辛苦苦总结出来的经验，我都毫无保留地传授给了他们，可他们的捕鱼技术竟然赶不上技术比我差的渔民的儿子！"一位路人听了他的诉说后，问："你一直手把手地教他们吗？"

"是的，为了让他们得到一流的捕鱼技术，我教得很仔细，也很耐心。"

"他们一直跟随着你吗？"

"是的，为了让他们少走弯路，我一直让他们跟着我学。"

路人说："这样说来，你的错误就很明显了。你只传授给了他们技术，却没传授给他们教训，对于才能来说，没有教训与没有经验一样，都不能使人成大器！"

3. 懂得借力

"借力"就是"借用"自己以外的各种力量，帮助自己解决问题或克服仅依靠自己之力难以完成的任务。因为外因是事物发展不可缺少的条件。一个人要成就一番事业，仅仅依靠自己的力量是不够的，必须善于利用外因因素，善于调动一切能为我所用的各种资源和力量。我国古代圣贤荀子说："登高而招，臂非加长也，而见者远；顺风而呼，声非加疾也，而闻者彰。假舆马者，非利足也，而致千里；假舟楫者，非能水也，而绝江河。君子生非异也，善假于物也。"《西游记》中孙悟空借来了芭蕉扇，过了火焰山；杨六郎借来了降龙木，协助穆桂英破了天门阵；诸葛亮的草船借箭、借风、借火，烧得曹操的 80 万大军全军覆没……

虽说高超的匠艺主要来自个人的努力，但也要善于借助他人的智慧和力量来成就自我，特别是在当今开放的社会里更是如此。古人云："好风凭借力，送我上青云。"古往今来，很多成功人士都懂得善于借助他人的力量来成就自己的事业。美国钢铁大王卡耐基把自己成功的秘密留在了他的墓志铭上："墓里躺着的是一位知道用比自己能力强的人来为他服务的人。"当然，借力的范围很广，我们可以借用人力、物力、财力，也可以借用社会之力、自然之力等。

"超级课程表"

余佳文，1990 年 7 月 5 日生于广东潮州，毕业于广州大学华软软件学院。他是"超级课程表"、广州超级周末科技有限公司的创始人，一名"90 后"创业者。

2007 年，余佳文自学编程开创了一个高中社交网站；2009 年，他入读广州大学华软软件学院。2012 年 8 月，余佳文团队研发的"超级课程表"获得第一笔天使投资；2013 年 1 月，"超级课程表"拿到了第二笔天使投资。2013 年 6 月，"超级课程表"获得千万元级别的 A 轮投资。2014 年 11 月，余佳文获得阿里巴巴的数千万美元风险投资。

（五）勇于创新

创新能力是指在学习前人知识、技能的基础上，提出新的创见和做出新发明的能力，是各种智力因素和能力素质在新的层面上有机结合后所形成的一种合力。匠艺的培养不能故步自封，墨守成规，一定要勇于创新，大胆变革，在创新创造中不断提升自己的技能水平。

许启金的线路人生

许启金是国网安徽宿州供电公司带电作业班的副班长，他作为国家电网系统的"大国工匠"，坚守生产一线，干一行爱一行专一行，带领团队先后研发成果 54 项，获得专利 41 项。

2003 年，这个只有高中文凭的一线工人，站到了省电力公司职工大学的讲台，给大学生职工上课。2004 年，宿州供电公司选拔技术状元，他一路过关斩将，脱颖而出，2005 年，他被省电力公司授予"首席技师"称号。2006 年他主编了《高压线路带电检修工岗位培训考核标准》。2011 年，他被国家电网公司聘为"生产技能专家"。他说："作为一线党员，对岗位工作就要知、会、熟、精，走在专业的前面。"

在许启金的卧室，床上堆着书，有电脑、打印机、扫描仪。阳台里有架台钳和一张工具桌，桌子上杂乱地放着游标卡尺、锉、螺丝刀、强力胶等，他家的阳台是他的"专属区域"，许多零部件就是在这个"小车间"制造出来的。一件成果完成前，要经过多次反复论证、试验和改进，有时想出了好的方法，干起来甚至会忘记吃饭、忘记休息，半夜不睡是常事。

他先后研制出"输电线路角钢吊点卡具"等国家专利，2003 年成为送电线路工高级技师，2011 年成为国家电网公司生产技能专家，2016 年成为"全国技术能手"……2016 年 4 月 26 日，在合肥召开的知识分子、劳动模范、青年代表座谈会上，许启金向习近平总书记汇报了创新工作成效，被习近平总书记赞扬的"状元技工"。他多年来坚守一线的"钉钉子"精神得到了总书记的肯定。

长期以来，线路工作被视为纯粹的体力活，许启金却把它做成了"智力活"。"社会对供电的可靠性要求越来越高，我们必须不断学习和创新，才能应对挑战。"许启金常这样自勉。

第三章

工匠精神之典范

　　世间万物皆有"灵"。无论是人，还是产品，世界万物都有自己的"灵魂"。工匠精神，就是工业发展的"灵魂"。可以说，工业的每一点微小的发展和进步，无一不浸透着工匠的心血，贯穿着工匠的精神。我们可从各国工匠级的典型案例中体会和领悟这种工匠精神。

第一节 世界工业强国的工匠精神

每当提到世界工业强国，如日本、德国、美国等，人们总是会说到类似这样的话语：看德国的产品质量多可靠，日本的产品多精致实用，美国的产品技术多先进。其实，这些国家的产品之所以能给人们留下如此良好的印象，与这些国家的工匠精神的历史、特征及影响有很大关系。这些国家通过在工业产业链上的百年积累，不但使工业技术整体水平保持在一个较高的水平线上，而且逐步形成了本国制造业的特点，打造出了本国工业产品的口碑。

一、日本： 职业皆佛行

自 20 世纪下半叶起，日本经济开始飞速发展，并一跃成为仅次于美国的世界第二大经济体。伴随着战后世界经济一体化的深入，日本的家用电器、消费电子、汽车和半导体等产品逐步风靡全球。同时，像东芝、索尼、松下和丰田等一系列的制造业巨头也为世人所瞩目。此外，占日本企业总数 99% 的中小企业虽然规模不大，但普遍历史悠久。其中持续经营 200 年以上的就有 3000 余家，占世界长寿企业半数以上。它们大多产品质量可靠，并在所属领域保持着难以撼动的龙头地位。这些中小企业或为上游大企业提供核心零件或单独制售中高档商品。可以说，它们在日本的经济复兴中发挥了更加关键的作用。

时至今日，日本制造业仍然实力雄厚。在 2015 年世界经济论坛发布的《全球竞争力报告》中，日本的生产工艺复杂度最高为 6.4，德国与美国分别为 6.2 和 6.1。日本超过 150 年历史的企业高达 2 万多家，而中国超过 150 年的企业只有 5 家。根据联合国工业发展组织（UNIDO）2017 年 11 月发布的《全球工业竞争力指数报告》，在对 144 个国家对比之后，工业竞争力指数居前十位的国家中，日本位居第二。从风靡全球，代表了日本极简设计风格与人性关怀的"无印良品"，到各大智能手机厂商所使用的核心电子绝缘件"京瓷"的陶瓷封装，再到中国游客纷纷去日本抢购的"马桶盖"，都代表了日本制造在新时期的艺术化、智能化、人性化的发展风向。日本取得这么多骄人的成绩，源于日本一直将"工匠精神"奉为圭臬，视自己的职业为神业，甚至有"职业皆佛行"的职业理论，由此形成了化入骨髓的匠人精神传统。

（一）日本工匠精神的起源及发展

中国是日本工匠精神的源头。从唐朝贞观年间，日本就派出千名'遣唐使'进入中国来学习中国的政治制度、教育制度、茶道、棋艺、陶艺、锻造、木工、服饰等。这些奠定了日本后期的"职人文化"。

中世时期（日本学界通常认为中世1185~1600年），随着武士阶级的抬头，日本对唐物的需求不断加大，许多农民出身的武士身份与财力提高，产生了更高的物质与精神要求。再加上中国商品和技术的东传，日本社会分工得以深化，手工业工种大量增加并且细化，日本人在模仿的基础上加工出了更多精巧的器物。

从13世纪开始，日本的手工业从农业体系中独立出来，各地也出现了从事专门某一行业的工种，同时，还形成了行业工会。从镰仓幕府（1185~1333年）到室町时代（1336~1573年）诞生了诸多专门描绘匠人生产活场景的《职人歌合绘卷》等绘画作品。

近世时期（1603~1867年），即江户时代，日本的经济、社会平稳发展，各行各业发展良好。宽永元年，在德川政权日益巩固之际，政府为了建造日光东照宫而将大量的工匠集中到了江户（现在的东京）。此时的"工匠成为城市'町人'的重要组成部分。"虽然工匠们背井离乡来到江户，他们的待遇并没有因此而变差。反而是因为他们因承担了公共事业，而使得他们又多了一层"国家公务员"的高贵身份，因此得到了相应的社会地位和优越的物质条件。在这种背景下，在江户的日本桥附近形成了工匠集中的职人町。在江户中期，形成了町人文化，他们信奉职业道德，平等意识强烈，甚至有"职业皆佛行"的职业理论，他们对所拥有的技艺十分认真和忠诚，对自己每一件产品、作品都力求尽善尽美，并以自己的优秀作品而自豪和骄傲。可以说，明治维新后，日本快速实现了工业立国，这与工匠的高速发展以及匠人文化被全社会所接受和发扬是密不可分的。

日本从江户时代开始，为了进一步增强工匠的职业信心，政府出台了各种政策对工匠给予各种"奖励"和"名誉"，这为日本工匠的长足发展与传承提供了强有力的后盾。

据史料记载，从江户时代中期，出入日本皇室的商人和匠人有286人，其职业种类从装束、扇子、鞋履和餐具等日常使用的物品到蔬菜、鱼、点心和酒等食物，以及修缮建筑的维修工等。皇室的御用商人在采购皇室物品时，会将"御用"写在灯笼上，这种对皇室提供御用的服务，对于当时的商人和匠人来说都是一种至高的荣誉。虽然这种御用制度后来被废除了，但是在此制度实行的几十年间，日本匠人的社会地位、职业荣誉感得到了空前的提高。

此后，在昭和二十九年（1954 年），日本政府根据《文化遗产保护法》，建立了保护"人间国宝"的无形文化遗产制度，针对"失传之技""价值特别高的项目"进行资助，受资助的工匠每年可获得 200 万日元（约合人民币 12.7 万）的经济支持。从昭和四十二年（1967 年）开始，日本厚生劳动省设立了对卓越技能者（"现代名匠"）的表彰制度，从第一届到平成 30 年（2018 年）的第五十二届，共有 6346 名匠人受到了表彰。另外还有日本首相亲自表彰的"日本造物大奖"（两年一次），对传统技艺、最先进的技术以及"造物人"进行表彰。日本的经济产业省、国土交通省、厚生劳动省和文部科学省等举办的各类大赛出台了各种与"造物"有关的振兴政策。这种自上而下的管理方式在很大程度上保护了日本的匠人文化，促进了日本匠人精神的发展与传承。

综上所述，"工匠精神"在日本是在经过几百年、几代人的传承，才最终演变为日本人的民众素质。其间经历了从"神业观念"驱使下的精益求精，演变为近世系统化、理论化的町人伦理，进而发生分化、泛化，孕育了一个"工匠型社会"，培养了一批"工匠型企业"。而日本的工匠精神之所以能被完好地传承、发扬，与日本自古形成的工匠特殊身份地位、优厚经济待遇密切相关，同时也得益于近世形成的家庭传承模式和"重职型"社会环境。因此，即便在经济待遇不再优厚的今天，匠人们依旧能坚守自己的本职工作，以自己的职业为荣，从而使其成为社会的普遍价值观，促进了"工匠型社会"和"工匠型企业"的形成。

（二）日本"职业皆佛行"的工匠文化与工匠气质

俗话说，百年匠心看德国，千年匠心看日本。在日本，制造东西的工匠被称为"职人"，"职人"在技法上是有严格的要求的，想要成为"职人"需要有娴熟的技术和高超的技法，还必须能独当一面，处于学习阶段尚未自立门户的学徒是不能被称为"职人"的。而想要成为"匠"则需要再进一步，"匠"指的是"职人"中的佼佼者，是其中技法和人品都十分出众的人。所以，"匠"这一词本身就是充满褒奖意味的。

日本这种尊重"职人"和"匠人"的社会传统同样有其特殊的文化根源。神道教是日本土生土长的宗教，其主张万物有灵。公元5世纪后期到公元15世纪中期，这种泛灵论的思想在日本社会中广为流传。"职人"可将自然之物加以改造使其具有形体为人类所用，在泛灵论思想的影响下，他们常被认为具有某种神秘的力量，他们所制造出的器具也被认为富有神秘色彩。而"职人"本身对于他们创造出的物品也有一种敬畏之情，认为自己所制造的不仅是为人所用的器具，而是有灵魂的，需要满怀着敬畏与信仰来制作和打磨。因此，"职人"曾经被认为是能沟通人类世界与鬼神世界的使者。久而久之，日本逐渐形成了尊重"职人"的社会文化。

后来，佛教传入日本，受日本传统文化的影响，与土生土长的神道教思想渐渐融合，其超越性慢慢淡化，现世意义逐渐变强。日本德川初期，禅师铃木正三将佛教与现世生活联系起来，在《万民德用》中提出敬业精神，他认为，佛行并非只有隐修这一条途径，人们做好自己的本职工作即能修行成佛，而通过每个人都专注于自己的劳动才能创造一个繁荣和谐的社会。

这种"职业皆佛行"的观念深深地影响了日本社会的各个阶层，人们奉行职业道德且有着很强的职业自尊心，并形成了"职人"的职业伦理观。在"职业皆佛行"的观念影响下，职人虔诚地以对待"佛行"的态度去对待自己的职业，自然对自己的职业怀着一种虔诚和敬畏，对自身所拥有的技艺十分忠诚。这种"职人"气质形成了日本人的敬业精神，使得他们兢兢业业、一丝不苟，十年如一日地坚守在自己的岗位之上，他们不遗余力地追求每一件产品的尽善尽美，不遗余力地追求每一件产品的品质和细节，并由衷地对自己的优秀作品感到骄傲和自豪，这种态度也渐渐升华成为一种品质，一种"德"。在日本，正是这份沉静务实的精神形成了日本优良的企业文化，延续着企业的生命和活力，使得日本的百年老店和传统产业至今依然熠熠生辉、经久不衰。从而也为日本近代制造业的繁荣发展提供了理论基础，是日本制造业发展的内部支撑。

（三）日本工匠精神的表现

在"职业皆佛行"的观念影响下，匠人精神深深化入了他们的骨髓之中。他们是普通的匠人，却支撑起世间文明。在幕府时代之后日本的发展历史中，特别是在明治维新以后，匠人起到至关重要的作用，他们所建立的经济思想和伦理道德为近代日本企业的崛起提供了坚实的理论基础。与中国相比，日本虽然国土面积小、人口少、资源匮乏，但作为"二战"的战败国重新崛起，不能不说是一个奇迹，这对于中国经济的发展有着巨大的启示。

1. 爱业情怀

日本匠人对待职业如"神业""修行"，对自己的工作有着深厚的情感，很多人一生始终如一地钻研、守业，始终致力于产品质量的提升、细节的琢磨及顾客至上体验感的追逐，由此产生的爱业情怀使其对职业充满虔诚的神圣感、使命感、责任感与荣誉感，个人能在工作中体悟到心灵与价值的升华。丰田公司在 20 世纪 70 年代每年收到的员工改良建议超过 70 万件，员工参与率达到 65%，平均每人每月超过 2 件。日本匠人有着极强的职业道德与职业自尊感，对于自己所从事的职业及所生产的产品，不允许出现一点点瑕疵。匠人要有非常好的职业忍耐力和人品，日本著名的皇家御用木工，"秋山木工"公司创始人秋山利辉在其所著的《匠人精神》一书中就写道："没有超一流的人品，单凭工作打动人心是不可能的，只有丢掉小小的自尊，谦虚的当一次'傻瓜'才可能成为一流匠人。"

 资料链接

"秋山木工"创办人秋山利辉之匠人精神

日本有一家秋山木工，是专门定制家具的，日本宫内厅、迎宾馆、国会议事堂、知名大饭店等，都在使用他们的精良制作。

创办者是 70 多岁的秋山利辉先生，他是日本有名的工匠大师。他 27 岁创办"秋山木工"，为了培养出真正的匠人，承"达人"的师徒制度，他办了一所八年制的秋山学校。目的就是修炼学徒的匠品，提升他们境界，为秋山木工培养一流的人才。一年的学徒见习课程结束后，才能被录用为正式的学徒，然后开始为期四年的基本训练、工作规划和匠人须知的学习。经过四年的学徒生涯，唯有在技术和心性方面磨炼成熟者，才能被认定为工匠，从那时（第六年）开始到第八年的三年间，他们作为工匠，一边工作，一边继续学习。从第九年开始，他们就可以独立出去闯荡世界了。

秋山木工制定出一套"八年育人制度"，整理出匠人须知的 30 条法则，让大家反复背诵。年轻学员必须在八年时间里，完成思想准备、生活态度、基本训练和方法技术等科目。

针对所有见习者和学徒，秋山利辉还颁布了 10 条规则、严格执行。例如，被秋山学校录取的学徒，无论男女一律留光头；禁止使用手机，只许书信联系；在一年学习期间内，只有在 8 月盂兰盆节和正月假期才能见到家人；禁止接受父母汇寄的生活费、零用钱；研修期间，绝对禁止谈恋爱。

秋山先生是真正的大师级匠人，他要培养的不是"能干的工匠"，而是"有修为、素养高的工匠"，懂得关爱别人、尊重别人、替别人着想。如果有了这种人性的东西，就会进入高峰，如果只是技能上突破的话，是没有神明帮助的，因为没有德行，就会有局限。

许多人问他"匠人精神"到底指什么？他很认真地回答："'匠人精神'是指匠人的工作态度和思想方法。具体包括匠人有自己独立的思想，能创造全新产品；不为金钱所动，只在客户的诚意、热情感召或社会的要求下工作；不偷工减料，在作品中倾注自己的心血等。"

秋山利辉认为，"对于一流的工匠来说，品格比技术更为重要"。为了阐述这个观点，他专门出了一本叫《匠人精神》的书。秋山指出："没有一流的心性，就没有一流的技术。"的确，倘若没有发自肺腑、专心如一的热爱，怎有废寝忘食、尽心竭力的付出；没有臻于至善、超今冠古的追求，怎有出类拔萃、巧夺天工的卓越；没有冰心一片、物我两忘的境界，怎有雷打不动、脚踏实地的淡定。工匠精神中所深藏的，有格物致知、正心诚意的生命哲学，也有技进乎道、超然达观的人生信念。当每个人都愿意慢慢稳扎稳打，脚踏实地地坚持，发动来自内在的力量，以一种近乎禅人的修持，不轻看自己，不受外界干扰，全心全意投入，终有修成正果的一天。

2. 专业精神

专业精神在日本根深蒂固，从大制造企业的生产车间，到可能只有几个人的小作坊，都有明确的规章制度与分工，对工作人员的衣着打扮、工具器械、机器操作和制作流程等方面都有着严格规定。而日本匠人专业精神的形成，是历史渊源与生活习性使然。

江户时代，幕府为了巩固等级制度，对从属于各社会阶级的职业生活用品和着装以及行为规范均做了明确规定。自那时起，从事手工行业的匠人就有了一个传统——穿着带有家族标志印记的短身作业服，头系绳结，脚蹬木屐，使用着匠人专用的工具，按照规定的行为模式开始一天劳作。匠人的专业精神开始逐渐养成，并逐渐为各行各业所接受。自小学开始，日本人就需要在上下学时穿西式校服配皮鞋，进入室内后穿拖鞋，在体育活动时换运动服，穿跑鞋。同时，在上课时，也需要备齐各种所需的专用工具，比如游泳课的泳衣、美术课的颜料盒、缝纫课的针线盒等。正是这种从小对于日常用品的严格分类，使得日本人将"干啥像啥"的专业精神融进日常习惯中。

在当前的日本，从仅有数人的小工匠作坊，到大制造企业的生产车间，从业人员均身着笔挺的作业服，使用着分工明确的各式工具、机器，并严格按照操作流程对产品进行精确加工。在如此习惯和规定下制造出的产品自然是有相当的质量保证，同时也会使生产人员获得一种职业自豪感。秋山木业为学徒制订了《匠人须知 30 条》，内容涉及礼仪、态度、性格、规范、责任感和团队合作意识等方面，事无巨细，最根本的就是磨炼匠人的意志与专业精神，使他们的注意力集中于产品制造的学习。

制服、专用工具，只是专业精神的外观。专业精神的内核，是对专业技术的无限追求，无论是手工技术，还是科学技术。在手工技术上，寿司之神小野二郎有如下陈述："一旦你决定好职业，你必须全心投入工作之中，你必须爱自己的工作，千万不要有怨言，你必须穷尽一生磨炼技能，这就是成功的秘诀，也是让别人敬重的关键。我一直重复同样的事情以求精进，我总是向往能够有所进步，我会继续向上，努力达到巅峰，但没有人知道巅峰在哪里。即使到我这年纪，工作了数十年，我仍然不认为自己已臻至善，但我每天依然感到欣喜。我就是爱捏寿司，这就是职人的精神。"

资料链接

《匠人精神》之"匠人须知 30 条"

1. 进入作业场所前，必须先学会打招呼
2. 进入作业场所前，必须先学会联络、报告、协商
3. 进入作业场所前，必须先是一个开朗的人
4. 进入作业场所前，必须成为不会让周围的人变焦躁的人
5. 进入作业场所前，必须能够正确听懂别人说的话
6. 进入作业场所前，必须先是和蔼可亲、好相处的人
7. 进入作业场所前，必须成为有责任心的人
8. 进入作业场所前，必须成为能好好回应的人
9. 进入作业场所前，必须成为能为他人着想的人
10. 进入作业场所前，必须成为"爱管闲事"的人
11. 进入作业场所前，必须成为执着的人
12. 进入作业场所前，必须成为有时间观念的人

13. 进入作业场所前，必须成为随时准备好工具的人

14. 进入作业场所前，必须成为很会打扫整理的人

15. 进入作业场所前，必须成为明白自身立场的人

16. 进入作业场所前，必须成为能积极思考的人

17. 进入作业场所前，必须成为懂得感恩的人

18. 进入作业场所前，必须成为注重仪容的人

19. 进入作业场所前，必须成为乐于助人的人

20. 进入作业场所前，必须成为能熟练使用工具的人

21. 进入作业场所前，必须成为能做好自我介绍的人

22. 进入作业场所前，必须成为能拥有"自豪的人"

23. 进入作业场所前，必须成为能好好发表意见的人

24. 进入作业场所前，必须成为勤写书信的人

25. 进入作业场所前，必须成为乐意打扫厕所的人

26. 进入作业场所前，必须成为善于打电话的人

27. 进入作业场所前，必须成为吃饭速度快的人

28. 进入作业场所前，必须成为花钱谨慎的人

29. 进入作业场所前，必须成为"会打算盘"的人

30. 进入作业场所前，必须成为能撰写简单工作报告的人

《匠人三十条》深刻概括了秋山先生"人品比技术更重要"的著名理念，30条法则中每一条都是貌似简单的基本道理。例如，法则"进入作业场所前，必须能成为拥有自信的人"，是从为顾客花费的心思、做出的东西，说明重要性；法则"进入作业场所前，必须成为吃饭速度快的人"，因为吃饭也是有方法的，要感谢农民和为人们烹煮食物的人，还要养成不浪费、吃什么都津津有味的习惯，这些都会影响工作。这30条法则貌似简单，却囊括做人处事最基本的态度。秋山先生认为，如果人品达不到一流，无论掌握了多么高超的技术，也算不得是一流工匠。所以在每天的学习中，不仅磨砺学生们的技术，更注重锤炼他们的人品。

3. 崇尚极致

"追求极致，方成卓越。"这句广告词用在日本企业身上，才真正是恰到好处。许多很小的日本公司，造出的产品却是世界第一。他们用一生的时间和精力，精心打造、精益求精，让技术和产品"从9%到99%"，不遗余力地向极致进发，最终造出极致的产品。

资料链接

　　日本的树研工业股份有限公司，用 10 年时间于 1998 年生产出世界第一的十万分之一克的齿轮。为了完成这种齿轮的量产，他们消耗了整整 6 年时间；2002 年树研工业又批量生产出质量为百万分之一克的超小齿轮，这种世界上最小、最轻的有 5 个小齿、直径 0.147mm、宽 0.08mm 的齿轮被昵称为"粉末齿轮"。这种粉末齿轮到目前为止，在任何行业都完全没有使用的机会，真正"英雄无用武之地"，但树研工业为什么要投入 2 亿日元去开发这种没有实际用途的产品呢？这其实就是一种匠人精神在制造企业的体现，既然研究一个领域，就要做到极致。

　　再如日本的 A-0ne 精密公司，只生产一种小得不能再小的产品——弹簧夹头，公司只有 13 人，一直干到 2003 年公司上市。即便是上市之后，也不过 100 多人，但它却每天平均有 500 件订货，拥有着 1.3 万家国外客户，其超硬弹簧夹头在日本市场上的占有率高达 60%，并一直保持着超过 35% 的毛利率。是什么让这家小公司长盛不衰？答案就是追求极致。它的创始人梅原胜彦对质量的极致追求。他的信条是：不做当不了第一的东西。有一次，一批人来到公司参观学习，有位大企业主管问："你们是在哪里做成品检验的呢？"梅原的回答是："我们根本没时间做这些。"开始，这位主管感觉不可能，但最后发现，很多日本公司真的没有成品检验的流程。就是说，他们的产品可以做到无需检验的程度。

　　再以日本著名的"寿司之神"小野二郎经营的寿司店为例，其经营着 10 个座位的寿司店，是世界上最小的米其林星级餐厅，没有豪华的装潢，甚至没有菜单，不提供酒水饮料和小菜，只卖寿司。就是这样一个不起眼的寿司店，至少需要提前 2 个月订位，已成为日本工匠追求极致的象征。比如，为了使寿司的米与人的体温保持一致，学徒需要给米扇风降温；为了使章鱼口感细腻鲜美而不是像橡胶一样，学徒通常要给它按摩 40 分钟以上，每种食材都有最美味的理想时刻，要把握得恰到好处。小野二郎 70 余年专注寿司制作，他有段著名的感悟："即使到了我这个年纪，工作也还没达到完美的程度……我会继续攀爬，试图爬到顶峰，但没人知道顶峰在哪里。"

　　"没有最好，只有更好"。这句话正是对工匠们要做就做到很好、更好、做到极致和完美的最好的注解。没有最好，只有更好，追求没有止境，完美就没有尽头，最好的永远是还没有诞生的。这就是工匠们的追求，也是工匠精神最重要的、驱动工业一直创新向前的要素。极致，其实是以最高标准要求自己，是以最好的产品回馈自己；极致，也是把工作做到最好、让产品达到最高品质、让技艺精湛到完美的途径之一。高标准、严要求，造就的就是极致的技术和产品。追求极致是把工作做到最好的前提和保证之一。不管身处什么样的岗位，做着什么样的工作，不管是工匠时代还是互联网时代，对于工作来说，有对极致的追求，才会有完美的结局。

4. 美之追求

作为工匠，他们能创造的美在于产品的造型与实际使用体验。然而，由于日本人对美的无垢认识，使得他们永远在否定自己当前的产品，并对下一个产品的创作满怀期待。日本匠人们因此从不满意于现状，而是每日努力钻研如何使自己的手艺更加熟练，如何设计出更好的具有优美造型、蕴含文化底蕴、体现匠人风格、拥有良好用户体验的完美格调的作品。

资料链接

日本著名的京铁四大堂号

所谓"堂号"，相当于今天的作坊或是公司，"堂号"可以泛指为铁壶的品牌，象征生产厂家。通过壶身或盖子背面铸的堂号或名款画押，可识别该壶出自何堂、何人、何时、何地。堂主相当于掌门人，名釜师类似我们中国的紫砂壶制作名家，以他们精湛的手艺，为各个堂号留下不朽之作。

在日本江户末期到昭和末期的二百多年间，仅日本京都地区就出现了百余家铁壶堂号，近千位釜师，而其中比较著名的铁壶堂号也有五十多家，这些著名堂号旗下的名釜师也不下五百人之多。最为现代市场所推崇的是京铁系中的四大堂：龙文堂、龟文堂、金寿堂与藏六堂。它们最初的开创者分别是龙文堂的安之介、龟文堂的波多野正平、金寿堂的雨宫宗兵卫与藏六堂的秦藏六。

日本的传统工艺与中国一样有世袭的传统，龙文堂的安之介与藏六堂的藏六皆有世系传承。安之介已传至八世，而藏六已传至五世。

正是对产品之美的苛求，才使得日本匠人们所创造的很多产品往往能使人眼前一亮，甚至具有艺术品的价值与审美，从而产生了今天质量优良、外表美观、体验良好的日本制造。日本著名的京铁四大堂号工匠制造的铁茶壶，每一把壶都独一无二且极具美感，壶身雕刻的图案仿佛在记载和述说一个个历史长河中所发生的故事，具有很高的收藏和观赏价值。

5. 安分淡然

日本匠人受德川幕府时期"适得其所，各安其分"思想的影响比较深远，对于自己所从事的职业有着极高的耐心，往往能够一心一意精耕细作，全身心投入到技术钻研之中。不求快、不求全，耐住性子，忍受寂寞，日积月累地操练技术技能，充分反映了日本匠人的安分淡然之性与意志坚毅之情。而这就是工匠精神最纯真的呈现。

正如前所述，"秋山木工"有独特的"匠人研修制度"，在成为一名合格工匠之前，至少需要8年的学徒生涯，第一年是学徒见习课程，然后是为期4年的基本训练、工作规划和匠人须知学习，唯有技术与心性磨炼成熟者，才有资格获得一件印有姓名的"法被"，第6~8年，才正式开始学习技术直至出师，而且在整个学习期间，没有任何报酬亦不收学费。正是这种长期修身养性的训练，使工匠养成了安分守己地从事木匠职业的心性。日本匠人的这种一心一意、脚踏实地、心无旁骛的性格养成也使得他们在即使成为名匠之后，亦不单纯寻求规模扩张和利润，而是将注意力全部集中于产品的质量。

资料链接

随着多功能电饭煲的出现，煮饭已经成为"世界上最简单的事情"了。

但是被日本国民誉为"煮饭仙人"的村嶋孟老人却说，"不好吃的叫做米饭，好吃的叫做饭（日本对米饭的礼貌语），只有纯正美味的米饭才堪称'银饭'。"

米饭这样简单的食物，在村嶋孟老人心里有着至高的地位。他对米饭的感情笃深，坚持沿用古法用心烹制每一粒米，从业50多年如一日。

每当他在蒸气腾腾的厨房中，赤裸上身坚守在白米锅旁控制火候时，就犹如一尊捍卫日本稻米文化与料理传统的雕塑般巍然矗立。

2016年1月12日，村嶋孟老人受到中国国际贸易学会国际品牌管理中心特邀，为北京80位各界来宾煮一碗白米饭。现场，他佝偻着背一丝不苟地用古法烹制中国大米，这样把每个细节做到极致的用心，让人为之动容。

村嶋孟老人数十年如一日，就为了一口香喷喷的白米饭。如果没有踏实安分、执着坚持的心，是很难做到的。

工匠精神就是把自己的事情做到最好，一心一意做自己的工作，"两耳不闻窗外事，一心只干手中活"。坚守岗位，安守本分，不管过去如何、不管未来怎样，做好当下就是自己生活的重心，这才是工匠。正如白岩松所说的："走到生命的哪一个阶段，都该喜欢那一段时光，完成那一阶段该完成的职责，顺生而行，不沉迷过去，不狂热地期待着未来，生命这样就好。"眼高手低、急功近利、见异思迁、投机取巧，产生不了工匠精神和优质产品。

安分，就是要用一种严肃的态度对待自己的工作，勤勤恳恳、兢兢业业、尽职尽责，尤其是能正确处理理想和现实的矛盾，不念过去，不畏将来。无论如何我们都不能以理想来否定现实，也不能以现实来否定理想。有的人用理想的标准来衡量和要求现实，当发现现实并不符合理想的时候，就对现实大失所望。这样发展下去，可能会导致对社会现实采取全盘否定的态度，逃避或反对现实社会。有的人对社会上的丑恶现象深恶痛绝，但时间长了就不以为然，甚至有可能失去了自己的理想，对理想失去信心和热情，产生了"告别理想"的想法。

理想和现实虽然是一对矛盾，但理想是来源于现实的，是对现实的某种反映。理想是未来的现实，现实是理想的基础。不能实现为现实的理想或背离现实的理想都是毫无意义的理想。只有善于珍惜现实的人，才有可能抓住机会去实现自己的理想。只有立足当下，干一行专一行，凭过硬的技术，才有可能去实现自己的梦想。如果一个人不能尽职尽责，忠于职守，势必会朝三暮四，怨天尤人。当下，国内诸多年轻人在选择工作的时候，更加青睐于公务员、IT行业、企业管理者，而对一线的技术工人却少有问津。我们常说工作没有高低贵贱之分，但是在人们的心里却是有三六九等的。这是一种不安分的表现。若有了这种心理，其实已经远离了"工匠精神"。

6. 心怀顾客

日本几乎所有产品的开发与制造都以用户的体验感、舒适感为出发点。日本企业的产品研发部门在设计产品之时，首先是从顾客、消费者的角度考虑，思考产品是否能吸引顾客的注意，能否为顾客带来更便利的服务，能否节约顾客的时间与经济成本，能否在使用产品的过程中有更深层次的温暖感和愉悦感。产品在顾客使用过程中，出现任何问题，对产品有任何不满意的地方，工匠一般都会无微不至地提供售后服务，并不断收集顾客对产品的意见与建议，在后期产品改造上，力所能及地进行修正与完善，力争为顾客提供百分之百的满意度。日本匠人有着很浓厚的耻感文化，极度关切用户对产品的回馈，哪怕使用者有一点点的不满意，其也会感觉到是自身技艺不足，名誉受损，随后会以加倍的努力和潜心改正为己任。

（四）日本工匠精神的经验与启示

日本的工匠精神有着中国文化的因素，但中国的工匠精神却在曲折的历史经历中有所褪色了，除了历史、文化的因素之外，与现实的国情也是分不开的。日本的经济是在"短缺意识"下发展起来的经济，所以日本的经济求"精"，而中国的资源相对充足，在经历了一穷二白的贫穷之后，打开国门之后的财富对我们极具吸引力，所以我们求"快"。在对财富的渴望中，我们走得太急太快，将工匠精神的抛掷脑后，相比于之前的日本来说我们的职业精神有些薄弱。因此，无论是从职业精神，还是从职业道德本身的价值来说，日本以往优良的职业精神都是值得我们学习的。

日本秋山木工的创始人秋山利辉说："真正顶尖的人，大师级的人，都是'德'在前面。我的工作就是培养行业内的明星，用八年时间，慢慢教他德行，做人，成为一流的人之后，就能成为一名一流的工匠。只有你有精神，才能走得更远，更高。"❶对于"秋山学校"来说他们更喜欢招收"傻"点的学生，这种傻不是智力上的笨拙，而是思想上的执着，是对技艺的痴。日本是一个注重细节的国家，细节的打磨来不得投机取巧和速战速决，所以就更需要匠人非凡的耐心和专一，作为一名日本匠人一开始就要有这种将铁板坐穿的自觉和准备。因此，八年对于成就一名工匠来说只是个概念上的时间，要成为一名一流的工匠还需要更深刻的雕琢。对于一名匠人来说，匠心要比技艺更可贵，匠心是工匠的德行和操守，技精为艺，艺精入道，匠心就是匠人的品质，是匠人的情怀，是匠人的智慧。

因此，德行才是"职人"气质的重中之重。匠人之德，包括匠人对技术的打磨，对职业的敬畏，做人的恭谨谦虚，做事的勤奋认真，要坚持不断进修，自我升华，培养创新思维，开发创造力，还要有平和的心态，以及良好的沟通合作能力、协调能力、领导能力等方方面面的潜能和能力。

除此之外，日本工匠精神的形成，也是多主体、多元素共同作用的结果，除文化传统外，政府的扶持、民间力量的支持、制度体系的建构和资金的投入等，均是其工匠精神独步世界的重要推动力量。我国工匠精神的培育也不仅是制造业的责任，而需要多重要素共同合作，形成合力。如政府通过多种渠道进行资金注入、建构扶持性制度规范、营造良好的社会舆论等；行业逐步完善行业标准、对技术要点进行深度规范等；教育体系从小对学生进行相应的理念灌输，将匠人之道传授于学生的职业生涯规划教育之中，引导学生逐步树立工匠精神的全部意识是其天然使命。

如前文所述，日本工匠精神也并不全是优势，其内在缺陷也非常明显，比如缺

---

❶ 工业和信息化部工业文化发展中心，工匠精神——中国制造品改革之魂［M］北京：人民出版社，2016：29-30.

乏全局观念、深陷技术主义、过于追求自我、不随机应变和不观科技风云变幻的价值观等，这些缺陷又在一定程度上造成了日本某些行业的严重衰落。我国在培育工匠精神的过程中，要从中吸取经验教训，要铭记不是为了追求某种极致而去培育工匠精神，而是要使工匠精神为经济社会发展服务，在追求质量、设计产品等过程中，要有性价比的概念，要有创新创造的理念，从而使工匠精神在生成及应用过程中，始终都能够紧随行业发展趋势，顺应时代发展潮流，而不至于在后知后觉中"掉队"。

二、德国： 对质量近乎宗教般狂热

欧洲债务危机期间，德国经济优秀的表现绝非偶然，这与德国在经济、社会发展过程中对工匠精神的重视是分不开的。回溯德国的现代化进程，我们不难发现，在20世纪以前，德国工业产品大多是粗制滥造、山寨抄袭的低端产品，其形象并不乐观。当时世界上最强大的工业强国英国甚至明文规定，所有德国进口的商品必须标注"德国制造"，以此来区分英德两国的产品，在一定程度上，这是一项针对"德国制造"的侮辱性条款。德国及时吸取了经验教训，奉行着"要么不做，要做最好"的原则，坚定地走上一条"质量立国"之路，不仅很快就让英国人刮目相看，也支撑了德国在随后的100余年时间内数度重新崛起成为世界强国，这也是其即使在全球金融危机的肆虐下，仍然能以其强大的制造能力成为经济发展的强大引擎的重要原因。

早在1990年，哈佛商学院教授、"竞争战略之父"迈克尔·波特曾在《国家竞争优势》中写道："在这个世界上没有哪个国家（包括日本）能在如此牢固的国际地位中展示其工业的广度和深度"，这充分表明了其强大的制造业能力与水平。德国制造基本上就是品质的象征、质量的保障，其"工匠精神"不仅历史悠久、影响广泛，而且造就了普惠世界的众多知名品牌，全球著名品牌咨询机构英特布兰德在2015年推出的"全球最佳品牌100强"，德国占据了10席。

（一）德国"工匠精神"的发展进程

德国"工匠精神"并非是天然自生、一蹴而就的，而是有着较长的历史发展进程与曲折经历，德国制造业与职业教育联结共生而造就的技术工人精神品格，现已成为德国企业界及工人所遵循与内化的格律。

1. 屈辱记忆：德国制造是劣质的象征

与英法等国于18世纪60年代开启工业革命先驱国家不同，德国作为欧洲内陆国家，开启工业革命时间较晚。当周边国家进行工业革命已有半个世纪时，其还是一个发展中的农业国家，直到 19 世纪 30 年代才正式启动工业革命序幕，比英法等国晚了将近 70 年。由于缺乏先天技术积累与人才积累，德国最初在制造业上乏善可陈，只能采取偷师、模仿英法制造业的方式。更为严重的是，德国工业界出现了大面积的严重违背工业道德与商业道德的现象，通过剽窃、伪造商标等方式，将德国制造的产品贴上"英国制造"的标签。如当时英国谢菲尔德公司生产的剪刀和刀具是用铸钢打造，经久耐用，具有很高的国际知名度，而德国林根城的刀具剪子制造商用铸铁打造成成品后冒用其品牌销往英国。政府也采取了鼓励性政策，推动德国工商界从英法进口机器、产品等进行拆解、仿造，然后将制成的大量粗制滥造的低价产品大量向英法美等国倾销，对其市场造成了严重冲击。更有甚者，德国企业界派出商业间谍到英国以"学习旅行"的方式，大肆剽窃英国的顶尖技术，然后迅速转向国内，利用低廉劳动力与原料低价的优势生产类似商品向英国出售。德国的这些行径给其制造业造成了极坏的国际影响，德国产品已然成了廉价、劣质、低附加值的代号，随之而来的是各国的抵制。1887 年，英国在修改《商标法》条款时，带有侮辱性地规定，所有德国进口商品必须标明"德国制造"，目的就是曝光其产品来源，引导消费者抵制"德国制造"。英国的这一举动，对于德国工商界触动很大，加速了其反思的进程。

2. 觉醒蜕变：确立质量竞争为首要目标

为了改变世界各国对"德国制造"的固有印象，塑造本国的工业品牌，德国从 1887 年开始全面觉醒改革。其实早在 1876 年时，在美国费城举行的第六届世界博览会上，德国机械工程学家、"机构动力学之父"弗朗茨·勒洛（Franz Reuleaux）就批评德国产品质量粗劣、价格低廉、假冒伪劣。作为权威人物，他批判本国产品的言论在德国引起了震动。加之 1887 年以来受到外来歧视性条款的刺激，大多数德国企业家已经充分意识到质量对于产品的重要性与生命力。多数企业都将"用质量竞争"作为企业发展的首要目标，提出了"占领全球市场靠的是质量而不是廉价"的口号，同时加大创新力度，严把产品的质量关。德国政府也明确表明了姿态，要齐心合力改变德国制造的这种现状，抓住第二次工业革命的契机，在机器制造、化学制药等领域全力进行生产技术改造攻关。

德国人潜心质量 10 年，国家工业产品的质量就有了明显改观，基本实现了从假冒伪劣向质优创新的根本转变，在某些领域，德国制造甚至超越了英国制造产品竞争力。英国当时的著名企业家、政治家、对外贸易大臣约瑟夫·张伯伦（Joseph Chamberlain）在一份经济报告中罗列了 10 多种德国制造的物美价廉产品，涵盖服装、金属制品、玻璃器皿和化工产品等类别。1896 年，英国罗斯伯里伯爵（Earl of Rosebery）也痛心疾首呼吁道："德国让我感到恐惧，德国人把所有的一切……做成绝对的完美。我们超过德国了吗？刚好相反，我们落后了。"❶与此同时，德国的一些制造业品牌如西门子、克虏伯、蒂森和拜耳等均已经有了一定的国际知名度，其表明了德国在机械、钢铁、电气和化工等领域有了比较深的根基。

3. 潜心制造：全面提升产品竞争力

德国在一雪耻辱之后，并未停滞不前，而是继续沿着既定的质量之路与工匠之路前行，不仅集世界各国之所长，而且更加潜心于制定一系列制度、政策为企业增强产品质量大开方便之门。德国作为当时的"世界科学家中心"，有着其他各国无与伦比的科学研究能力，一大批顶尖科学家汇聚于此，创立了细胞学说、相对论、量子力学等重大科理论和学说。但当时德国科学研究与生产实践的结合并不紧密，使得科学研究成果难以转化为生产力。从 19 世纪 90 年代初开始，德国开始学习美国，提出了"理实结合"思想，大力促进应用科学研究，充分注重科学成果向生产产品的转化。由于德国强大的科研能力，在将理论与实践的通道打开之后的半个世纪内，德国实现了一流的科学家队伍、工程师队伍和技术工人队伍三体合一，不仅引领了世界"内燃机和电气化革命"的第三次工业革命，而且将科学与技术充分结合创造了享誉世界的系列品牌，完全打开了德国产品的世界竞争力与世界市场。而这成就的背后，有着"德国工匠"的巨大贡献。德国制造业的主流是中小企业，约占到德国经济贡献率99.6%，占德国企业总数的92%，而这些中小企业往往以家族企业居多，虽从业人员少，但都潜心于某一产品的制造，这些产品都有着极高的科技含量和单位产值。为了扶持中小企业的发展，确保其产品的质量，1878 年、1897 年、1908 年，德国三次修订关于手工业法律的修正案，在法律上赋予手工业者一定的特权，通过建立限制竞争的法律条款，使手工业者专注于产品质量的钻研与攻关，全面提升中小企业的产品竞争力。

---

❶ 纪双城，丁大伟 . 125 年："德国制造"由劣到强［J］. 报刊荟萃，2012（10）：92-94.

4. 渗入基因：工匠精神成为德国制造的灵魂

德国制造业经过二三十年的蜕变之后，以质取胜、讲究品牌效应逐渐成为德国工商业界的共识，政府亦持续性地在法律、制度、职业教育等领域出台政策予以保障，而工匠精神也逐渐成为德国民族文化的重要组成部分，成为渗入民众、制造业所要遵循、内化、践行的基因。即使经历两次世界大战的炮火与战乱，政权更迭、国体转变、版图变动的动荡，商业变革、科技革命、全球化浪潮的时代变化，德国"工匠精神"都始终根基稳固、历久弥新，德国人所秉持的认真、专注、求真、慢工出细活的工匠精神，造就了其产品耐用、可靠、安全、精准的口碑。

（二）德国工匠精神的表现

舒马赫、施耐德、施密特、穆勒、施泰因曼……这些流行的德国姓氏有什么共同点呢？在德语里，它们都代表一门职业：制鞋匠、裁缝、铁匠、磨坊主、石匠。从中世纪开始，老师傅带几个学徒做手艺，就成为德国人的职业常态。时移势易，工业化取代了小作坊，但匠人的基本精神没有变。工匠精神是德国企业百年成就的钥匙，无论是汉高、拜耳、博世，还是西门子、施耐德，这些品牌的背后都有一个名字，而这个名字背后则代表着从无到有，从一个人到一个家族再到一个国际企业，充满荆棘的光荣之路。而这条光荣之路是工匠们将技术发挥到极致，穷其一生潜修技艺的结果，是工匠们对每一件产品都精雕细琢、精益求精、臻于完美、追求极致的必然，是其将产品的品质从 99% 提升到 99.99% 的近于绝对的内心渴望造就的。德国工匠埋头苦干、专注踏实而又拥抱变革、勇于创新的品格塑造了闻名世界的"工匠精神"。

1. 精益求精——精心打磨、追求极致

所谓精益求精，即是产品在已经保持较高质量与水准的前提下，工匠依然孜孜不倦、寻求产品质量提升的空间与无与伦比性。德国企业界及技工就有着这种品质与追求，尤其是以家族为主的中小企业长期专注于某一产品的制造打磨、更新、创新，毕其一生打造一件精品，然后代代相传、维持水准，外界社会环境与行业环境变化对其专注于产品研究影响不大。德国人这种精益求精的品格有着强大自律性与传承性且代际间在产品质量的维持上保持着高度认知一致性。

德国的费尔迪南多·阿道夫·朗格（Ferdinand Adolph Lange）于 1845 年 12 月 7 日创立的明格表厂，170 多年来，朗格家族坚持"只生产世界上最优秀的钟表"的信念，追求工艺的完美性，专注于自制机芯与机表制造，并设计了不同表系的不同基础机芯，且所有部件必须手工打磨完成。钟表师至少需要 3~7 年的学习培训方可进入操作环节，每块表的制作周期长达 6 个月以上，每年只产出约 5000 只，在顶级制表领域树立了极高的旗杆与标准。朗格表现已成为世界十大名表之一，也是著名的奢侈品牌，靠的就是无与伦比的精湛技术，精益求精的信念与高水准的完美手工。

2. 严格严谨——坚持标准、追求完美

所谓严格严谨，即是对产品的设计、生产、制造、销售和售后等诸环节都保持高度的流水标准与规格，对于既定要求不允许变通与改变，严格按照已有标准执行。德国人所具有的严格严谨精神不仅体现于其日常生活中的守时、重信、整齐、整洁和遵守规则等方面，更体现于其在制造业领域以严谨的态度认真对待每一个零部件、每一件产品，以严格的标准确保每一道工序、每一步操作的执行。德国制造产品的出发点是高品质、高技术，所制造的产品具有耐用、务实、可靠、安全和精密等特点，产品不仅保持着强大的市场竞争力，而且具有其他产品很难替代的品质，而这都源于德国人在生产过程中的严格与严谨。据报道，2012 年，国内多数大城市遭遇暴雨漫淹，当年德国在青岛埋设的排水系统使用了 100 余年，一些老化的零件需要更换，根据德国企业的施工标准，在老化零部件周边 3m 内居然真的找到了存放的零件，从中我们看到德国人做事的认真与严谨。

此外，德国的企业管理也素以严格严谨著称，企业绝不允许低于标准生产或员工有诸如不够诚信、工作态度不认真等行为。如德国享誉全球的钢琴制造商贝希斯坦成立 160 多年来，把每一台钢琴当作艺术品来打磨，严格按照其产品标准与生活流程进行制作。其为保证钢琴技师的专业能力与标准，自建了一套学徒培养机制。每个学徒在钢琴制作的不同部门至少要待 1 周至 1 个月，前后至少要经历 3 年半的轮岗培训，让学徒了解、掌握钢琴制作的所有流程并学会标准体系。

贝希斯坦是德国享誉世界的钢琴制造商。成立 160 多年来，贝希斯坦始终秉承精益求精的精神来制造钢琴，每一台钢琴都当作艺术品来打磨。

为了保证制琴技师的专业水准，贝希斯坦建立了一套学徒培养制度，2012 年在全球仅招收 2 名学徒，2013 年才开始增至每年 6 名。公司服务部主管、钢琴制作大师维尔纳·阿尔布雷希特说，学徒们需要进行 3 年半的轮岗学习，每个学徒会在每个部门待上 1 周至 1 个月，每个部门都派最优秀的老技师亲自教授钢琴制造技能。

贝希斯坦不仅培养钢琴制作师，还为在全世界出售的钢琴培养服务技工。阿尔布雷希特说："德国的职业培训体系非常独特，许多人都认为贝希斯坦的钢琴制作师培训是最好的。"

3. 耐心专注——一心一意、质量第一

所谓耐心专注，即是一心一意，专注于产品的制造与质量提升，认真、细致、耐心地做好每一件产品。德国制造业界始终秉持着"术业有专攻"与"慢工出细活"的观念，不盲目扩张，不盲目提速，而是稳扎稳打、一步一个脚印地致力于本企业某个或某几个产品的制造。全世界有 3000 多家"隐形冠军"企业，德国就占据了超过 50%，其中小企业中有 86% 以上的企业集中于机械制造、电气、医药和化工等领域，有着非常完整的产业链与产业群。而这些企业基本上都是在行业缝隙市场中潜心深耕，以其独一无二的技术占领着大份额的全球市场。德国企业家身上都充满着"钝感力"，以慢求稳，以慢求质，在精益的"慢"中琢磨产品的竞争力与品牌效应。同时，德国工匠也有着耐心专注的品质，对职业保持着始终如一的热情与热爱，对产品有着至善至美的追求。如德国著名的伍尔特集团，自 1945 年成立以来，始终如一地生产"螺丝"这一单一产品，其目前的产品覆盖 DIN（德标）、ISO（国际标准）、EN（欧洲标准）、GB（国标）以及各种非标定制产品，在很多领域是不可替代的。

德国伍尔特始终将紧固件等质量放在第一位

1945 年成立的德国知名企业伍尔特集团，历经 70 多年的不懈努力以及奋起之心，一贯坚持对产品品质的高要求，让其至今处于全球装配和紧固件业务市场的领导地位。

在紧固件、工具及配件、化工产品、劳防用品等诸多领域为客户提供 10 万多种产品，始终把质量放在第一位。

伍尔特是欧洲紧固件最大的供应商，可想而知，伍尔特对于质量的要求是非常严格的。而且在众多客户眼里，德国企业能立于世界市场正是凭借优秀的质量保障，能在竞争如此激烈的市场中脱颖而出，伍尔特就是高品质的代表。

除紧固件外，伍尔特的手动、电动、气动工具及种类丰富的耗材产品也是名声显赫，自 1993 年起，伍尔特建立了完善的质量管理体系并通过了 ISO9001：2008 认证。伍尔特坚持创新，不断改进工具设计，提供满足客户需求，舒适、高效的高品质产品。

在汽修领域，伍尔特也是全球领先的汽修产品供应商，为汽车提供保养、维修所需全系列化工产品及工具设备。产品涵盖了汽车美容与保养、刹车系统、轮胎、底盘维修、钣金维修与喷漆、检测与维修以及空调系统清洁等，为客户提供最优质的产品，提高汽车使用寿命以及性能。

4. 品质至上——质量第一、速度第二

所谓品质至上，即是以产品的质量作为唯一衡量标准，将其作为企业生存与发展的根本指针，不惜代价与烦琐追求产品的品质，对产品缺陷实施零容忍。德国人信奉"没有质量的数量是毫无意义的，唯有以质量为基础的数量才构成真正意义上的数量"的教条，其更看重的是产品的长远发展与利益，更注重产品的质量、解决问题的专有技术及优秀的售后服务、不追求短期利益，更不投机创造暂时性的财富，而是自始至终严谨务实、谦虚低调的钻研产品的品质。品质至上的结果即是德国 30% 以上的产品在国际上是没有竞争对手的独家产品。在世界上各领域领先世界的品牌多达 2300 多家企业。德国工匠也始终将品质作为毕生追求，"不因材贵有寸伪，不为工繁省一刀"，孜孜不倦地专注于自身的职责与使命。同时，德国建立了一整套非常严格甚至苛刻的完备的行业标准和质量认证体系，德国标准化学会所制定的标准涉及建筑、采矿、冶金、化工、电工、安全技术、环境保护、卫生、消防、运输和家政等几乎所有领域，每年发布上千个行业标准，其中约 90% 被欧洲及世界各国采用；质量管理认证机制对企业的生产设计、生产流程、产品规格和成品质量等严格审核，强化产品的事前、事中、事后监管，保障了产品的品质始终维持在最高水准。《青岛早报》曾报道，江苏路基督教堂有一座德国制造的钟表，用了一百年没有维修过，根据运转状况，这些齿轮还可用 300 年，其坚固耐用性令人咋舌。

5. 追求卓越——创新导向、持续变革

所谓追求卓越，即不以产品的即时质量为满足，而是不断顺应技术变革与产品变革要求，以创新为引领，始终保持产品质量在同类产品中处于领先地位。德国工匠精神不是一成不变，而是"苟日新、日日新、又日新"的创造，是不断在突破陈旧、追寻创新过程中的升华。德国政府一直十分重视制造业科技创新及其成果的转化，不仅构建了集科研开发、成果转化、知识传播和人力培养的科研创新体系而且投入巨额资金用于研发创新。据统计，德国研发经费占到国民生产总值的 3%，科技创新对国民经济的贡献率高达 80%。2016 年，德国在研发方面的支出高达 158 亿欧元，与 2005 年的 90 亿欧元相比，增幅超过 75%。德国企业界也高度重视科技创新对于产品品质的保障。2015 年，德国企业的研发投入经费约为 1574 亿欧元，且从预测趋势来看，在今后几年，将以年均 4% 的速度增长。

资料链接

李工真教授在其著作《德意志道路》中梳理了德国两百年现代化的艰难历程。从经济发展的视角来说，"德意志道路"也可以被视为一条技术立国、制造兴国的道路，而从内部支撑这一道路的是一种"工匠精神"——对质量和技术宗教般的狂热远大于对利润的追逐，因此奉行这种精神的企业主，本身在自我定位上就并不单纯是一个商人，更是一个矢志要以技术改变世界的工程师。他们并非不关心金钱，只是把技术、工作本身置于利润之上。这种精神让"德国制造"声名显赫，让德国百年工业品牌扎堆出现，让德国在欧洲经济一片困顿时一枝独秀。

资料链接

万宝龙于 1906 年在德国汉堡由一个文具商、一个工程师和一个银行家共同创立。它的名字代表着书写的艺术。笔顶的六角白星标记，是俯瞰勃朗峰的轮廓，象征着欧洲最高山峰的雪顶冠冕，而每支笔尖上的"4810"字样，正是勃朗峰的高度。万宝龙的钢笔外壳由独特的合成树脂材料制成，这种材料专利由 12 个万宝龙工匠花了数年时间才研制成功。即便使用十年以上的时间，笔杆的润泽度也只会有增无减。笔尖往往是钢笔中最具工艺精度的部分，万宝龙笔尖上的精致花纹都由制笔工匠手工雕刻。而在笔尖打磨环节完成后，万宝龙的测试技师需要拿每一支笔在纸上书写，并仔细倾听笔尖摩擦纸张的声音来判断笔尖是否磨好，如有瑕疵则需要返回工厂进行修改。

> 近百年时间里，万宝龙系列产品曾与无数风云人物一同指点江山、运筹帷幄，共同书写世界历史。

（三）德国工匠精神的经验和启示

在当前世界制造业的范围内德国产品的标准几乎就是整个行业的最高标准。不仅代表的是制造者自身对产品高性能、高质量的追求，更是消费者追求高品质生活的重要标志。对德国制造的肯定，反映的不仅是对某个行业的认同，更是对整个德国民族的尊重和价值观的认同。德国的工匠精神是世界性的，它超越了意识形态和种族，得到了崇高的荣耀，也支撑起了整个国家的脊梁，那么，德国工匠精神为何有这样的感染力和拓展能力呢？透过结果找原因，我们不难发现，尽管德国工匠精神现在已成为民族气质的代表，但德国工匠精神的塑造和培育却不是基于国民性的历史和传承，而很大程度上由于德国在长期的历史发展进程中民族特性、工业成长、市场经济和社会制度等要素共同作用的结果且现已成为其国家、企业界、技师及工人的内在信念与自律准则。这些要素对我国的工匠精神培育毫无疑问有着重要的参考价值和借鉴意义。

1. 文化要素

德国"工匠精神"植根于其深厚的社会文化系统之中，是各种文化要素在德国人身上浸染、熏陶与内化过程中形成的。

（1）宗教伦理。马克思·韦伯说，"基督教从一开始就是手工业者的宗教，这是它的突出特征。"公元 1517~1546 年，马丁·路德提出的"天职"概念改变了传统教义对于劳动价值与工作伦理的认识。所谓"天职"就不再是个人自己的工作，而是他们所信奉的上帝分派给他们的任务，把工作干好就是在为上帝服务。这不同于《圣经》里面对劳动的说法。在《圣经》当中，人们所进行的劳动是上帝对人民的惩罚，从心理角度而言，人们更愿意去干在意义上更为神圣的事情，没人愿意一生都在惩罚当中度过。而马丁·路德认为，履行天职的劳动是对同胞之爱的外在表达，是上帝唯一能够认可的生活方式，而每一种天职在上帝看来都有完全等同的价值。所以，"天职"改变了人们对于职业的看法态度，这样给日常世俗工作赋上了宗教信仰的神圣意义，虔诚的教徒们勤勤恳恳地工作具有了神圣的宗教意义。马丁·路德同时还主张，个人应该一直安分地保持上帝安排他的身份和天职，并且根据已经被安排好的身份限制自己的世俗活动。通过宗教的作用，将道德理念内化于心，不计较工作的形式与分工，重视合作，将工作视为神圣并做好它，大大提升人们对于工作的主动性、积极性、责任感与使命感。"德国的工匠精神受到基督教的极大影响，工作与宗教使命建立了联结，其勤奋、热忱、严谨、有序的工作态度无不体现着宗教追求，经过长期的历史发展，最后沉淀为德国人特有的工作习惯和文化心理。"

（2）民族性格。由于德国相对恶劣的自然环境、两次世界大战的战败及长期在法律法规规范下的生活状态，使德国人形成了实在、勤奋、准时、节俭、严谨和做事一板一眼等民族性格，而这种民族性格使得一旦将质量作为德国制造的根基，就会一如既往地追寻下去，直到将其做到极致与完美。这种性格塑造了德国特色的制造业和家族企业。德国制造业者，"小事大作，小企大业"，不求规模大，但求实力强。"大"并不是目的，而是"强"的自然结果。德国除了人们耳熟能详的奔驰、宝马、汉高、西门子等全球知名品牌之外，还有数以千计的实力雄厚的中小企业，它们术业有专攻，在各自领域都是全球市场的隐形冠军。

（3）企业文化。德国有着较为一致的企业文化氛围，不仅具备以品质取胜的企业家精神，而且有着非常强烈的危机意识、竞争意识，并将其作为企业的精神灵魂。德国企业家都有着较长远的眼光而不会被眼前的蝇头小利所诱惑，他们以标准主义、精准主义、完美主义、守序主义、专注主义、实用主义、信用主义管理与运行着企业，保证了生产的产品在质量的形塑上高人一筹。

（4）工程师文化。德国的工程师在获得制造产品或相关技术的过程中都受过严格的训练与长时间的磨炼，对待工作一丝不苟、兢兢业业，其做事风格有着超越经济利益的认真与稳健，在工程师群体之中形成了良性的氛围。

2. 制度要素

在制造质量保障方面，德国有着较为完整、严格的制度体系。

（1）政府为企业提供契合的制度与法律框架。德国经济与社会制度有一个非常鲜明的特点，即保障与促进个人的自主性与首创性。为了给予企业充分竞争的权利，促进企业的规范化生产与运营，从"一战"之后德国就相继出台了《反对限制竞争法》《公司法》《企业基本法》《企业雇员共同决策法》等一系列法律法规，用以规范企业的治理结构与治理能力，并适时进行修订。德国的产品不打价格战，不与同行竞争，一方面是由于有行业保护，另一方面他们认为价格并非决定一切，打价格战可能会让整个行业都陷入恶性循环。对于德国企业而言，是要追求利润，但是只要能保证基本利润，有钱可赚即可，德国人并不是那么贪得无厌无休止地追求利润，而是考虑更长远的可持续发展问题。工匠精湛技艺生产的优良作品，也使消费者得到利益，而不光是为了让制作者自身获益。

资料链接

在一次记者招待会上，一位外国记者问彼得·冯·西门子："为什么一个8000万人口的德国，竟然会有2300多个世界名牌呢？"这位西门子公司的总裁是这样回答他的："这靠的是我们德国人的工作态度，对每个生产技术细节的重视，我们德国的企业员工承担着生产一流产品的义务，提供良好售后服务的义务。"当时那位记者反问他："企业的最终目标不就是利润的最大化吗？管它什么义务呢？"西门子总裁回答道："不，那是英美的经济学，我们德国人有自己的经济学。我们德国人的经济学就追求两点：①生产过程的和谐与安全；②高科技产品的实用性。这才是企业生产的灵魂，而不是什么利润的最大化企业运作。"不仅是为了经济利益。事实上，遵守企业道德精益求精制造产品，更是被德国企业认为是与生俱来的天职和义务。因此，德国人宁愿在保证基本利润的同时，让部分利润转化成更高质量的产品和更加完善的服务。

（2）社会自治组织提供严格的行业标准、自律规范及管理规定。在德国制造体系之中，生产制造之前，往往先立标准。数据显示，全球三分之二的国际机械制造标准来自"德国标准化学会标准"。对于标准的依赖、追求和坚守必然导致对于精确的追求。而对于精确的追求，又反过来提高标准的精度。德国人的精确主义，必然会带入其制造业。他们几十年、几百年专注于一项产品领域，力图做到最强，并成就大业。

标准不是对自我的限制而是对自我的激励，标准就是自我要求和奋斗目标，没有达不到的标准，没有破不了的记录，只有人类自己对自己的纵容才会使我们放弃。所以，对于我国来说，在借鉴德国工匠精神的标准化建设方面，我们一方面要完善标准化制度建设，使得标准化机制有效发挥监督和管理职能；另一方面，就是要培育工匠精神，树立民族自信，使得国民恢复对自我能力的肯定，对自我素养的认知，从而达到在内外的双重作用之下实现自我发展、社会进步、国家兴旺的目标。

3. 经济要素

德国现在实行的是由米勒·阿尔马克倡导的"社会市场经济"模式，该模式是德国在总结自由经济模式所产生弊端的基础上为寻求国家对经济的控制干预及完全自由市场经济之间平衡而产生的。社会经济模式的前提依然是市场经济与自由竞争，但国家为其设置了一个强制性的原则即是国家为竞争设定框架，国家协调整个国民经济，防止垄断行为的出现和保护市场主体的自由，同时又通过累进税制对获利者进行严格征收，以为社会保障体系寻求资金来源，促进公民收入分配水平不出现巨大差距。社会经济模式的核心是"竞争原则"和"社会公正原则"，其既赋予企业充分的竞争权，又最大限度保证社会的凝聚力。而要想在竞争中出类拔萃，唯有依靠专有的生产技术与研发能力，以过硬或无可替代的产品取得优势。从根本上，德国国家经济政策提供了良好的市场环境，从而使中小企业能够专注于产品质量，将"工匠精神"发挥到极致。

4. 社会要素

社会要素是指德国在整个社会氛围之中，对于工匠所表现出来的姿态使"工匠精神"有开花结果的肥沃土壤，有愿意为之付出终身的信念。

（1）工匠在德国有着较高的社会地位。在德国，工匠是一个倍受人尊敬的工种，做技术工人在社会上同样能享受到其他职业相同的声誉与敬重，甚至高于其他职业。德国前总统赫尔佐格就曾说，为保持经济竞争力，德国需要的不是更多博士，而是更多技师。在德国普遍存在的共识是：职业不分尊卑贵贱，只是分工不同，工程师、高级技工、普通技工所从事的职业能创造出无与伦比的产品与高超的质量，同样创造出社会价值，理应受到全社会的尊重。同时，德国工匠也有着神圣的自豪感与荣誉感，其内心都十分认可与喜爱自己所从事的职业，而且有着为履行职业职责坚韧不拔的毅力与果敢，认为自己的职业是高尚的。

（2）工匠有着较高的收入。在德国，工匠的收入水平普遍高于社会平均工资水平，熟练工或高级工的收入甚至高于医生、教授、律师等高收入职业。一般德国大学毕业生的平均年薪在 3 万欧元左右，而技工的平均年薪要达到 3.5 万欧元。比如德国的 Hildesheim 工厂一线工人的月薪可以达到 6400 欧元，折合人民币约 4.7 万元，远高于欧洲及美国相同技师的平均水平。而且，德国技师随着技术水平及资格证书的提高，有着正常的工资晋升制度。

（3）良好的社会氛围使然。德国自中世纪以来手工业发达，民众有着良好的动手操作、钻研科技的民族特性，久而久之养成了勤于思考、善于学习、崇尚科学和乐于动手的社会氛围。同时，德国政府积极营造公民从事技师职业的良好氛围，不仅出台法律法规、教育培训政策为公民成为技师提供便利与保障，而且将技师工作提升到推动制造业水平和"工业4.0"战略的高度，如德国政府鼓励技术工人移民，在德国工作的技术"工匠"，享受永久居留权；畅通技术移民通道，来自非欧盟成员国的专业人才只要能在德国找到一份年薪超过4.8万欧元（每月4000欧元）的工作就可以申请欧盟蓝卡，而理工科和自然科学领域的人才只需年薪达到3.6万欧元（每月3000欧元）即可。

5. 教育要素

德国"工匠"培育的最主要渠道是职业教育，有近80%的年轻人接受不同形式的职业教育，而且职业教育几乎覆盖到所有职业，专业设置不仅全面，而且细分领域非常庞大。正是其高度发达的职业教育体系为制造业提供了源源不断的"工匠"队伍，其职业教育的发展理念与办学实际塑造了"工匠精神"。

（1）实施教育分流。德国从小学开始就注重培养学生的动手操作能力，培养他们踏实肯干、务实认真的态度。从小学毕业开始对学生实施第一次分流，主要是根据学生的特点、特长与家长协商确定学生今后的就业升学方向。在继续接受初中及高中学习后，实施第二次分流，大部分学生进入到职业院校。据统计，德国高中生毕业后升入大学者所占比率仅占30%~35%，其余学生选择高等职业学校比率高达65%~70%。

（2）实施"双元制"职业教育。双元制是德国职业教育的精髓，也是培育"工匠精神"的主渠道。作为一个自然资源相对匮乏的国家，德国必须依靠人力劳动来实现发展。德国前总统赫尔佐格曾说："为保持经济竞争力，德国需要的不是更多的博士，而是更多的技师。"虽是极而言之，但也道出了高技能人才对德国实体经济的特殊重要性。因此，从战略层面，德国高度重视职业教育，形成了独具特色的双元职业教育体系。

所谓双元是指参加培训的人员，一元在职业院校主要接受职业专业知识的学习，一元在企业接受实践操作培训且二者交替进行，在教学体系和课程体系上主要围绕着企业实际生产所需的岗位技能，也就是更加注重企业的实践。这种职业院校联合企业、教师、工程师进行人才培养的模式，最大限度地强调了理论与实践的结合，更加注重培养学生的动手操作能力与职业技能，使学生在学习中感受企业对质量、细节、技术追求的氛围，在实操中掌握一定的资格能力。而在这种边学习边实践的体制下，也为德国培养了大批的高素质产业技术人才，使得德国的工业化突飞猛进的发展，奠定了德国今天制造强国的地位。

可以说对职业教育的重视，是我们扭转就业观念，提高职业素质，实现中国创造，培育工匠精神的关键环节。关于职业教育我们不能一味强调纸上谈兵的理论传播，而要注重知识技能的实用性和学员的实际操作能力，能真正做到学以致用，否则，职业教育就是徒劳，是对个人到社会资源的整体浪费，更加无助于工匠精神的继承和传播，无助于我国制造业的升级，无助于我国经济的转型。所以，我们在清楚认识到职业教育的价值之后，必须要强化职业教育的水准，以保证职业教育可以担当起培育国家工匠精神的重担。

（3）建立了学徒制。技术技能型人才支撑德国成就了制造强国。与之相适应，德国的"工匠"也获得了较高的社会地位，他们大多工资比普通"白领"还高，有的甚至超过"金领"，企业领导也经常从"蓝领"中选拔。高技能型人才的主要培养方式是"学徒制"，这也是德国一贯坚持的。德国各行业协会也有明确规定：未系统接受过高等职业教育的员工均要首先通过"学徒制"培训，考核合格后方可被公司聘用。

学徒制在德国的历史可追溯至中世纪，早在13世纪德国即建立了"师傅带学徒"的职业模式，之后，德国又设立了"学徒、熟练工、师傅"的工匠分级制度，并以条例形式固定下来。现在德国的学徒制已经非常成熟，一般学生在正式上岗之前都要接受至少3年的学徒训练，而且要获得相应的职业培训资格证书。在德国的210万家企业中，有21.3%开展现代学徒制培训，多数是中型和大型企业。这些企业中66%的现代学徒，在培训后直接被雇佣。企业平均每年为学徒投入1.5万欧元，其中46%是发给学生的补助，而投资的76%会通过学徒当时的生产活动得到补偿。学徒制既培养了学生对待产品严谨严格、注重细节、吃苦耐劳的精神，又使得学生对于技术技能的学习有一个循序渐进的过程，保持了低失业率。

（4）畅通教育转换渠道。在德国，由于有国家资格框架作为保障，职业教育与普通教育之间的通道是畅通的，职业资格证书与学历证书是可以等值的，同时国家与企业为工匠提供各种教育、培训、进修的机会并承担有关费用，技师、高级技师及工程师既可选择在自身领域继续深造，也可通过文化课程补习进入学历高等教育，在资源共享的情境中工匠有着更多元的选择。职业教育体系与学徒制不仅为德国提供了大量工匠人才，更重要的在于传承深化了遵守秩序、追求效率、重视品质和艰苦奋斗等工匠性格，使工匠对于创新、高效、品质和勤奋等价值观根深蒂固、植于内心。

三、美国： 发扬光大的"职业精神"

除去政治因素，恐怕一提起美国涌入我们脑海中的就是它先进的科技，充满创造力和想象力的各类产品；但从本质上来说，这些都是工匠精神作用力下的产物，是较为成熟的美式工匠精神发酵的结果。这种特色的美国工匠精神也是美国文化的缩影，了解美国工匠精神是探索美国文化的一个窗口，不仅有利于我们全面认识美国，更有助于我们塑造自身的工匠精神。

（一）美国工匠精神的历史溯源

美国当代最著名的发明家迪恩·卡门曾说："工匠的本质，收集改装可利用的技术来解决问题或创造解决问题的方法从而创造财富，并不仅是这个国家的一部分，更是让这个国家生生不息的源泉。"美国的工匠们"依纯粹的意志和拼搏的劲头，搞出了足以改变世界的发明创新"，这种精神贯穿于美国发展的历史全程。美国的历史虽然短暂，但文化源远流长。清教徒是早期移民美国的主体，他们为了逃避宗教迫害、追求宗教自由、向往美好生活而离开故土。随着他们的到来，基督教文化和英国文化的传统得以在美洲大陆生根、发芽和传播。在随后的美国独立战争期间，法国启蒙思想又在美洲大陆传播，深刻地影响了美国本土文化的形成。移民们希望通过辛勤劳动，摆脱传统宗教束缚，争取现实利益，他们不仅将劳动视为谋生存的法宝，更是将其当作追求归属与爱、获得美好生活的唯一方式。他们视职业为"天职"，秉持"各种职业对一切人平等开放，谁都可以依靠自己的能力登上本行业的高峰"的信念，这种职业价值观客观上促进了美国工匠精神的诞生。

对自由平等价值的渴望和追求，是早期移民的基本信念，这也滋养了比较宽松的殖民地政治环境和舆论氛围。宪法第一修正案中的"信教自由""禁止确立国教"条款就允许自由检验精神文化，这种政教分离的格局，促使美国的"工匠精神"受宗教影响不大，自由开放的环境让美国人可以"疯狂"地追求自己的创造，思想上大胆创新，行动上求真务实，求实、求准、求效的"工匠精神"渐渐地融入具体的职业活动中。美国人为了谋生从业，他们移植英国的学徒制，有的自愿选择师傅进行学习，有的是政府为了济贫，强迫穷人子弟跟着师傅学习。师傅向学徒传授行业技术和职业道德，为学徒就业提供帮助。学徒跟着师傅学习一段时间，可以晋升为工匠，再由工匠升为师傅。工匠身份改变了学徒们原先较低的社会地位，凭借技术技能，他们可从事生产、经营活动，同时，在学艺过程中习得的职业道德、从业规范也内化于学徒心中，并不断传承。

当时，美国还没有行会制度，学徒制是由殖民地当局组织和管理的，他们都会对师徒之间的关系以及学徒的技术进步情况进行监督，确保了技艺传授的质量。虽然由于生产方式的转变和自由放任主义的盛行，最终导致了传统学徒制的崩溃，但工匠文化的传承没有中断，培育"工匠精神"的职责逐渐由讲习所、实科学校、社区学院等承担。特有教育体制的形成是培养学生的匠心与匠人能力的教育保障，深受新教育思潮、进步教育运动、实用主义和终身教育等思潮影响，美国教育摆脱了欧洲双轨制的影响，形成了普通教育职业化、职业教育普通化的面向职业生涯的教育模式，为美国"工匠精神"的全民化、终身化提供了培养环境。

（二）美国工匠精神的表现

美国是一个多民族移民国家，加上 100 多年的殖民统治，不像中国、日本、德国有着悠久的历史文化底蕴。但是美国也是一个工匠的国度。例如，华盛顿、托马斯·杰斐逊、富兰克林、麦克唐纳、爱迪生、莱特兄弟、福特、乔布斯、比尔·盖茨等，这些都是影响甚至改变人类生活方式的世界级知名"匠人"。在他们的身上所体现出来的工匠精神并不仅是这个伟大国家发展前行的重要组成部分，更是让这个国家生生不息的源泉。

1. 创新精神是美国工匠精神的根源

叶自成教授在《对外开放与中国的现代化》一书中曾说："世界各国精神产品的交流和交换是各国文化的相互影响、吸收、融合以及矛盾和斗争的。"

纵观人类的发展史，任何一个能够接纳、吸收、融合其他民族优秀文明成果的国家，其发展速度就很快，文明程度就很高。美国就是一个典型的"开放式"国家。首先，美国没有经历过封建统治，也就不存在传统的封建思想；其次，美国是一个多民族移民融合的国家，文化上没有固定的思维范式，从而能够形成一个能容纳世界各国优秀思想文化的"大熔炉"。而相对于拥有较长历史的欧亚各国，美国文化和美国精神无疑具有鲜明的特征。总体来说，美国文化是指自由、平等、法治、共享、宽容、妥协；美国精神是指奋斗、竞争、进取。美国就是在这样勇于创新、勇于突破现状的文化与精神指引下，在"二战"后逐步发展成为经济第一强国。而这样的创新精神也成为美国工匠精神的核心内涵之一。

从美国建国之初到今天，工匠精神起起落落，一直伴随着这个国家的成长。很多美国开国元勋都是各个领域的工匠。托马斯·杰斐逊发明了坡地犁、旋转椅和通心粉机。詹姆斯·麦迪逊发明了一个观察地面上生物的内置显微镜手杖。亚历山大·汉密尔顿是当代金融工匠的鼻祖，他建立了联邦公共信用体系和美国造币局。

资料链接

本杰明·富兰克林通常被认为是美国的第一位工匠，他的发明数量十分可观。几乎所有的学生都会在课本中学到，富兰克林式避雷针、富兰克林式壁炉、远视近视两用眼镜、里程表、玻璃口琴以及一个奇怪的音乐装置的发明者——他在英格兰见到有人用玻璃酒杯演奏乐曲，于是就利用一组玻璃碗设计出了这款装置。沃尔特·艾萨克森（Walter Isaacson）曾写道，富兰克林既没有接受过学术训练，也不具备一个伟大理论家扎实的数学基础，他对于自己口中"科学娱乐"的追求，让一些人并没有把他视为一个纯粹的工匠。作为那个年代最著名的科学家，他还独自完成了电力实验。

通过了解本杰明·富兰克林在政治之外的工匠活动，我们就能定义美国建立早期"工匠"这个角色的内涵，并更好地理解美国工匠精神在这个时代的体现。

我们不难发现，在好奇心驱使下去解决实际问题的过程中，美国工匠精神的重要核心体现在勇于创新上。美国的工匠们在广袤的美洲大地，面对全新的生活，用美国人奔放的热情，综合创新地解决问题，成为美国工匠精神特有的品质。

2. 实用主义与标准化是美国工匠精神的另一个重要内涵

美国工匠精神中另一个重要特征就是实用主义和标准化。实用主义是基于美国社会和文化而产生的一种本土精神，在历史的发展和社会的进步中已经深深扎根在美国人的心中，已经成为美国人的生活方式和思维逻辑。1798 年，美国的 E.惠特尼首创了生产分工专业化、产品零部件标准化的生产方式，成为"标准化之父"。而美国的经济迅猛发展，也或多或少得益于美国制造行业的标准化意识。虽然标准化是相对机械化大生产过程的产物，但这并不影响美国工匠们对于标准化、专利的追求。

资料链接

在全球顶级钢琴制造企业美国施坦威公司，80% 的工序都还是纯手工制作的。一位合格的钢琴制造师起码需 3 年半的学徒才可正式工作。在这 3 年半时间内，1/4 的时间是在钢琴制造学校学习，3/4 时间则在琴厂做手工。施坦威公司相信乐器也是有生命的。钢琴上的每一种材料都要经过非常细致的选择。原先白键要用象牙，黑键用产于非洲的乌木，但后来为了保护野生动物改用化学键。象牙键的优点在于可以吸汗，化学键则耐磨、不变色、寿命长，而且经过不断改进硬度已经很接近象牙了。在木材的选择上也是近乎挑剔，木材需要自然干燥 3 年，然后再电子干燥 40~50 天。即使这样，最后的利用率还不到 40%。另外，钢琴很多部件用木头制成，气候直接影响钢琴的音色。施坦威公司就在厂房中模拟各种气候，以使其适应。举个例子，如果这种琴是销到非洲的，则施坦威公司会模拟出非洲的热带气候。

实用主义根植于美国社会和文化之中，它作为美国唯一土生土长的哲学和民族精神，以 300 年前的本杰明·富兰克林为起点，从早期充满冒险的开拓到美国国家的创立，从美国的工商业革命到信息化时代，它形成了美国人的生活方式和思维方式，深刻影响着美国的过去、现在和未来。

资料链接

Walker 制作的每把刀子，最多可以开价到 5 位数美金。不过 Walker 的成就并不止于此，在他的制刀生涯中，总共取得了超过 20 项专利和商标，其中包括至今成为折叠刀标准规格的衬锁。说到衬锁的由来还挺有趣的。最早有人向他定制 10 把直刀，之后请他制作刀鞘。但是 Walker 完成刀鞘后，却不怎么喜欢成品，于是他尝试将直刀转为折叠刀，这样就用不到刀鞘，而这也开启了他的发明生涯。早期的折叠刀是透过弹力压杆来压住刀刃，为了固定刀刃，因此在刀柄内藏了一个内衬锁片，当刀刃被打开时，内衬锁片就可以顶紧刀根，固定刀刃。由于锁片被藏在刀柄内，成为衬锁。

然而 Walker 发现，旧式的衬锁中，大部分的衬锁的锁定功能都被弹簧所抵消，因此 Walker 决定拿掉弹簧，直接让弹簧和锁定装置一体形成新的衬锁，以加强衬锁的"锁"力。根据实测，Walker 所设计的新款衬锁比原来的标准锁定装置增强了 4 倍。此外，Walker 还为衬锁设计了自我调整的机制，以确保刀刃不会随时间松脱。

国际金融危机后，欧美等发达国家重新认识到发展实体经济特别是制造业的重要性，纷纷提出"再工业化"战略，以抢占世界经济和科技发展的制高点。为此，美国动作频繁，制定了《重振美国制造业框架》，通过了《制造业促进法案》。

2012 年 2 月，美国总统执行办公室国家科技委员会发布了"先进制造业国家战略计划"的研究报告。这是对美国"再工业化"战略的贯彻落实，该计划是从国家战略层面提出的促进先进制造业发展的政策措施，更是对美国工匠精神的复兴，旨在使大批既具有求实才干、又富有创新精神的"工匠"对推动美国社会进步做出贡献。正是工匠精神，塑造了这个国度成为美国社会发展生生不息的重要源泉。

美国工匠除了具备创造力和实践能力之外，还具有良好的"职业精神"，这种职业精神要求工匠们具备精益求精的工作态度，对产品质量永不妥协的执着以及对工作耐得住寂寞的坚守。正是以这种朴实的工匠精神作为基础，才使得美国的创新发展之路有了迅猛的发展，所以这些精神也都是值得我们借鉴和思考的。

（三）美国工匠精神的经验和启示

富有创新精神的工匠铸就了今天的美国，为推动美国社会的发展做出了艰辛的努力和非凡的贡献。虽然，实用主义精神也是美国工匠精神的重要内涵，但是对于当前中国而言，我国的工匠精神还没有完全复苏，还处于弱势地位，当前强调实用主义可能会使国民走向功利主义的极端，这不仅与我们的传统文化相悖，更加违背了工匠精神的初衷。所以，对于中国工匠来说，美国工匠的创新精神就是他们的亮点和王牌，是最值得当前我们学习和借鉴的地方。

首先，关于创新思维方面。人类的进步要求社会的发展也是全面的，不仅是科技要创新，政治、经济、文化等方方面面都需要创新，所以对于创新思维而言，它不再只局限在技术思维之中，还要具有社会价值、经济效益和人文关怀，否则创新成果即使再具有突破性也会饱受争议和诟病，不被大众所接纳。

其次，关于创新能力方面。知识经济时代之下，知识是创新的基础，但是仅一方面的知识对于时代的创新已经不够，我们更加需要的是通才，是有所深入有所扩展的"T形人才"；同时对于当代的创新者来说，还要具备合作的能力，仅凭自己一人之力很难实现创新。良好的团队，有效的沟通，可以增加思想火花的碰撞，更容易滋生灵感，突破思维限制实现创新。我们纵然要重视对知识产权的保护，可是保护的尺度要把握好，不能被应用的知识毫无意义，保护是手段但不是目的，我们要在保护利益中寻求合作和融合，以达到更好的创新。

最后，关于创新者的培养方面。众创空间和"双创"政策的落实，为我国的创新营造了良好的环境氛围，提供了优化的政策支持，这对于创新来说是很好的外在条件，所以我们关注的重点应是内在条件，所谓内在条件就是创新人员的问题。人是创新过程中最活跃的因素，创新者的素质直接影响到创新的实践活动。

四、意大利： 高度尊重人和物

意大利虽小，可是意大利奢侈品品牌的吸金能力可不容小觑。意大利商品的价格充分印证了人类劳动的价值。意大利匠人这种对手工制作的坚持，不仅是对意大利产品工艺的高度概括，更是对意大利工匠原则的提炼。这份独一无二的坚持就是其产品的标签，更是其文化的写照，这份原则和态度是十分值得学习的。

（一）意大利工匠精神的表现

1."纯手工打造"的执着

意大利是一个有着深厚底蕴和艺术修养的国家，罗马帝国的辉煌、文艺复兴的浪潮，沉积出了意大利的优雅气质和人文情怀。正是这份气韵形成了意大利品牌，对消费者高度尊重的价值追求，也成为意大利工匠精神的核心。这种对人和物高度尊重的意识，在意大利产品之中的最好体现就是——纯手工制作的工艺。意大利的生产理念与工业化生产可以说是背道而驰，工业生产强调的是产量和效率，而意大利剑走偏锋坚持小批量生产甚至是单独定做，但无论是哪类生产，他们都坚持纯手工打造。正因如此，意大利的产品才气质卓然，高端大气，广受世人追捧。据美国奢侈品研究院 Luxury Institute 在富豪中所做的抽样调查，美国富豪十大服饰品牌中意大利品牌占到八席。而在我们为意大利产品的精致赞美之时，千万不要忘记这些光鲜背后的意大利匠人。纯手工制作不仅耗时耗力，更需要耗费的是工匠的设计灵感和技术水平，失去了心思与技能的手工制作，无异于是浪费时间和资源，难以经受高科技的冲击，难以在竞争中存活，更何谈帮助意大利博得鲜花和掌声。

资料链接

以意大利的手工西装制作为例，对每位顾客都是量体裁衣，单独打版制作，不会在原有基础上修改了事，意大利裁缝将西装的制作工序分为220个，最后90道工序由手工缝制完成，这个过程一共需要7000针，一针一线都是有序的，每一寸之间要求不少于7针，每一颗扣子要缝制100针，每一件衣服要反复熨烫80次。不只是在制作过程中裁缝才如此认真，其实从选择布料时就是精挑细选，料子的每一丝纹理都不容有瑕疵，即便是细小的断裂和打结也不允许，因为裁缝坚信再小的瑕疵也会影响到成品的品质，所以一定不能松懈。当然意大利的裁缝也具备慧眼识珠的能力，哪怕是再隐秘的瑕疵也逃不过他们的眼睛，在每一道制作工序中，还有一位质量监督师，严格检验产品的质量是否过关，这是因为裁缝的年龄、阅历、经验、手法，都会影响到产品的制作，所以不能凭借信任放任产品过关，一定要根据客户的需求和产品的要求，确定和判断产品的合格率，正是因为这样严格的质量标准才使得产品的返工率低于1%。

一流的标准塑造一流的产品，一流的产品成就一流的工匠，一流的工匠秉承一流的信念，一流的信念树立一流的品牌。这是一种良性的循环，也是一种理念的传承。任何时候产品的质量才是硬道理，没有工匠的牺牲和奉献，就没有一流的产品。工匠对细节的执拗，对质量的追逐，对设计的热衷，打造了意大利的产品标签，使意大利的高端定制、品质设计深入人心，使意大利在逆流中乘风破浪占有一席之地。

2."以用户为中心"的精益求精

意大利在现代工业化生产中，摈弃工业化的简单复制，尊崇个体的审美情趣，以用户为中心，通过工匠师的手与心体现对人和物的高度尊重，这是意大利工匠精神的精髓，也是意大利许多高品质产品得以传承百年、闻名全球的重要原因。

资料链接

意大利纺织面料全球闻名，成功因素之一在于制作者对产品质量分毫必较，不放过一丁点的瑕疵。在意大利"国宝级"毛纺品牌、顶级毛料和奢修品成衣制造商诺悠翻雅（Loropiana）的质检车间，工人把成品画料放在光源检查板上一寸寸移动，能在连专业面料采购人员都完全看不出瑕疵的地方迅速发现隐藏的疵点，并瞬间修补完毕。企业官方提供的工艺介绍材料中说，一些毛纤维很细，织得紧密时出现轻微断线、打结等瑕疵很难察觉，但如果不及时处理，瑕疵最终多多少少会体现在成品上，影响外观。而发现瑕疵的能力就要归功于在老师傅的教授下每位工人在学徒期间练就的火眼金睛。诺悠翻雅品牌创始人之一皮埃尔·路易吉·洛罗·皮亚纳认为，坚持保证产品品质是这个传承六代企业的"DNA"，也是意大利制造的精髓。

高质量必然对工人的生产、加工技能提出更高要求。要真正提高质量，除了采取最先进、最适合自身产品特点的技术设备外，对每个环节的质量控制尤为关键。企业对原料纯净度的控制和工艺控制的要求更高，控制系统更为复杂，虽然这样做成本又高又耗费时间。对产品质量无穷尽的追求，正是意大利工匠精神最基本的内涵。

3. 品质与设计并重的工匠精神精髓

意大利的设计闻名遐迩，往往能开世界之先河。每年4月份的米兰设计周更是令世界各地的设计创意人才趋之若鹜。意大利制造之所以享誉世界，究其原因除了品质卓越之外，其设计同样也引领着世界潮流。受历史传统影响，意大利的设计者就如同手工艺人一样，人人除追求精益求精之外，品位也非常重要。

资料链接

在意大利众多重视品质与设计并重的品牌中，LOCATI品牌是最有代表性的，如果说到它的等级定位，应该还在PRADA、LV之上。早在19世纪末，年轻的LUICI LOCATI在米兰开设了第一家自己的手工皮货店，专为教会与达官贵族设计制作精美的皮质书封和信封。因其独特的设计与卓越的品质，被邀请为贵族设计酒会专用手袋，因而名声大噪，LOCATI手袋逐渐在意大利上流社会中流传。

1908年，LUICI LOCATI的儿子EMANUE LELOCATI创造性地将金丝银线、皮线及各种面料融合运用到手袋制作中，LOCATI独特的手工金银绣花工艺，无疑是现代手袋发展史上重要的里程碑，直至今日此工艺制作的手袋仍是LOCATI旗下的明星产品，深受客户喜爱。

"第一次世界大战"后，LUICT LOCATT两个年轻的儿子接手了家族生意，为了给品牌拓展更广阔的市场，LOCATTT在巴黎接触到新的艺术设计灵感，将新颖面料融入产品设计中，成为当时第一个成功将巴黎流行引入意大利的设计师品牌。最难能可贵的是，第二次世界大战时，很多奢侈品品牌倒闭，在当时米兰手工业最艰难的时期，LOCATI坚持了下来。战争结束后，LOCATI的第三代传人GIANNI将毁于战火的工厂和店面又重新建起来，拜访了全意大利的客户，与法国、德国、英国建立了商业网，并将各国流行趋势更多地引入到产品制作中。在LOCATI的生产车间，十几个工人协作完成一件手袋，每一道程序都是那么的认真，用精雕细琢来形容也不为过。

另一个重视品质和设计并重的经典品牌是亚捷奥尼（ARTIOLI）。ARTIOLI在意大利手工制鞋业享有超过一个世纪的盛誉，有行业晴雨表和鞋中劳斯莱斯之称，对制鞋业产生了巨大影响。这些经典品牌传递出意大利制造的精髓，那就是重视对传统制作技能的传承和产品细节的琢磨，正是这一点造就了意大利独特的工业强国地位，品质与设计并重的精神让意大利产品持续荣耀。

资料链接

塞维利诺·亚捷奥尼在1912年于费拉拉城镇开始他的制鞋生涯，他将传统制鞋技术与高科技融合于一身，这在当时产生了巨大的影响。当时的制鞋工艺落后，工具简陋，以至于各个产品间区别不大。经塞维利诺及其邀请的机械专家们研究，很快便改进了具有革新意义的工具以及生产工序，在随后的几年里这些成果逐步被应用到制鞋工艺中。

亚捷奥尼手工生产出来的皮鞋制作工艺非常复杂，每一道工序都由经验丰富的鞋匠仔细完成，需要两百多道工序制成，这些工序是经过两个世纪沉淀出来的。鞋匠们将这些知识和经验融入最高质量的皮料中制成亚捷奥尼鞋，每双鞋都蕴含着时光沉淀下来的财富。高质量皮料可以让您的脚部呼吸顺畅，特殊材质和经针线缝制的鞋底可以保持脚部的干爽。鞋宽大、松软的前部极致舒适，鞋跟通过加硬处理，展现出鞋的完美曲线；适度加硬的鞋弓和跟部可以有效缓冲身体重量带给鞋子的冲击。所有这些特性均来自鞋匠的一流工艺和最好的材质，为穿着带来个性化的极致享受。亚捷奥尼皮鞋产品被人们视为经典产品，每一双亚捷奥尼皮鞋体现的都是意大利的制鞋文化、品质和精髓以及对完美追求的精神。质量和创新设计一直都是亚捷奥尼的两大核心要素，其传统将在后代为家族品牌的未来共同奋斗中延续。

（二）经验与启示

意大利除了"服装定制"产业外，豪华游艇、超级跑车、数控机床、奢侈品行业、高端厨具产业也十分发达，但其共同特点就是十分强调纯手工制作，坚持纯手工制作的意大利在高科技和创新研发方面也是十分出色的，他们的产品制作也是有高级设备和技术支持的，也是具有科技含量和创新理念的，之所以与众不同坚持手工，其实一方面反映的是意大利对传统工艺的保护与传承，另一方面反映的则是意大利对其服务理念的信奉与坚持。但二者的共同点就是都传递了意大利匠人对人类的无限尊重和对人性的关注。而这些是最值得我们学习和借鉴的地方。

对于我国来说，对于传统文化和技艺的保护是最为必要和迫切的。而且对于传统文化和技艺的保护，不能一味只流于表面，空喊口号，这种形式主义的表面功课不能保护我们的文化，也不能增加民族自信心，只能使我们更加忽视我们的传统，让传统更加肤浅，最后被解构殆尽。

为此，工匠需要发挥自己的工匠精神，重拾责任感与使命感，寻回自己的初心，保留自己的赤子之心，坚持学习和传承民族技艺的决心和痴心，发挥自己的民族先锋意识和表率作用，引领和激发出国民的民族觉醒意识，从而为树立民族自信心和自豪感迈出坚定的一步。

第二节　中国工匠精神之典范

翻阅历史，中华历史悠悠五千载。中国作为四大文明古国，工匠精神不仅产生得早、发展得快，而且在这种精神的指引下，创造了众多处于世界顶级水平的文明成果。鲁班、李春、茅以升、王选、赵慨、陶玉等，都是我国工匠的代表和象征。这些体现着"中国特色"与"东方风韵"的工匠文化和"工匠精神"，在中华五千年的发展长河中熠熠生辉。

一、工匠精神在工业领域的杰出代表

工匠精神是一种情怀、一种执着、一份坚守、一份责任。工匠精神不仅让工匠制造出高质量的优秀产品，而且还为世人树立起一种榜样；他们爱岗敬业、争创一流、拼搏奋斗、勇于创新；他们淡泊名利、甘于奉献、紧密协作、精益求精。他们用自己的汗水与心血铸就了中国工业的辉煌。

（一）工匠精神在革命战争年代的杰出代表

1. "炼火"英雄赵占魁

1943 年 11 月 26 日，陕甘宁边区隆重召开劳动模范表彰大会。赵占魁的画像与毛泽东、朱德及其他模范的画像，被一同挂在大会主席台的帷幕上。

赵占魁，毛泽东称之为"中国式的斯达汉诺夫"，并题词"钢铁英雄"。而一名普通的工人为何能有如此荣耀？

农民出身的赵占魁 12 岁就开始受苦干活，先后在太原铜元厂提炼部、太原兵工厂、同蒲路介休车站修理厂做苦工。1938 年初，同蒲铁路被日军占领，赵占魁夫妻离散，最后流亡到西安，随后辗转来到延安。

在延安，赵占魁被分配到陕甘宁边区农具厂任翻砂工、翻砂股股长职务。化铁是一项既艰苦又重要的工作，整个过程不能间断。特别是在夏天，头顶着炙热的太阳，身穿着厚厚的棉衣，站在 2000℃的熔炉旁，汗水不停地往下滴。别人是一面吃饭一面看炉，可赵占魁却连饭也顾不得吃，他说怕误事。常常这样坚持不停工作 12 小时以上，他虽已 40 多岁的人了，可是当他工作起来却像一个青年人，他总是那样愉快而沉着。

平时，他总是上工比别人早半小时，下工时他让别人先走，然后到工场巡视一周，看看有没有人把工具乱丢乱放，要有，就一件一件地放好。他爱护工厂，像爱护自己的家一样。他常对工人们说："工厂是公家（边区政府）办的，同时也是咱们自己的，与过去在外面干活不同。"所以每遇下雨下雪，不论是白天黑夜，赵占魁一定把大家叫起来，带头把院里的工具、成品都搬进房子里，一点不让机器工具遭受损失，搬不动的就用油布盖好。

1941 年春，他病得厉害，一个星期不能起床，高烧又加头晕。一天工厂要开炉，怎么办呢？就由他的徒弟李荣贵来看炉，可是李荣贵加铁加得过多，炉里化成了一个三四百斤重的铁疙瘩。赵占魁一听到这一消息，便马上从床上挣扎着起来，拄着一根棍子，来到镕铁炉旁边，但自己站立不住，就坐在地上看了一天炉子，把那天的任务完成了。

1940 年 4 月，他帮助别人试验弹花机，不小心把一个指头轧坏了。轧出了两块碎骨头，大家劝他休息，他不肯，自己把手包上，又用另一只手照常工作起来，后来他那个手指头一直伸不直，就是当时遗留下的残疾。1940 年 5 月，有一次他熔炉时，因为坩埚坏了，那十几斤重的一坩埚铜水（温度在千度以上）一下倒在地上，有一部分泼在他的右脚上，脚面立马就烧成焦黑一片，痛的要命。可是，赵占魁一声痛也不叫，而且也不要别人扶，自己走到医务所去包扎了。这种精神，只有战场上那些"轻伤不下火线，重伤不叫苦"的战斗英雄们，才能和他相比。后来工厂把他送到中央医院去治疗，延安各界听到这一消息之后，许多机关、学校和工厂都派人去慰问他。党中央领导邓发同志也亲自去看望他。劝他好好休养，他收到的慰问品，摆满了两桌子，另外还有 15000 元钱，可是他把这 15000 元钱，全部捐献给了前方的将士。他说："前方有许多同志在流血，比我更艰苦的同志多着呢，我这些伤不算啥！"到六七月份，时局紧张，当时他的脚还没好，正在医院治疗，他马上要求出院。为了保卫边区，就带着伤来到他的工作岗位上了，在组织上提出慰劳前方将士的号召时，赵占魁又把自己积存的 5000 元钱、两双鞋子和两条毛巾、十条肥皂，捐献出来，在他的影响带动下工具加工厂的劳军捐献，达到 16 万元之多。

他为了改进技术，提高产品质量，下了苦功夫，时时处处不断细心研究工作中的难题，拿化铁来说，开始时一斤焦炭只能够化一斤铁，后来慢慢改进后，就可以化到二斤半了。在成品的损耗比率上，由过去 60% 减少到 25%。又比如翻砂，最初用十分之三的焦炭面，而翻出的犁铧没有光泽，后来改用十分之三的石炭面，既省了钱，又使铧面光滑好用。再如化铜的罐子，是用坩土自造的最初一个罐子只能化二次到三次铜，后来经过几次改进技术，可化到六次，提高了一倍以上。

在赵占魁的身上，体现了一种新的劳动态度，那就是能认识自己的主人翁地位，把自己锻炼成为一个劳动英雄、技术能手、节约模范，锻炼成为一个团结和学习的标兵。朱德称赞他是用革命者态度对待工作的"新式劳动者"。在赵占魁身上，还有一种自觉爱护工厂、团结工人、努力生产、提高技术，一切为着革命利益、不计较个人得失的宝贵品质。赵占魁同志 1939 年被边区政府评为模范工人，1941 年，被选为边区参议会候补议员；1942 年，边区总工会在工厂开展"赵占魁运动"，号召全边区工人向赵占魁同志学习；1943 年，被评为边区特等劳动英雄，成为边区工人的一面旗帜。

2.“兵工事业开拓者”吴运铎

习近平总书记强调，一个有希望的民族不能没有英雄，一个有前途的国家不能没有先锋。翻开中国共产党领导人民革命奋斗的红色画卷，有这样一位"把一切献给党"的兵工英雄。作为我国抗日战争时期革命根据地兵工事业的开拓者，他的一生与共和国的枪炮制造史同行，他用生命践行了对党的铮铮誓言，书写了一曲催人泪下、激人奋进的时代赞歌。他就是被誉为"中国的保尔·柯察金"的吴运铎。

吴运铎八岁时随父亲流落到江西萍乡，在安源煤矿读完小学四年级之后，因为家境贫寒，被迫辍学，回到了湖北老家。

13岁时，在熟人的介绍下，他进入了富源煤矿的电机车间，开始了艰苦的学徒生活。年幼的他，没白天、没黑夜地爬煤井、钻煤窑，像牛马一样的劳动，成年累月地在死亡线上挣扎。但就是这样大强度的劳动，一天才能挣得一毛钱的工资。在那样艰苦恶劣的条件下，在师傅的指导和帮助下，通过自己的刻苦努力，不满三年，吴运铎就当上了小师傅，开始自己带徒弟。他并没有因此而感到丝毫满足和自豪，反而心里越来越不踏实。因为虽然每天都做完了工作，但却不知道为什么要这样做，其中的道理也不明白。于是，他决心向书本求教，自学书本上的理论知识。

然而，他哪里有多余的钱去买书呢？为了学到知识，他下了狠心，一天少吃一顿饭，两三个月去理一次发，把当师傅一天挣3毛钱的工资存储一部分，日积月累，攒下钱来买书。没地方学习，他把电机车间的天棚打扫干净，装上电灯，找几块木板搭个床，用旧木箱子当书桌，创造了一个简易"书房"。就是在这样艰苦的条件下，吴运铎凭借坚韧不拔的毅力，坚持学习了许多机电方面的专业知识，为日后的科研工作打下了坚实的基础。

当时，兵工生产条件极其简陋。吴运铎和战友们因陋就简、就地取材，把水井的辘轳固定在一个支架上，井绳上吊一块100多千克的铁疙瘩，就成了锻打枪体、炮弹壳的"手摇汽锤"；在磨粮食的石磨轴上，套一条粗布缝制的传送带，就成了"人推发动机"；将手电筒灯珠磨出一个口往里面塞火药，一通电就成了"电发雷管"……就是在这样的"铁匠铺"里，吴运铎带领工人们克服种种困难，建成了我军第一个军械修造车间，并首次制造出步枪和第一批平射炮、枪榴弹；制造出42cm口径、射程可达4km的火炮；研制了拉雷、电发踏雷、化学踏雷、定时地雷等多种地雷；在只有8个人的条件下，年产子弹60万发……为前方部队制造急需的枪炮弹药。每当日伪军进攻根据地时，他就带领大家抬着机器打游击。只要有时间就坚持生产，每次都按时完成上级布置的任务。

美国记者、作家史沫特莱曾在新四军修械所拿起吴运铎等人制造的步枪亲自试射，并参观了长凳子、矮凳子、木桩、木板、石磨等制造设备。她感慨地说："我从美洲到欧洲，到过很多国家，也看见过很多工厂，可是还没有见过像你们这样的兵工厂。真是世上少有！"

为了制造武器、确保前线作战顺利，吴运铎几次走在死亡边缘，但是死亡的威胁从来没有阻挡他前进的步伐。1947 年 9 月，在大连甘井子一个名叫老虎牙的山洼里，"轰"的一声巨响让山坡外的人们心头一惊。巨大的爆炸气浪把时任大连建新公司工程部副部长、引信厂厂长的吴运铎抛向空中，甩到了 20 多米外的海滩上。当时是在试验新炮弹，吴运铎冲上前去查看一枚未爆炸弹时，炮弹突然炸开了……这是吴运铎第三次被炸成重伤。

而从死亡线上跌跌撞撞地挣扎过来的他伤口刚刚愈合、精神稍好一些时，就要求出院，并请求上级在疗养院里建一个化学实验室，购买一套化学仪器。组织上同意了他的请求。在两个多月的时间里，吴运铎专心致力于引信研究，在实验室里拼命工作，整天与烧杯、试管等玻璃器皿打交道。实验工作经历一次失败，他就十次、二十次地再实验，再失败，他就继续实验一百次、两百次，最后，他成功了，在这个小实验室里获得了理想的成果，摸索出了高级炸药的初步制造方法！

吴运铎不仅对工作刻苦钻研、精益求精，对青年学生还给予了很多的引导和鼓励。他曾语重心长地对青年学生说："作为一个有志气的青年人，都应想成为各行各业的专家、能手。一个人没有知识，在工作实践中必然要走弯路。要想对社会有贡献，就必须不断地学习，只有具备顽强的毅力和刻苦钻研的精神才能获得知识"。他还联系自己说："我已年过花甲，是个老、弱、病、残四字俱全的人，虽已失去千里之力，但仍有百里之志，尽管工作忙，又经常出差，右眼只有 0.7 的视力，但每天还在坚持学习，以求进步。"

吴运铎从一名普通工人成长为我国的兵工专家，这与他一生刻苦钻研、精益求精的科研精神是分不开的。他曾这样说："我们时代的年轻人，虽然不是驴推磨似的打发日子，但如果我们今天不比昨天做得更好、学得更多，那么生活就会失去意义。"几十年过去了，这句话依然能带给我们深深的思考和无尽的鼓励。

3. "炮弹大王"甄荣典

甄荣典（1916—2000），河北唐县人。1940 年入党，同年参加八路军，后调入黄崖洞兵工厂工作，在抗日战争和解放战争时期被授予"新劳动者旗手""一等劳动英雄"，荣获"英雄本色"锦旗，被誉为"炮弹大王"。1950年被评为"全国劳动模范"，2005年甄荣典以其杰出的贡献入选《永远的丰碑》。

2013年4月28日习近平总书记在同全国劳动模范代表座谈时的讲话中将甄荣典列为中国工人阶级和革命战争年代的劳模典范，特别指出他是"新劳动运动旗手"。作为"工匠精神"的典范，在甄荣典身上，集中体现了工人阶级的先进本色，体现了以共产主义理想信念为核心的无私奉献精神，体现了忘我拼搏，劳动最光荣的崇高品质。

甄荣典出生于一个贫苦农民家庭，16岁给地主当雇工，17岁被骗到湖南修铁路，受尽了地主资本家的剥削压榨。1937年9月，八路军开进晋察冀，唐县人民得到解放。21岁的甄荣典担任了村里的青年队长。1940年5月加入中国共产党，两个月后，晋察冀军区政治部派他随同抗大三团的几十名青年学员赴延安，途中正好赶上百团大战爆发，八路军总部于是调他们到太行山军工部工作，甄荣典被安排到了著名的黄崖洞兵工厂。

当时，黄崖洞虽然是八路军最大最先进的兵工厂，生产条件却也很差，全凭自力更生、艰苦奋斗。没有动力电机，就用水车；没有传动皮带，就用麻绳；没有专用钢材，就用铁轨。生活更不用说了，吃的大多数是小米、高粱和玉米之类的粗粮。住的是石头窝棚，资源奇缺，下班回来只能摸黑休息睡觉。面对这些，甄荣典一点不觉得苦，好像浑身有使不完的劲、只恨自己学得不快、干得太差。为了多造炮弹，他的双手磨出了一层厚厚的茧子，吃饭拿不稳筷子，人也累瘦了一圈，但精力仍十分旺盛，全神贯注扑在岗位上。每天别人还没上班，他就早早来到工房，把准备工作做好。开始业务不熟悉，他认真向师傅们学习。不久，就掌握了生产技术，学会了独立操作。

1942年，太行区遭受严重自然灾害，职工生活和生产两方面都出现严峻困难。军工部发动广大职工开展了以提高工效、多造武器、支援抗日为主要内容的军工大生产和增产节约竞赛运动。甄荣典以满腔的热情和忘我的干劲投入到劳动竞赛中。他早来晚走、加班加点，班产达到100发，超过别人正常班产60发的三分之二。在其他人赶上他后，他又利用班前工余时间整好毛坯，磨好刀具，检修好机器，提前做好一切辅助工作，班产量上升到150发。等其他人又赶上他后，他又钻研技术，改单刀车削为双刀车削，大幅度提高工效，使班产量猛增到 400 发。当别人向他学习，改进刀具再追上他时，他又以拼搏的精神，硬是创造出了班产 480 发的惊人纪录，始终处于领先位置。尤其难能可贵的是，他不仅追求产量高，而且保证质量好。通过仔细加工、认真自检，做到了件件产品都合格。工人们送他外号"飞机""老模范""炮弹王"，厂长赞叹他："如果没有这'炮弹王''老模范'，我们的生产突击任务，就难以完成。"

由于他和他所带领的团队忘我生产的牺牲精神和崇高品质，使得黄崖洞兵工厂生产的枪炮一批又一批源源不断运往前线，不仅助力抗日战争取得胜利，同时也保证了解放战争的胜利。

1947 年开展"创造刘伯承工厂运动"，甄荣典荣立大功，获得"英雄本色"锦旗。1948 年，他又以中国青工代表的身份，前往波兰华沙出席了世界青工代表会议，为中国工人阶级争了光。1950 年 9 月 25 日至 10 月 2 日，甄荣典出席全国工农兵劳动模范代表会议，荣获全国劳动模范称号，受到毛泽东等中央首长的亲切接见和宴请，并受邀在天安门观礼台上参加了新中国第一次国庆典礼。

（二）新中国成立后工匠精神的杰出代表

一种精神可以在不同的时空中，被不同的人认可和追随。综观新中国的发展史，每一个行业都有自己引以为傲的"脊梁"，他们是时代的领跑者，代表着一种符号，是一种指引方向、催人奋进的精神符号。铭记这些精神符号，就汲取了走向未来的力量源泉；重温他们的故事、传承他们的精神，必可激励我们迸发出成就新的事业的激情。

1. 石油工人杰出代表铁人——王进喜

石油工人一声吼，地球也要抖三抖。当新中国迎着战胜重重困难走向初步繁荣富强时，涌现出了"铁人"之称的英模王进喜。他是中国工人阶级骨气和志气的象征。

王进喜，1923 年 10 月 8 日出生于甘肃玉门赤金堡一个贫苦农民家庭。1950 年春，王进喜成为新中国第一代钻井工人，先后任司钻、队长等职，1956 年 4 月，他加入中国共产党。1958 年 9 月，他带领钻井队创造了当时月钻井进尺的全国最高纪录，荣获"钢铁钻井队"的称号。1960 年 3 月，他率队从玉门到大庆参加石油大会战，发扬"为国分忧，为民族争气"的爱国主义精神，为结束"洋油"时代而顽强拼搏。他组织全队职工把钻机化整为零，用"人拉肩扛"的方法搬运和安装钻机，奋战3天3夜把井架树立在荒原上。打第一口井时，为解决供水不足，王进喜带领工人破冰取水，硬是用脸盆、水桶，一盆盆、一桶桶地往井场端了50t（吨）水。经过艰苦奋战，仅用5天零4小时就钻完了大庆油田的第一口生产井。在重重困难面前，王进喜带领全队以"宁可少活二十年，拼命也要拿下大油田"的顽强意志和冲天干劲，打出了大庆第一口喷油井。在随后的10个月里，王进喜率领1205钻井队和1202钻井队，在极端困苦的情况下，克服重重困难，双双达到了年进尺10万m的奇迹。在那些日子里，王进喜身患重病也顾不上去医院；几百斤重的钻杆砸伤了他的腿，他拄着双拐继续指挥；一天，突然出现井喷，当时没有压井用的重晶石粉，王进喜当即决定用水泥代替。没有搅拌机，成袋的水泥倒入泥浆池却搅拌不开，王进喜就甩掉拐杖，奋不顾身跳进齐腰深的泥浆池，用身体搅拌，井喷终于被制服，可是王进喜累得站不起来了。

王进喜学习技术知识始终坚持学以致用。他说："干，才是马列主义；不干，半点马列主义也没有。"他带领工人们不断地从实际需要出发搞技术革新。为提高钻井速度，他和工人改革游动滑车。为打好高压易喷井，他带领工人研究改进泥浆泵。为提高钻井质量，他和科技人员一起研制成功控制井斜的"填满式钻井法"。他还在多年的钻井工作中摸索出一套高超的"钻井绝技"，能根据井下声音判断钻头磨损情况。他对待工作严肃认真，一丝不苟，经常向工人强调："干工作要为油田负责一辈子，要经得起子孙万代的检查"。1961年春，部分井队为了追求速度，产生了忽视质量的苗头，连铁人带过的1205队也打斜了一口井。为了扭转这种情况，4月19日，油田召开千人大会，对钻井质量问题提出严肃批评，这个日子被人们称为"难忘的四·一九"。事后，已担任大队长的王进喜带头背水泥，把超过规定斜度的井填掉了。他说："我们要让后人知道，我们填掉的不光是一口井，还填掉了低水平、老毛病和坏作风"。

王进喜干工作处处从国家利益着想，他重视调查研究，依靠群众加速油田建设，艰苦奋斗，勤俭办企业，有条件要上，没有条件创造条件也要上，建立责任制，认真负责，严把油田质量关。他留下的"铁人精神"和"大庆经验"，成为我国进行社会主义建设的宝贵财富。1964年，毛主席向全国发出"工业学大庆"的号召。

2. "汽车工业泰斗"饶斌

有人把新中国的汽车工业建设比喻成登山,那么在"一穷二白"、毫无基础的条件下创建中国的民族汽车工业,可以称得上是登上了世界的最高峰——珠穆朗玛峰。新中国成立之初,旧有工业的基础十分落后和薄弱,而且组成结构不合理。毛泽东在 1954 年说过一段令人深思的话:"现在我们能造什么?能造桌子椅子,能造茶碗茶壶,能种粮食,还能磨面粉,还能造纸,但是,一辆汽车、一架飞机、一辆坦克、一辆拖拉机都不能造。"

在艰苦卓绝的环境下,饶斌带领着中国汽车工业完成了开天辟地、波澜壮阔的奋斗历程,他更是其中一位伟大的先驱者。由于他对中国汽车工业做出的卓越贡献,后来他被称为中国汽车工业的奠基人,享有"中国汽车之父"的盛誉。

作为一个早年即投身革命的共产主义战士,饶斌在担任长春第一汽车制造厂(简称"一汽")厂长之前,已经是哈尔滨市市长。为了创建中国的民族汽车行业,饶斌毅然决然投身于艰苦受累的基层,自告奋勇要去一汽工作。1953 年,壮志满腔的饶斌全身心投入到中国第一个汽车厂的建设热潮之中。那段时间里,饶斌每天起早贪黑,终日在一汽的工地上忙碌。

饶斌强调贯彻工艺、保证质量。工艺员经常下现场,许多问题与工人商量即解决了,也改善了劳技关系,建立了贯彻工艺的自检互检制度。在保证质量的群众运动中,大部分单位的领导主动组织生产和检查人员一起分析质量动态,系统地解决了一些关键性问题。在质量小组提议下,每月研究 1~4 次质量问题,废品率高的单位开展废品会审,由检查科做好充分准备,大家看实物,开展讨论,一般一小时内解决问题。正是有着这样严谨、一丝不苟、精益求精的工匠精神,一汽的建设克服了种种困难,按时保质的建成。1956 年 7 月 14 日,一汽总装线上开出由中国人自己制造的第一批解放牌载货汽车,开创了中国汽车工业的新时代。

饶斌曾经说过一句话,至今振聋发聩、感人至深:"我愿意躺在地上,化作一座桥,让大家踩着我的身躯走过,齐心协力地把轿车造出来,实现我们几代人的中国轿车梦。"正是在这样一种无私奉献精神的引领下,中国民族汽车工业乃至整个工业体系才能快速地从无到有,从小到大地发展起来。

3. "两弹元勋"邓稼先

"两弹一星"是一个国家科学、技术、人才等综合实力的反映,我国能在没有任何技术基础，没有外部援助的情况下实现高水平的技术跨越，以较短时间成功实现这一宏大的国家战略计划，离不开投身这项伟大工程的劳动者所具备的奉献精神。这一精神后来被赋予一个响亮的名号"两弹一星"精神，即"热爱祖国、无私奉献，自力更生、艰苦奋斗，大力协同，勇于登攀"。

"两弹一星"之父，中国科学院院士、著名核物理学家、中国核武器研制工作的开拓者和奠基者邓稼先（1924—1986年），就是这样一位拥有"两弹一星"精神以及工匠精神的杰出代表。

邓稼先出生于安徽怀宁县的书香世家，1941年考入西南联合大学物理系，1948—1950年，他在美国普渡大学留学并获得物理学博士学位。毕业当年，他拒绝了美国政府为其提供的良好科研条件与优越的物质条件，婉言谢绝了老师的邀请与同校好友的挽留，毅然选择回归故土报效祖国。

1958年秋，第二机械工业部副部长的钱三强找到邓稼先，说"国家要放一个'大炮仗'"，问他是否愿意参加这项必须严格保密的工作，邓稼先义无反顾地答应下来。回家后他简单地告诉妻子自己要"调动工作"，不能再照家庭和孩子，通信也很困难，从小就受到爱国思想熏陶的妻子对他表示和支持。

邓稼先被任命为原子弹的理论设计负责人，从此他把自己全部的心血都倾注到任务中去。他带着一批刚跨出校门的大学生，日夜挑砖拾瓦搞试验场地建设，硬是在乱坟里碾出一条柏油路来，在松树林旁盖起原子弹教学模型厅；在没有资料，缺乏试验条件的情况下，邓稼先挑起了探索原子弹理论的重任；为了当好原子弹设计先行工作的"龙头"，他带领大家刻苦学习理论，靠自己的力量搞尖端科学研究。

为了解开原子弹的科学之谜，在北京近郊，邓稼先和一群科学家们决心充分发挥集体的智慧，研制出我国的"争气弹"。那时，由于条件有很，只能使用算盘进行极为复杂的原子理论计算，为了演算一个数据，一日三班倒。算一次，要一个多月，算9次，要花费一年多时间。为了确保计算结果的正确性，他们还邀请物理学家从概念出发进行估计，因此工作常常持续到第二天天亮。作为理论部负责人、邓稼先手把手指导年轻人进行运算。在遇到一个苏联专家留下的核爆大气压的数字时，邓稼先在周光召的帮助下以严谨的计算推翻了原有结论，从而解决了关系中国原子弹试验成败的关键性难题。数学家华罗庚后来称，这是集"世界数学难题之大成"的成果。

邓稼先不怕吃苦、不畏艰险，经常带领工作人员到前线试验场工作，他亲自到飞沙走石的戈壁滩取样本，还冒着被辐射的危险监制原子弹。有一次，航投试验时出现降落伞事故，原子弹坠地被摔裂。邓稼先深知危险，却一个人抢上前去把破的原子弹碎片拿到手里仔细检验。回京检查发现，在他的小便中带有放射性物质，肝脏受损，骨髓里也侵入了放射物。

原子弹研究成功之后，他又同于敏等人投入氢弹的研究。按照"邓—于方案"，最后终于制成了氢弹，前后历时两年零 8 个月。这同法国用 8 年零 6 个月、美国用 7 年零 3 个月、苏联用 6 年零 3 个月的时间相比，创造了世界上最快的速度。

"两弹一星"的成功研制，进一步推动中国成为世界上颇具影响力的大国。邓小平评价"两弹一星"的作用时曾说过："如果 60 年代以来中国没有原子弹、氢弹，没有发射卫星，中国就不能叫有重要影响的大国，就没有现在这样的国际地位，这些东西反映一个民族的能力，也是一个民族、一个国家兴旺发达的标志。"邓稼先是"两弹一星"功勋中的优秀代表，其身上闪烁着"热爱祖国、无私奉献，自力更生、艰苦奋斗，大力协同、勇于登攀"的人性光辉——这是"两弹一星"的精神实质，也蕴含着精益求精、坚持不懈、吃苦耐劳、谨慎细心的工匠精神。正是这种振奋人心的精神力量，成就其无私奉献的一生，更成就了中国核武器研究的辉煌篇章。

（三）改革开放新时期工匠精神的杰出代表

1."蓝领专家"孔祥瑞

他是天津港中煤华能煤码头有限公司孔祥瑞操作队原党支部书记、队长。他组织实施了 220 多项技术创新项目，获得 10 项国家专利，多次填补了我国港口系统设备接卸煤炭的技术空白，为企业创造经济效益超亿元。他曾荣获全国五一劳动奖章、全国劳动模范、全国优秀共产党员等荣誉称号，被评为 100 位新中国成立以来感动中国人物之一。2008 年，他还荣幸地成为天津奥运火炬传递的第一棒。

1972 年，17 岁的孔祥瑞初中毕业后来到天津港当上了一名龙门吊司机。别看他年纪小，但是他非常积极上进，"可以没有文凭，但不能没有知识"，这句话正是孔祥瑞的一句名言。他把工作岗位作为课堂，把生产实践作为教材，把设备故障作为课题，把身边拥有一技之长的工友作为老师，勤奋学习、不断钻研，攻克了一个又一个技术难关。

平日里，每当面对新设备，他都第一时间找来设备说明书，一页一页地学，一项一项地啃，不明白的查资料，不懂的找人问，直到把厚厚的说明书弄通弄熟。孔祥瑞的家住在天津市区，到港口有 50 多千米的路程。那些年，他每天上下班都要坐汽车、倒火车、再换汽车，来回要走 5 个多小时。路上，他总是带着书，如饥似渴地学习。他还有个记工作日志的习惯，小本子每天随身携带，设备出现哪些故障、什么原因、修理过程、注意事项等都一一记录在案。日积月累，一本本工作日志成为他搞技术创新的资料库。

2001 年前，天津港冲击亿吨大港时，孔祥瑞组织技术骨干集体攻关，通过"抓斗起升、闭合控制合二为一"创新，成功地使每台门机平均每天多装卸 480t（吨），全年完成装卸任务 2717 万 t（吨），远超预定目标。"孔祥瑞操作法"也正式推广到天津港各码头，成为助推港口吞吐量增长的新"招法"。

2012 年，天津港成立了"孔祥瑞劳模创新工作室"，负责难题攻关，培养后备力量。身教重于言教的孔祥瑞，不仅自己成为"蓝领专家"，而且还在天津港带出了一批年轻的"港口工匠"和技术能手，他用自己的成就证明了知识型工人的价值。

2. "金牌工人"窦铁成

窦铁成是中铁一局集团电务公司供电安装分公司电力工、高级技师。曾荣获全国劳动模范、全国五一劳动奖章、全国知识型职工标兵、铁道部火车头奖章、陕西省高技能人才等荣誉称号，被誉为"金牌工人""工人教授""技能大师"。

"一个人可以没有文凭，但不能没有知识和技能。我深深地体会到，在我们伟大的祖国，身处这样伟大的时代，每个人只要有志向、有追求、有奋斗，就一定能梦想成真。"作为掌握现代电力施工技术的专家型工人，从一名普普通通的技术工人，成长为备受关注的"金牌工人""技能大师""全国劳模"，窦铁成 30 多年来的成长历程，激励着无数的青年学子，受到学子们的热烈追捧。

1981 年 7 月，窦铁成考取了华县职工学校（现为陕西铁路工程职业技术学院）电力专业培训班，同班学员大多是各兄弟单位推荐来的工长，都有一定的文化基础和实践经验。窦铁成暗下决心，笨鸟先飞，利用一切可利用的时间抓紧学习。培训整整进行了 7 个月，星期天，其他学员探亲访友或聚会玩耍，窦铁成依然把自己关在教室里苦读，他相信"信心是成功的基石，有信心就能产生勇气和力量"。功夫不负有心人，结业时窦铁成的成绩名列专业第一名。

随着科学技术的迅猛发展，电力变配电技术经历了多次升级。为了跟上科技的发展，窦铁成先后花费近万元购买技术书籍，利用工余时间进行自学，慢慢学会了办公软件应用，并且能用计算机分析查找设备运行的故障。日积月累，窦铁成记下了 60 多本、100 多万字的学习笔记。在浙赣铁路施工时，窦铁成和两名大学生一起完成了《牵引变电所施工工艺》和《电气试验作业指导书》。2009 年，窦铁成和他的团队成功编写了《窦铁成变配电所安装与试验操作法》。

30 多年来，窦铁成养成了爱思考、勤动脑的习惯，对于工程的任何一个细节、任何一个技术难点、任何一个新设备，他总是细心琢磨、勤于钻研。窦铁成先后参加过京山、京秦、京九、京包、兰新等铁路和京珠、泰赣等高速公路的施工，他所负责安装的变配电所，全部一次性验收合格、一次性送电成功，全部是优质工程。

3. "知识工人"邓建军

邓建军是江苏常州黑牡丹（集团）股份有限公司技术总监。他的"身份"很多，打开履历，其累计担任的各类头衔、职务有数十个，技术类居多；拉开他的荣誉"清单"，荣获"感动中国人物""能手""模范"等荣誉，光是省部级及以上的表彰就有 27 项，科技类获奖比比皆是。在这些密密麻麻的身份中，最为外界印象深刻的有三个："党代表""知识工人""传承人"。从一名中专毕业的普通工人到高级工程师，邓建军在学习与创新中持续奋斗三十年，被誉为"知识型产业工人领跑者"。这位手染墨迹、相貌憨厚的年轻人，似乎有无穷尽的创造力，随时随地会迸发出智慧的火花。在平凡的岗位上，他用青春、汗水和睿智，展示了龙城新一代蓝领的精神，更挺起了中国当代产业工人的脊梁。他说："人总是要有一点精神的，在工作岗位上，干就干一流，争就争第一，为企业增效，为国家争光。我们纺织工人，就是拼命也要创出世界名牌！"

从中专、大专到本科再到工程硕士，从青年技术工人到新时期产业技术工人创新发展的楷模、中国"知识型产业工人"的领跑者，这是邓建军在三十年中创造的奇迹。他敢于向进口设备"开刀"，敢于挑战世界纺织行业难题，突破了牛仔布生产过程中的色差、缩水率等技术瓶颈，打响了"中国牛仔布第一品牌"。

"技术改造只有起点，没有终点。"邓建军总说，要消化吸收国外先进工艺，结合本国国情不断改造创新，创造中国人自己的核心技术。工友们还清楚地记得他最初做的一件"牛事"——1990 年对染浆联合机的初次改造。

把白色棉纱变成或蓝色或黑色，甚至彩色的纱线，需要一种关键设备——染浆联合机。长期以来，在这种机器生产过程中间需要更换经轴，换一次经轴必须停一次车，每停一次车就会产生 300 多米染色不均的废纱。对此难题，国内外同行业无人能解。当时刚刚工作 2 年还是一名维修电工的邓建军，决心攻克这道世界难题，把染浆联合机改造成连续生产不停车的"永动机"。

他走访国内专家，查阅相关书籍，提出在原有设备中加入存纱架的设想，花了 1 年的时间和工友一起做电气控制设计，又花了两三个月时间调试完善，终于打破了染色换轴须停车的传统生产方式，实现了连续生产不停车。随后，邓建军又同工友们一起，陆续对染浆联合机进行了 4 次改造，为企业创造了 3000 多万元经济效益。

工作 29 年，邓建军一直是工友中技术攻关的"领头羊"。1994 年创建的"邓建军科研组"，2008 年发展成"邓建军劳模创新工作室"。工作室现有 18 名成员，先后获得了 8 项发明专利、11 项实用新型专利，实施技术创新项目近 500 个，给企业创造了 8000 多万元的经济效益。

工匠精神既是一种技能，也是各行业都需要的一种精神品质。在"中国制造"向"中国创造"迈进的道路上，社会需要精益求精的制造环节，需要精雕细琢的工匠精神。倘若工匠们能以工匠精神感染和带动企业、行业以至社会，就会最终形成共识和合力，将中国制造业的水平提升到更高档次。

工人是时代发展大潮中涌现出来的建设者、创造者，是推动生产力发展的中坚力量。一代代工人身上所体现的工匠精神，是对中华民族传统美德的继承、发扬和创新，代表着社会前进的方向。他们大部分其实都很平凡，默默无闻，但正是这些草根英雄为我们锻造出一个个真实而精彩的奇迹，以巨大的精神感召力和行动示范力感染着我们。他们以"三百六十行，行行出状元"的传统信条，演绎着简单、诚实、执着的人生历程，他们已然成为带有民族文化意义的符号，推进着中国前行的道路。

二、当代工匠精神企业典范

新中国成立初期，正是有着无数奋战在各个岗位上的具有吃苦耐劳、精益求精的工匠们不计个人得失的无私奉献，中国工业才从无到有、从弱变强，中国也因为综合国力的提升快速地崛起并在国际事务上拥有更多话语权。而经过数十年的经济发展，随着家庭收入、教育程度、个人修养、审美水平的不断提升，消费领域发生了种种变化，人们不再仅满足于产品本身的功能属性，对产品的质量、品牌价值、文化、美观等方面需求也与日俱增；同时，互联网的普及，微博、微信等自媒体的发展，消费者还很乐于与他人分享自己的购物心得，并对产品的各项指标做出自己的评价，这都要求企业必须做精品、做优品，对工匠精神的呼唤也就在情理之中。

（一）助推手机行业的领军者——华为

随着世界经济全球化和一体化的深入推进，中国的产品和服务已经深深融入世界经济的体系之中，中国企业要增强国际竞争力，占领国际市物，由制造业大国迈向制造业强国，也必须以品质取胜。新形势新背景对我国当今制造业企业及产品品质提出了更高的要求。

华为公司堪称当代企业中具备"工匠精神"的典范。2016 年 3 月，华为获得国内质量领域的最高政府荣誉——"中国质量奖"。华为公司相关负责人表示，华为之所以能摘取这项桂冠，是华为长期坚持以"质量为生命"的结果。20 多年来，在"以客户为中心，以奋斗者为本"的公司核心价值观的指引下，华为积极推进质量优先的战略，最终以优秀的产品品质享誉海内外。

资料链接

对华为来说，质量如同企业的自尊和生命。自华为成立以来，一直追求真正的"零缺陷"。华为拥有在业界首屈一指的可靠性检测及产品认证准入实验室，华为的每一款产品上市前都会经历严苛的环保测试、强度测试、性能测试以及最极端的环境挑战。

华为手机在上市之前经历的测试环节中，包括破坏性测试、滚筒随机跌落、六面四角定向跌落、电源镜、按压键按压、连接器拔插、软压、手机扭曲、温度循环箱、温度快速变化、蒸手机、太阳晒手机、无线性能、天线性能等。具体到按键测试，为了保证用户可安全使用 18 年，他们按照用户每天打开手机 150 次计算，将按键测试的标准从原来的 20 万次提高到现在的 100 万次。据悉，荣耀 4A 从研发开始到正式发布，进行了长达数月的不间断测试，测试时长超过一千个小时，所有的冒烟测试必须 100% 通过。

在华为 P8 上市时，超窄边框采用的点胶工艺经过测试发现，手机使用几年后有可能出现问题。这一个小问题不达标，按理说不会对消费者造成太大影响，但华为不惜以整个销售链的供货作为代价，坚持将这批产品报废。仅此一次，就损失四个多亿，带来的真正经济损失可能有十几个亿。

> 　　像这样在质量上追求极致、精益求精的例子还有很多。为解决一个在跌落环境下致损概率为三千分之一的手机摄像头质量缺陷，华为会投入数百万元人民币不断测试，最终找出问题所在并予以解决；为解决某款热销手机生产中的一个非常小的缺陷，荣耀曾经暂停生产线重新整改，影响了数十万台手机的发货。

　　正是靠着对产品瑕疵"零"容忍的质量原则和对产品品质不断提升的追求，华为在全球智能手机市场份额稳居前三名，中国市场份额持续领先，并且在西欧多个发达国家市场，市场份额位居前三名。在通信设备市场，华为已经成为全球最大的电信设备商，并持续保持领先；华为在全球范围内取得了商业成功，走出国门20年，销售额的60%来自海外市场，产品远销170多个国家和地区。

　　华为内部提倡的理念之一是"板凳要坐十年冷"，强调"专注"和"视质量为生命"。面对质量问题，华为内部有一票否决制，无论涉及哪个级别的高管，一律都要尊重这条铁律。这种工匠精神逐渐成为华为企业文化的一部分，也正是在这种精益求精的理念下，华为公司用品质、服务构建成一个强大体系，保证了华为一点点在用户心中积累起的良好品牌形象。在市场增速放缓、同质化严重等背景下，这种工匠精神就意味着品牌对客户在质量、体验、服务等方面做出的一个长期而持续的承诺，也帮助华为公司取得不断地进步。

（二）从"追赶者"到"领跑者"——中国高铁领跑世界

　　1964年，日本东海道新干线东京站，随着0系"光"号列车的启动，世界上第一条高速铁路诞生了，改变了传统"铁路已是夕阳产业"的悲观论调。10多年前，中国还曾向世界各制造强国学习高铁技术，当时世界领先的主要高铁制造企业，如法国阿尔斯通、日本川崎重工、加拿大庞巴迪、德国西门子等都曾留下中国高铁工程师的身影。但是随着2007年铁路大提速动车组亮相，2008年开通时速350km的京津城际铁路，再到今天国内高铁网络初具规模，国际竞争初占鳌头。如今，高铁正在不断融入中国百姓的日常生活，同时，在"一带一路"世界经济共建的模式下，中国高铁以更加快速的步伐，在全球市场上凭借过硬的技术和信誉，在短短的数年间迅速占据主导地位，并成为中国制造的领军品牌。"高铁名片"不仅成为令国人骄傲和自豪的一个名词，更让世界再度重新认识了中国科技的力量。

　　对于媒体和大众来说，中国铁路的发展成果是惊人的。从计划经济到市场经济的快速转型，在曾经远滞后于其他企业发展的前提下，仅用了十几年的时间，便实现了如此显著的质的飞跃，那么，到底是什么使中国高铁在短短数年间就完成了破茧成蝶般的涅槃？

我们不难发现，其重要的原因就是其背后支撑的是无数铁路工作者鲜为人知的默默奉献，他们在日复一日、年复一年的坚持和坚守中，成就了当下中国铁路的传奇故事。而他们身上所拥有的共同特性，便是我们熟知的工匠精神，这是一种根植于内心对于所从事行业的一份至高信仰，更是一份代代相传的企业精神。

资料链接

中国装备工业经过几十年的发展，取得了令人瞩目的成就，也已逐渐实现从世界装备工业大国向工业强国的转变。而在支撑工业"中国梦"崛起的"大国重器"中，高铁无疑最具有代表性。从拥有自主知识产权、时速380km的新一代高速列车"和谐号"380A到自主研制的中国标准动车组，中国高速列车早已驶出国门，实现从"追赶者"到"领跑者"的精彩蝶变。

刚起步时，中国高铁技术主要是依靠从外国引进，并没有属于自己的专利产品。在运营中，国外高铁公司从技术上对出口我国的高铁设置了"壁垒"，阻碍了中国高铁的发展。如何走出"壁垒"呢？只能依靠技术转型，形成自主知识产权。2012年，在中国铁路总公司主导下，以"引进先进技术、联合设计生产、打造中国品牌"为基本原则，科研人员在动车组的研发上，坚持以问题为导向，顺应时代要求，遵循铁路发展规律；以发展理念引领发展，对引进的技术通过吸收消化，以自主化为标准、以标准化为前提，在核心技术上不断创新，最终研制出具有完全自主知识产权的"中国标准动车组"。由于其成功实现时速420km两车交会及重联运行的目标，其试验相对速度达到840km/h，为此，让世界为之震惊。

此后，中国铁路在自身的发展的历程上，从引进、吸收、消化、创新、提高到掌握核心科技、形成完全自主产权，中国铁路追求卓越的创造精神、精益求精的品质精神，锻造了中国高铁的"世界标准"。北京交通大学教授贾利民曾针对高铁的未来发展趋势说："掌握核心关键技术，我们没有盲点；参与国际竞争，我们有胜算；支撑国家战略，我们有把握；引领创新发展，我们有信心！"也正是因为中国铁路人不断秉承的精益求精、千锤百炼、精雕细琢的"工匠精神"，才成就了中国高铁在"走出去"的战略中成绩斐然。

"得标准者得天下"。在极寒、雾霾、柳絮、风沙中"淬炼"出的"中国高铁标准"已逐渐超越过去的"欧标"与"日标"成为"世界标准"。从追随到跨越，中国铁路的一个"华丽转身"，在不断地"走出"国门中，正以"中国标准"领跑着世界高铁发展前进。

古人云："玉不琢，不成器。"高铁人凭借工匠精神，建立了精心打造、精工制作的理念和追求。更为可贵的是，高铁人从一开始就坚持不断吸收前沿技术，不论遇到多大的困难，都顽强地保持着自主产品开发和自主创新的进取精神，实现了从"引进技术—中国制造—中国创造"的跨越。

目前，承载工匠精神的中国高铁，项目硕果累累，海外合作渐入佳境，使世界人民重新认识了"中国制造"的新形象。从技术引进到技术输出，中国高铁跨越发展的背后，完美诠释了中国高铁技术进步、工艺极致、自主创新的精神。而这也是中国制造业供给侧结构性改革的方向和目标。

（三）从源头开始的高标准、严要求——格力

任何一个工业时代的故事中，都少不了工匠的身影。中国制造迈向 2025，大国呼唤工匠精神，而格力正是践行工匠精神的佼佼者。也许在很多人眼中，工匠是一种机械重复的工作者，但实际上，工匠有着更深远的含义，工匠精神，是一门手艺，是一种品质，是一份专注，更是一种态度。在当今，中国工业更加需要工匠精神，工匠精神将引领中国制造浴火重生。

工匠精神，不光是在产品设计、制造环节对品质的严格要求，同时也是在生产的源头对原材料质量的高标准。在制冷行业的供应商中，有一种不成文的评判标准：能给格力供货的，给同行业其他家供货就不成问题。小到一个隔音棉，普通到一个包装箱，格力都制订了高于国家标准的企业标准；能跨进格力的门槛，很多在行业中也代表了最高水准。

一边是高门槛、极严格的标准要求，另一边是实力的象征和进步的空间，供应商们"又爱又恨"的纠结心态，从一个侧面也反映出格力的产品实力。"好空调，格力造"从源头上要的就是好材料。

2018 年 5 月 16 日，为纪念改革开放 40 周年，格力电器在珠海隆重举办了"新时代·让世界爱上中国造——格力 2018 再启航"梦想盛典，回顾了格力电器近年来取得的辉煌成就，展望中国制造未来发展的美好图景。格力电器董事长董明珠在现场以《创造改变世界》为题进行了激情洋溢的讲话，激励每一个格力人不忘初心、砥砺前行。当天，格力不仅闪亮公布了自主创新的五项技术鉴定新成果，还以研发方队、质量方队等 15 个方队的形式，集中展示了格力人的自信与风采。

作为中国实业界的骄子，格力电器多年来坚守实业、践行工匠精神，从"吃亏的工业精神"到"工匠精神"，在研制每一款产品的过程中都要精益求精，为产品"挑刺"，精雕细琢，严格控制产品品质，兑现了"好空调格力造"的庄严承诺，走出了一条坚实的"让世界爱上中国造"的格力之路。在格力，动人心弦的匠心故事俯拾即是。

资料链接

五轴精雕机精确到 0.001mm、制冷机灌注冷媒偏差不超过 3g、热弯车间对装饰板的烘烤温度上下幅度控制在 ±5℃……格力人的工匠精神除了体现在一系列对工艺设备处理的精益求精和精雕细琢上，更是从产品设计到包装出库，将工匠精神贯彻到底，通过高标准严要求、"人人都是质检员"，为客户、市场创造匠心之作。

据说，格力 IH 电饭煲的研发团队在研发过程中，为了追求米饭的最佳口感，那些平均年龄不到 30 岁的"煮夫"们，3 年内煮掉了约 4.5 吨大米；为了保障家电产品的性能，他们奔走全国各地去煮饭；为了适应不同地区的饮食文化，采用了多达 20 多种不同的大米做试验，分析研究不同米种在不同蒸煮温度下的营养成分和参数变化，得出的"升温曲线"多达 100 条。此外，对于合肥格力的几千家供应商来说，格力工厂里还有一把悬在头顶的"达摩克利斯之剑"。这是一支神秘的检测部队，运送进去的每一个零件都要经过他们细致而严谨的检测：合格的送入生产线，不合格的直接被退货。

这支部队"不近人情"，每一个人的姓名、联系方式在格力的电话簿里都找不到，却又与每一个供应商的"饭碗"密切相关。他们给这支神秘的部队起了一个名字："海关口"。

对于供应商来说，这些直接决定它们产品命运的质检员非常神秘，他们有非常严格的管理制度，质检员与供应商必须零接触，只有这样才能保证产品检验的公平性，让入厂的每一个零部件都能完美无缺。所以，做格力的供应商是一件非常有压力的事情，从格力建厂开始，其对零部件的标准要求每一年都在提高，因为格力对零部件的高标准，让很多供应商只能知难而退。

"玫瑰外表芬芳美丽，却又带刺，想要采摘玫瑰，获得最极致的芬芳，少不了要忍受刺痛去挑刺。"对于格力人所要坚持的工匠精神，掌门人董明珠有着精到的诠释，她要求每一个格力人对待每一款"格力造"都要有"玫瑰精神"，不断挑战自我，不断给自己挑刺，对产品要追求完美，甚至达到与消费者的无缝对接。综观近年来这家企业所发生的前所未有、翻天覆地的发展变化和喜人形势，我们可以发现，这种"玫瑰精神"已经在格力电器落地生根、遍地开花、香飘万里。

近年来，以工匠精神严格要求自己的格力人，走精品化路线，做精细化产品，从过去的"好空调，格力造"到今天的"让世界爱上中国造。"这不只是口号，更是承诺的兑现。格力也正是由于对产品精益求精、精雕细琢，才有今天的"让世界爱上中国造"的豪气和底气。

第三节　国家电网工匠精神之典范

电力行业作为国民经济发展的支柱性产业，虽然有别于传统的制造行业，但由于其作为一项安全风险系数较高，现场作业的精细化管理要求很高，对现场作业的每一个环节都要求细化、量化、标准化，是在细节上体现工作能力和职业素养的重要行业，其对工匠精神的内涵要求同传统的制造行业的要求是相同的。为此，就需要激发广大电力职工弘扬工匠精神，养成良好的职业习惯，专注于自己的领域，培养安全第一、质量为上的理念，从而推动行业企业建设一支技艺精湛、素质优良、敬业爱岗的高素质人才队伍，以支撑电力工业安全、高效、清洁、低碳可持续发展。

一、企业精神

一个伟大的民族，需要有一种伟大的精神。同样，一个企业的蓬勃发展也需要优秀的企业精神来支撑。所谓企业精神，其实就是指随着企业的发展而逐步形成并固化下来的，是对企业现有观念意识、传统习惯、行为方式中积极因素的总结、提炼和倡导，是企业全体或多数员工共同一致、彼此共鸣的内心态度、思想境界和理想追求。

国家电网在创新发展的实践与探索中，塑造和弘扬了"努力超越、追求卓越"的企业精神，是公司和员工勇于超越过去、超越自我、超越他人，永不停步，追求企业价值实现的精神境界，是广大员工超越自我、永不停滞、争创一流的价值追求。它的本质是与时俱进、开拓创新、科学发展。它预示着公司及员工以党和国家利益为重，以强烈的事业心和责任感，立足于发展壮大国家电网事业，奋勇拼搏，永不停顿地向新的更高目标攀登，实现创新、跨越和突破。"两越"精神既是电力事业长期发展历程的生动写照，也是引领国家电网科学发展的光辉旗帜，更是推动国家电网事业不断进步的强大动力。2010 年 11 月 13 日，新中国 60 年企业精神传承创新暨中外企业文化 2010 峰会在北京召开，经过网络调查、专家推荐、评委会严格评选，国家电网公司"努力超越、追求卓越"企业精神入选"新中国 60 年最具影响力十大企业精神"。大会认为，"努力超越、追求卓越"的企业精神，是与时俱进、努力创新、自强不息的民族精神的生动体现。

（一）"努力超越、追求卓越"体现国家电网公司对党和国家高度负责的坚定信念

国家电网公司高度重视企业文化建设，自 2005 年公司党组在继承电力企业光荣传统、深入分析和系统思考公司内外部环境基础上，为全面推进国家电网公司创造世界一流电网、国际一流企业而在工作会议上首次郑重提出了"努力超越、追求卓越"的企业精神之后，这一价值理念便成为推动国家电网公司事业不断前进的根本动力。在这一理念的指引下，国家电网公司坚持以党和国家利益为重，坚决履行"服务党和国家工作大局，服务电力客户、服务发电企业、服务经济社会发展"的企业宗旨，在国家和社会需要的紧急时刻，不讲条件、不计代价、全力以赴，充分发挥了中央企业的表率作用。在抗冰抢险、抗震救灾中，公司投入大量人力、物力抢险救灾，在完成自身受灾电网设施抢修任务的同时还支援完成了地方电网恢复重建工作；在奥运会、世博会保电中，公司精心部署，严防死守，做到了零事故，创造了奥运会、世博会有史以来绝无仅有的纪录，受到了奥组委和世博局的高度评价；在抗击新冠肺炎的疫情斗争中，公司党组带动广大党员、群众团结一心，始终牢记人民利益高于一切，危难时刻坚决挺身而出、共克时艰，筑起了抗击疫情的铁壁铜墙。

（二）"努力超越、追求卓越"是推进国家电网公司建设具有中国特色国际领先的能源互联网企业这一发展战略目标的必然要求

面对企业改革发展的重任和中央领导的殷切希望，国家电网公司深刻认识到，只有坚持"努力超越、追求卓越"，不断开拓公司科学发展的新路径，才能不断适应社会主义市场经济体制要求，更好地服从服务于党和国家的工作大局，更好地服务于经济社会发展，为全面建成小康社会不断做出新的贡献。在习近平新时代中国特色社会主义思想的指导下，经过系统分析，国家电网公司提出了建设具有中国特色国际领先的能源互联网企业这一发展战略目标，并适应国际国内形势的不断变化，根据公司改革发展需要，不断深化对电力发展规律、电网发展规律和公司发展规律的认识，不断深化对我国基本国情、电网基本功能和企业基本使命的认识，与时俱进地调整战略重点和保障措施，着力增强公司的可持续发展能力和核心竞争力，走出了一条敢为人先、勇于挑战的开拓之路。

（三）"努力超越、追求卓越"是国家电网公司广大员工奋发有为、开拓进取的价值追求

要打造具有国际领先水平的能源互联网企业，保障国家能源安全，服务人民群众美好生活，需要一支具有高度责任感和事业心的团队，需要一支勇于创新、甘于奉献的团队，需要一支埋头苦干、扎实敬业的团队。可以说，正是因为有一大批像张黎明、王进为代表的国家电网电力工匠，忘我工作，无私奉献，才能不断创造国家电网公司的非凡业绩。在抗震救灾、抗洪抢险、恢复重建工作的一线，处处都有国家电网公司员工不知疲倦的身影；他们勇于超越过去、超越自我，在奥运保电、世博保电、国庆保电和户户通电工作的现场，每时每刻都有他们用心的创造；国家电网公司员工敢于向世界最高电压等级进军，敢于攀登世界智能电网技术高峰，他们在特高压输电、智能电网建设、大电网仿真等领域实现了很多世界第一，并且正在创造着更多的世界第一。

优秀的企业精神，是优秀企业文化的结晶、企业奋进的号角、企业发展的旗帜。在这一价值理念的感召下，也涌现出了一大批的国家电网电力工匠，他们用努力超越、追求卓越、奋斗不息的精神深刻地诠释了工匠精神的深刻内涵。

二、用奋斗诠释工匠精神

"努力超越、追求卓越"的企业精神以及统一的价值理念和行为规范塑造了国家电网人共有的工作作风，打造了一支特别能"吃苦、吃亏、吃气、担风险"的国家电网员工队伍，他们用自己的行动向社会展示了国家电网人的风采。

（一）坚守初心的光明使者——时代楷模张黎明

在千千万万名国家电网公司员工中，"时代楷模"张黎明作为创新型一线劳动者的优秀代表获得改革先锋称号表彰。伴随着改革开放，他用实际行动贡献着工人智慧和工人力量。他始终秉承"人民电业为人民"的宗旨，扎根电力抢修一线31年，甘当点亮万家的"蓝领工匠"，练就了电力运维抢修的绝活；他带领着滨海黎明共产党员服务队，活跃在天津的街区里巷，被誉为"坚守初心的光明使者"。

在张黎明心里，工作永远是第一位的。"我从未关过手机，夜里听到风雨声，就马上穿戴好，把电话握在手中，为的就是能第一时间赶到抢修现场。"翻开抢修工作单，几乎每一项电网抢修任务都有"张黎明"的名字。

30 余年如一日扎根抢修一线，以工匠之心坚守电力工人的初心，张黎明成为电力抢修领域的行家里手。为将自己的绝活儿毫无保留地传授给大家，张黎明总结分析了上万个故障，形成 50 多个案例，编成《黎明急修工作案例库》，同时将其中常用的 11 个抢修小经验、8 大抢修技巧、9 个经典案例印成《抢修百宝书》，使电力抢修更及时、更高效。

张黎明在工作中特别爱较真儿，发明了"黎明急修 BOOK 箱"，将抢修工具定位摆放，省去了翻找时间；优化改进抢修工作流程，将高压故障平均处理时间由 3 小时缩短到 1 小时以内……

"对待工作要讲究，不能将就！"张黎明说，"践行工匠精神就要有一种传承和担当精神，既要在专业上精益求精，更要在心中有家国情怀，我要将国家电网的社会责任落到实处，带领更多的队员在奉献社会中实现人生价值。"

（二）认真践行"以客户为中心"的楷模——国家电网公司特等劳模黄颂

黄颂是福建省福州供电公司配电运维一班班长，承担着福州核心区域鼓楼区的供电保障任务。24 年来，他参与保电任务 580 余次，全心全意服务客户，赢得社会各界赞誉。陆续获得全国职工职业道德建设先进个人、福建省劳模、国家电网公司特等劳模称号。他曾说："优质服务的关键是要让客户满意。每当灯光重新亮起来的时候，我看到居民脸上洋溢的笑容，就觉得那些苦、那些累都不算什么。"

1995 年，黄颂退伍转业后来到电缆班。2000 年，他开始担任电缆班班长，2007 年因工作突出转为抢修班班长，2015 年又来到运维班。工作以来，他一直在电力抢修一线。对他来说，24 小时随时待命、马不停蹄、错过饭点、半夜抢修，都是家常便饭。

高效抢修效率的背后是黄颂对技术的精益求精和不断的创新积累。服务区域内的 946 个配电站房、685 台环网柜黄颂都烂熟于心。他创新总结的"低压路径快速检索法""地下站房搬迁平行作业法"等 16 项经验做法得到了推广应用，为客户减少停电时间 1.6 万小时。

十几年来，黄颂和队员们把军门社区当成了另一个"家"。他们给社区 785 户孤寡老人、留守儿童、低保户、残疾人建立了"爱心档案"，坚持每月走访慰问，"一对一"帮扶，为社区客户义务排查安全隐患、处理故障，还开展"爱心助残""阳光助老""希望助学"等活动。

24年来，黄颂参与过580余次保电任务，每一次都做到了"安全零差错"。在他的带领下，所在班组获得了全国职工职业道德建设百佳班组、福建省工人先锋号等称号。

（三）17年的坚守，一生的执着——全国五一劳动奖章获得者李均

李均是湖北宜都市供电公司红花供电所员工，主要负责红花套镇大溪库区的抄表催费、线路维护和故障抢修工作。2002年李均来到山大人稀、交通极其不便的大溪地区工作，负责保障大溪、回马滩、广东棚三个台区30多平方千米内308个用户供电，划船抄表、涉水巡线、步行清障是他工作的真实写照。

17年里，他用电工刀、弯刀和镰刀三件"特殊工具"巡线大山，穿坏了30多双解放鞋。他所服务的台区没有出现一次非正常停电，没有发生一起安全用电事故，线损从20%降到10%以下，村民用上了与城区同网同价的电。

李均扎根大溪库区，走村串户17年，是峡江深处的"光明守护者"，更是百姓信任的"李货郎"，用敬业奉献践行着一名共产党员的责任担当。他先后获得湖北省"十佳农民工""湖北五一劳动奖章""感动湖北电网十大人物"等荣誉称号。他曾说过："山高路远，艰难险阻，割不断我对大山的深情。17年的坚守，一生的执着，我将根深深扎进库区。"

（四）秉承精益求精的敬业精神，演绎不停电作业的精彩人生——全国五一劳动奖章获得者苏伟

苏伟是上海市南电力（集团）有限公司带电班班长，高级技师。他追求专业技能的"专精尖"，目前掌握11类62项的配电线路带电作业法。在中国技能大赛上海分赛区举办的配电线路带电作业技能竞赛中，带领班组3次获得个人及团体第一名。

多年来，苏伟立足岗位、潜心深造、积累安全生产经验、创新工艺工具，不断操练技能、磨炼技术。无论是对作业项目能力的广度还是单个项目操作能力的深度，他都积极探索，勤学苦练，其中他所付出的汗水甚至于血水，是旁人无法想象的。为了提升作业安全和减少用户的停电时间，苏伟开发研制了多项新的作业工器具和

作业项目，先后获得 22 项专利，有效减少了相关作业项目需要停电的时间，节省用户的时户数，大量节约电量，为企业和社会创造效益。

苏伟从事的是"步步惊心"的"三高"工作———高压、高空、高危。从业 20年来，他从一名带电三级操作手到工作负责人，直到今天的市南集团公司线路带电班班长。苏伟始终致力于配网线路带电作业领域的研究，践行着"创新改变工作，技能成就人生"的哲理。曾先后获得全国五一劳动奖章、国家电网公司特等劳动模范、中央企业劳动模范、上海市十大工人发明家等荣誉。他参与的 QC 小组多次获得上海市及全国优秀质量管理小组称号，带领的带电班多次获得全国质量信得过班组称号。他曾说过："秉承精益求精、刻苦钻研的敬业精神，在不停电作业这片广阔舞台上演绎精彩人生。"

如果说"工匠精神"是对工作品质的不懈追求，那么苏伟作为带电作业领域的一名"匠人"，一直以来他秉持坚定信念、刻苦钻研、精益求精，在带电作业这条探索路上踏出了一串坚实的足迹。

（五）让追求极致成为一种习惯——国家电网工匠赵进良

赵进良是平高集团有限公司河南平高电气股份有限公司机械制造事业部机加工车间加工中心班班长、赵进良国家级技能大师工作室领头人，先后获得全国技术能手、国家电网公司国网工匠等荣誉，享受国务院政府特殊津贴。他曾说过："没有最好，只有更好；当专注、极致、精益求精形成习惯，任何岗位都能出彩。"

参加工作 21 年来，赵进良一直把"小赢于智，大赢于专"作为工作信条。他扎根生产一线，把工作做到极致，设计制作出铣具、卡具、刀具等工装 100 余套，为企业创造经济效益近千万元。

2000 年，平高集团与日本东芝公司合资成立了平高东芝公司。平高东芝公司主要零部件由赵进良所在的机加工车间负责生产。合资公司对零部件的工艺要求远高于国内同行业水平。这对于操作普通铣床的加工中心班员工们来说，是一个很大的挑战。一个零部件的穿孔工艺，首批合格率不足 30%。产品标准达不到影响了生产进度，日方提出不让平高集团继续生产合资公司所需的零部件。

"外国人能干的事，我们也能干。"赵进良斩钉截铁地说。第二天一大早，他找来专业书籍反复研读，仔细分析短板，虚心向老师傅请教，连续几十天工作 12 个小时以上。最终，他用磨削的平衡垫铁加上六面找直法，成功生产出 100% 合格的零件。新生产的零件和新的打磨技术还受到日本专家的交口称赞。

工作中，赵进良积极开展师带徒活动，培养出一大批技术能手。从一名技校生成长为行业的技术带头人，工作 21 年来，赵进良用勤于思考的头脑和技艺纯熟的双手，为制造出更加可靠的零部件默默奉献。

（六）创效 1 个亿，一切源于想变、能变、求变——全国五一劳动奖章获得者陈国信

陈国信，1992 年从厦门技工学校毕业进入国网厦门供电公司工作，一干就是 24 年。他曾担任运检部带电班班员、安全员、副班长、班长，现任国网厦门供电公司运检中心带电班班长，高级技师。24 年来，他凭借扎实的专业理论功底和高超技能多次解决带电作业技术难题，获得 5 项省部级科技成果奖，取得 39 项国家专利、27 项实用新型专利，为国家创造近 1 个亿的经济效益，有的发明填补了国内空白。

他实现了海拔 500m 以下高度的 500kV 输变电线路，带电作业安全距离由 3.6m 缩短为 3.2m，这一安全距离被正式编入《国家电网公司电力安全工作规程》；他利用自身的经验并通过不断的实践，使 110kV 双回同塔线路铁塔带电作业的安全距离增加了 60cm，实现了在不断电的情况下进行线路检修，解决了国内带电作业的难题。

在谈到攻克技术难关时，陈国信说："那一刻特别兴奋，那种幸福感无可替代。"陈国信说他一直在挑战，挑战高压、挑战自己，他的挑战用三个字概括，就是：变、变、变。

陈国信喜欢观察、喜欢思考、喜欢研究，他的脑袋里有很多新奇想法，由陈国信负责或主要参与的 20 多项技术攻关，有 5 项获得省部级科技成果奖，39 项获发明专利或实用新型专利。他从一名学徒工成长为国家电网公司生产技能专家，正是因为他拥有勇于创新、敢为人先的探索精神。

陈国信在 35~500kV 高压线路带电检修的工作岗位上 24 年，为厦门电网安全运行发挥着自己的光和热，他是身怀绝技的"高空舞者"，他是全国首批输电线路技术技能带头人，先后荣获全国技术能手、全国五一劳动奖章、全国知识型职工先进个人、全国电力行业技术能手、国家电网公司生产技能专家、国家电网公司劳动模范、福建省新长征突击手等荣誉称号的高级技师，享受国务院政府特殊津贴。2016

年 12 月，陈国信摘得第十三届中华技能大奖。面对这些成绩，陈国信很淡然："我只是做了自己该做的事而已。"

（七）专注高压试验 25 年，从"门外汉"到技术能手——国网工匠周义民

周义民是黑龙江大庆供电公司运检部变电检修室高压试验二班班长，从事高压试验工作 25 年，先后荣获全国劳动模范、国网黑龙江电力技术能手、国网工匠等称号。他曾说过："我既然选择了电力这行，就要像'铁人'王进喜那样，努力争做最好的供电员工。"

25 年来，他带领高压试验班职工出色地完成了国网大庆供电公司高压设备交接试验、预防性试验和诊断性试验等工作。而这样一位高压设备检修试验专业的骨干，起初竟是个电力行业的"门外汉"。

1994 年，周义民来到大庆电业局，从此与高压试验专业结下不解之缘。在 1995 年一整年的时间里，他查阅资料、请教师傅、现场实践，将一名专业人员需要 3 年才能掌握的试验方法和专业理论全部掌握，并能独立开展试验。虚心好学、不怕吃苦、热爱钻研，这是同事们评价周义民时提到最多的三个关键词。

2018 年，周义民在春检现场工作时发现，由于试验设备需要不断地搬运、转移工作地点，仪器的结线端钮来回拧动，极易造成下部接线松脱，使试验仪器在通电的情况下接点过热，导致测试数据不准确，甚至会烧毁试验仪器。

为了解决这个难题，周义民利用业余时间查阅了许多资料，试验了很多方法，经过无数次的失败，终于发明了一种专门配在仪器上的测试引线过渡接头，可使不同形式、不同直径的接线柱适用于任何测试引线，而且只需要一次改造就能长久使用，避免了测试接线柱上面的螺钉因为频繁的扭动造成的内部连接线松动，提高了仪器仪表的使用寿命，降低了因螺钉松动造成的故障率，节约了试验仪器的维修和购置成本 6 万余元，并成功获得了国家专利。

（八）电气试验一线的技术专家——全国五一劳动奖章获得者冯新岩

冯新岩现任国网山东电力检修公司变电检修中心电气试验班班长。工作中总结典型案例 36 个，发现缺陷数百次，其中严重或危急缺陷 70 多次，避免因设备故障导致的损失达上亿元。他先后荣获全国电力行业技术能手、中央企业技术能手、山东省劳动模范、齐鲁首席技师、齐鲁工匠、国家电网公司劳动模范等荣誉称号。

自 2000 年 7 月参加工作，冯新岩已经扎根一线 19 年。19 个寒暑冬夏，凭着

对理论知识的刻苦钻研和现场实践的不断积累，他练就了一身过硬的高压试验本领，也积累了丰富的现场经验。

随着 GIS 设备的广泛使用，带电检测逐渐成为设备"体检"的主流手段，为了提升运检效率，普及新技术、新方法，检修公司于 2011 年着手开展带电检测工作。起初，关于带电检测方面的理论和实践都很少，冯新岩自己搜集国内外相关资料，学习先进检测仪器的使用方法，多跑现场积累经验，逐渐掌握了 GIS 故障特征和诊断方法，先后总结典型案例几十个。

在长期奔波在齐鲁大地各变电站之余，冯新岩先后发表技术论文 23 篇，其中国际 EI 检索论文 2 篇，中文核心期刊论文 9 篇；主持编写技术标准 8 项。

2016 年 6 月，"冯新岩技能大师工作室"成立，兼具大师工作室、检修技能培训室和带电检测实训室三项功能。冯新岩带领数十名青年员工，从青年创新工作实际入手，依托 GIS 缺陷模拟平台，结合现场工作，开展技术攻关、理论培训、实操训练等。在冯新岩的感染和带动下，先后涌现出 2 项国家发明专利、6 项实用新型专利，并有多项成果获部优、山东电力技术革新奖和山东电力专利奖等奖项。

（九）守卫光明的责任与担当的化身——行走在云端的大国工匠王进

王进现任国网山东电力检修公司输电检修中心带电作业班副班长、全国示范性劳模和工匠人才创新工作室"王进劳模创新工作室"带头人，光荣当选党的十九大代表。他扎根一线，以初心筑匠心，从一名只有中专学历的普通线路工人，成长为行业顶尖的工人专家，曾荣获全国劳动模范、全国五一劳动奖章、中国五四青年奖章、全国道德模范提名奖、"大国工匠"年度人物、全国"最美职工"、国家电网公司特等劳动模范等称号。

王进扎根一线二十载，先后参与完成超、特高压带电作业 300 余次，累计减少停电时间 700 多个小时……他的事迹，让人们领略到电网员工守卫光明的责任与担当。

2008 年夏天，山东电网 500kV 辛聊线有一处导线破损，需要及时处理。按照规定，断股超过 25%，必须切断电源，重新压接导线。而当时天气炎热，这条线路所带的负荷特别大，切断电源检修会导致限电。最终，国家电网公司决定带电处理导线破损问题。王进主动请缨，在高温中爬上 50 多米高的铁塔实施带电修补。当时，铁塔的表面温度已经达到 60℃。王进进入电场后，突然感觉一阵眩晕，出现了中暑的症状。他让同事从地面传递了两瓶水给他，大口喝了下去。恢复体力后，他咬紧牙关一步一步完成了操作。下塔后，王进的肌肉出现了轻度痉挛。同事们立刻上前扶住他，帮他把紧贴在身上的阻燃内衣拽了下来。此时，王进已经全身湿透。

2011年2月28日，±660kV银东直流输电工程双极投运。该工程线路多项技术在当时都处于世界领先水平，国内外均无可借鉴的带电作业标准及经验，各项指标均属技术空白。工程投运后，王进和同事们就着手研究带电作业工作。经过他们的努力，±660kV直流输电线路带电作业安全距离、安全防护指标及措施最终确定。在2011年10月成功进行带电作业的基础上，他们编制完成了《±660kV直流输电线路带电作业技术导则》。他们研制的带电作业屏蔽服、电位转移棒、大刀卡、四线吊钩、耐张前卡、耐张后卡、绝缘拉杆和液压丝杠等工器具，填补了多项技术空白，研发成果在±660kV银东线途经的宁夏、陕西、山西、河北、山东五省（自治区）推广应用。

王进团队自主研发的"±660kV直流架空输电线路带电作业技术和工器具创新及应用"获得了2014年度国家科技进步二等奖。中国工程院院士雷清泉评价说："这些工法和工器具的创新均来自生产一线，具有较强的工程实用性与指导性，代表了工人创新的实力，体现出较高水平，具有较强的推广价值。"

（十）愿做一颗电力螺丝钉，敬业奉献的楷模——国家电网公司特等劳动模范刘传波

刘传波是国网辽宁电力抚顺县供电公司配电运检一班班长。他完成国家专利20项，获得国家级QC成果一等奖2项，先后荣获国家电网有限公司特等劳动模范、电力行业雷锋式先进个人、辽宁好人、最美工人"等称号。他曾说过："我愿意永远做一颗电力螺丝钉，牢牢扎根热爱的电力事业，全力排除所有电缆故障，守护家乡的每一寸光明，把正能量传递到每个人的心里。"

他自2006年参加工作以来一直从事电力电缆故障测试和电缆运维工作。他每天坚持第一个来到工作间，从未间断。查看专业书籍、摘抄知识点、做好当日的工作计划是他每天的必修课。刘传波每天至少工作12个小时，棘手的技术问题都主动参与解决，被大家亲切地称为"电缆专家"。刘传波研制的低压电缆交流耐压试验装置如今已开始应用于化工、冶金、住宅等领域的低压电缆交流耐压试验中，30余次应用已节约资金300余万元，而且大大提高了修复后电缆运行的稳定性和安全性。

　　耐心专注、一丝不苟、精益求精、创新求变，这是电力行业优秀技工们重复最多的经验之语。耐得住寂寞，沉得下心绪，也是他们最显著的特征。梳理以上每一个电力工匠们的成长经历，追寻每一个技术工人的成才之路，我们不难发现他们对于自身工作的执着追求。正是因为他们身上所体现出来的这些优良品质才支撑着我国电力工业的蓬勃发展。

第四章

工匠精神之路

新时代工匠精神教育和培养是一项艰巨而复杂的工程，涉及众多的因素和环节，我们必须遵循科学的基本原则，把握正确的工作策略和途径，这样才能真正取得实效。

第一节　教育的原则

原则是对事物运行之道的科学把握。我们只有把握了工匠精神教育的基本原则，才能明确新时代工匠精神教育的基本方针和基本方向，充分调动一切积极和有利因素，形成新时代工匠精神教育的工作合力和长效机制。

一、三全育人

要坚持"三全育人"原则，把"工匠精神"全方位、多层次地融入职业教育中，形成"工匠精神"教育工作合力，提升学生的职业精神和职业素质，把学生打造成为德智体美劳全面发展的技能型人才。

（一）全员育人

1. 实施全员育人的重要性和必要性

（1）落实"以人民为中心"办学理念的需要。教育首先要解决为了谁，依靠谁的问题。在我们社会主义国家，教育必须为了人民，也必须依靠人民，这是我们的办学方针。习近平总书记提出了"以人民为中心"的思想。他指出："我们党来自人民、根植人民、服务人民，党的根基在人民、血脉在人民、力量在人民。失去了人民拥护和支持，党的事业和工作就无从谈起。"我国教育事业的改革发展，必须始终依靠广大人民的力量，把"以人民为中心"的办学理念贯穿于教育的各个方面。

（2）有效增强育人工作合力的需要。马克思在《关于费尔巴哈的提纲》中明确指出，"人的本质不是单个人所固有的抽象物，在其现实性上，它是一切社会关系的总和。"学生生活在现实社会中，所有的社会关系都有可能对其成长发展产生影响。因此，育人工作是一项全员的工作，既需要发动教育工作者来参与，也要动员政府、家庭、民间等各种力量来参与，这样才能增强育人工作合力。

（3）促进师德师风建设的需要。正人者必先正己，育人者必先自育。"打铁还须自身硬"。师风师德是教师的职业素养，更是一种榜样。孟子曰："教者必以正。"苏霍姆林斯基指出："我们对学生来说，应当成为精神生活极其丰富的榜样，只有在这样的条件下，我们才有道德上的权利来教育学生。"通过实施全员育人，让广大教职员工在参与育人工作中不断增强责任意识，学会担当，促进他们廉洁从业，自觉加强学习，提升职业能力和素质，以更好地适应教书育人工作需要。

（4）促进师生关系和谐的需要。苏联教育家苏霍姆林斯基认为："作为全面发展的理想的个性是和谐的，没有和谐的教育工作就不可能达到和谐的发展。"通过全员育人，让广大教职员工深入到学生当中，了解学生、关心学生、爱护学生，从而密切师生之间关系，促进师生关系的和谐。

2. 全员育人的实施途径

（1）价值融入。孔子曰："道不同，不相为谋。"韩愈说："师者，传道、授业、解惑也。"所谓"道"，就是指人的价值观。"传道"是教育者的重要职责。因为没有价值上的认同，就没有行为上的自觉。我们要通过各种形式的教育，让青年学生对工匠精神的价值理念产生高度认同，这是提升青年学生职业精神和职业品质的思想基础和重要保障。

（2）情感融入。"人非草木，孰能无情。"情感教育是学生思想政治教育的重要手段，也是工匠精神培育的重要方式。亲其师，信其道。尊其师，奉其教；敬其师，效其行。对青年学生工匠精神的教育，我们不仅要做到"以理服人"，更要做到"以情动人"，达到情理交融，相辅相成，这样才能真正提升工匠精神教育的成效。

（3）行为融入。德国哲学家雅思贝尔斯曾说过："教育是人的灵魂的教育，而非理智知识和认识的堆积。谁要是把自己单纯地局限于学习和认知上，即使他的学习能力非常强，那他的灵魂也是匮乏而不健全的。"习近平总书记也指出："努力把核心价值观的要求变成日常的行为规范，进而形成自觉奉行的信念理念。"青年学生品德品质的形成，往往是一个始于心、止于行的过程。我们不仅要让工匠精神在青年学生中"内化于心"，更要让它"外化于行"，这是知行合一的过程。我们要善于利用各种实践活动，让青年学生养成良好的行为习惯。

（4）示范融入。孔子曰："自身正，不令而行；自身不正，虽令不从。"中华传统文化非常重视榜样示范在育人中的作用，倡导"学高为师，身正为范"。习近平总书记也强调："教师要时刻铭记教书育人的使命，甘当人梯，甘当铺路石，以人格魅力引导学生心灵，以学术造诣开启学生的智慧之门。"我们要把工匠精神融入青年学生职业道德的教育中，必须注意发挥教师的引导示范作用，用教师高尚的人格去影响学生、感染学生。

3. 全员育人的实施方法

在学校的教育工作者，主要是教师、管理和思政工作人员、后勤服务人员。要实施全员育人工作，必须促进学校所有教育工作者都能立足岗位充分发挥作用。

（1）做好教书育人工作。作为一名教师，其主要职责是做好教书育人工作，既要教好书，也要育好人，两者不可偏废。有的教师认为他的职责就是教书，而育人工作与他无关。这种认识是十分错误的。教书与育人是教师的神圣职责，只管教书而不管育人，这种教师是不称职的。2014年9月9日，习近平总书记同北京师范大学师生代表座谈时的讲话中指出："好老师应该懂得，选择当老师就选择了责任，就要尽到教书育人、立德树人的责任，并把这种责任体现到平凡、普通、细微的教学管理之中。"

（2）做好管理育人工作。管理工作是保证学校正常教学秩序的枢纽，是学校教育运行的根本保障。作为管理工作者，也必须把育人工作纳入自己的职责范围，认真履职尽责，不能置身事外。2018年5月2日，习近平在北京大学师生座谈会上的讲话中指出："人无德不立，育人的根本在于立德。这是人才培养的辩证法。办学就要尊重这个规律，否则就办不好学。""要把立德树人内化到大学建设和管理各领域、各方面、各环节，做到以树人为核心，以立德为根本。"

（3）做好服务育人工作。"兵马未动，粮草先行。"后勤服务工作是学校工作不可缺少的重要组成部分，它为教学和管理工作提供后勤保障。服务工作者虽不直接从事教育教学工作，但他们的一言一行也潜移默化地影响着学生的道德养成。同时，他们的服务水平也影响着学校师生的工作和生活。如果服务保障没有做好，学校教育教学工作也不可能真正搞好。因此，后勤服务工作者也必须重视育人工作，以良好贴心的服务推进育人工作。

（4）做好科研育人工作。搞好科研工作是高校的一项重要职能和任务，科研工作者也是教育工作重要组成部分。其实，教育与科研是相辅相成、相互促进的，它们的目标都是为了促进学生的全面发展，为社会主义现代化培养接班人和建设者。科研工作者往往也担任教学工作任务，直接从事着育人工作。即使不直接承担教学任务，也可以培养学生参与科研工作，锻炼学生的科研能力，引导学生如何进行创新创造、团结协作。

（5）做好组织育人工作。育人工作也是学校各级党组织的一项重要任务，各级党组织要认真贯彻落实立德树人办学方针，采取有效措施加强学生思想政治工作，让学生树立科学的世界观、人生观和价值观。同时，基层党支部要积极引导青年学生向党组织靠拢，促进青年学生在政治上、思想上尽快成长成熟，坚定"四个自信"，确立"四个意识"。在育人工作中，党员要发挥先锋模范作用，勇于担当，乐于奉献，积极承担育人工作，促进学生全面发展。

（二）全方位育人

1. 实施全方位育人的重要性和必要性

（1）有助于全面贯彻党的教育方针。作为社会主义国家，党和国家的教育方针就是要培养德智体美劳等方面全面发展的社会主义建设者和接班人。同时，在改革开放的新时代，我国教育要做到"四为"，即为人民服务、为中国共产党的治国理政服务、为巩固和发展中国特色社会主义制度服务、为改革开放和社会主义现代化建设服务。要全面贯彻落实社会主义的教育方针，必须坚持全方位育人，这样才能不断提升学生的综合素质，促进青年学生全面发展。

（2）有助于增强立德树人工作成效。习近平总书记强调："要坚持把立德树人作为中心环节，把思想政治工作贯穿教育教学全过程，实现全程育人、全方位育人。"德育工作是一个复杂的系统工程，各个教育环节和教育过程相互联系、相互影响，构成一个有机的整体。如果缺少一个环节，就会影响整体教育成效。因此，我们要有"一盘棋"思想，在育人工作上相互协同、相互补位，形成育人工作合力，这样就能增强立德树人工作成效。

（3）有助于促进我国教育的和谐发展。当前，我国教育虽取得一定发展，但还存在着不平衡、不和谐的问题，如从学校内部看，还存在重知识轻能力、重智商轻情商、重理论轻实践等问题。这样，必然影响教育的全面发展和人的全面成长。联合国教科文组织指出："把一个人在体力、智力、情绪、伦理各方面的因素综合起来，使他成为一个完善的人，这就是对教育基本目的的一个广义的界说。"其实，教育在其本质上就是给学生提供成长的营养，而这个营养必须全面、均衡的，否则，学生的成长就会出现缺陷和危机。

2. 全方位育人的实施途径

全方位育人，就是要通过实施德育、智育、体育、美育，促进学生实现全面发展，成为社会主义现代化建设的合格接班人。

（1）立德。教书育人必须坚持立德为先，这是社会主义办学方向所决定的。改革开放以来，我们在立德树人工作上进行了积极的探索和实践，也取得一定成效。但是，德育工作在一定程度上还存在着弱化、虚化的现象，"说起来重要，做起来次要，忙起来不要"的现象时有发生。习近平总书记在 2018 年全国教育大会上指出："要在加强品德修养上下功夫，教育引导学生培育和践行社会主义核心价值观，踏踏实实修好品德，成为有大爱大德大情怀的人。"因此，我们要认真贯彻全国教育大会的精神，把德育工作真正贯穿于教育教学的全过程。

（2）增智。通常情况下，学校都比较重视专业知识的教学，各方面工作抓得紧。但在知识教育内容上，存在重理论、轻实践现象。在知识教育方法上，存在重灌输、轻引导现象。一些老师没有树立"以学生为本"的教育观念，仍然习惯于"以教师为中心""以课堂为中心""以教材为中心"，把学生当成被动接收器。在知识测试上，往往以学生考试分数为依据来评价教学效果，一考定成绩。这些问题导致了高分低能的现象，学生只会死记硬背，缺乏创造性思维能力。因此，为了提高教学质量，我们必须积极教育教学改革，把教师的主导性与学生的主体性有机结合起来，使专业知识教学体现生活性、人本性、时代性、开放性、指导性的特点，改变学生丧失能动性、独立性、创造性的被动学习状态，让学生的主体性在教与学双边活动中充分显现。

（3）强体。体育是学校综合素质教育的重要组成部分，我们要引导学生积极参加体育锻炼，增强自身体能，为学习打下良好的体质基础。毛泽东曾说："文明其精神，野蛮其体魄。"他还说："身体是革命的本钱。"人们常说，身体健康是"1"，而名利、地位等都是排在其后的"0"，没有了"1"，一切都是零。人生是一次长跑，能否顺利地跑到终点，这都取决于我们的身体健康程度。《滚蛋吧！肿瘤君》的主人公之所以那么努力，是为了过得更好，为了实现梦想，才不过 29 岁，她就被查出癌症，被迫放下自己热爱的事物。

习近平总书记在 2018 年全国教育大会上的讲话中指出："要树立健康第一的教育理念，开齐开足体育课，帮助学生在体育锻炼中享受乐趣、增强体质、健全人格、锤炼意志。"当前，学生体育锻炼有被弱化的现象，导致学生体质问题堪忧，必须引起我们高度重视。为此，我们要加强引导教育，增强学生自我锻炼意识；开足体育课时，深化体育课程改革，提高体育教育水平。

（4）美育。美育，也称为审美教育、美感教育，是通过培养学生正确的审美观与感受美、鉴赏美、表现美、创造美的能力的教育，从而使学生具有美的理想、美的情操、美的品格和美的素养。中国古代就很重视审美教育。孔子曰："兴于诗，立于礼，成于乐。"儒家认为诗、礼、乐三者是教化民众的基础。大哲学家黑格尔指出："审美带有令人解放的性质。"俄罗斯著名作家陀思妥耶夫斯基有句名言："美能拯救世界。"

美育是素质教育的重要组成部分，是促进人的全面发展的重要途径。美育可以激发人的活力，培养和调动人的想象力，激活人的创造力。爱因斯坦就把自己的成就归功于音乐。他说："如果我在早年没有接受音乐教育的话，那么我无论在什么事业上都将一事无成。"荣获诺贝尔奖的物理学家薛定谔也认为，是音乐启发了他的智慧。

资料链接

很多的文章都描述了爱因斯坦创造广义相对论的情景：1912年8月的一天，他突然兴致勃勃地对妻子说："我有一个非常奇妙的想法！"然后就坐在钢琴边，边思考边弹琴，很长一段时间后，便钻进顶楼的工作室，一周后震惊世界的《广义相对论原理》诞生了，这绝非是偶然的。

爱因斯坦自己也曾多次对朋友谈到，他在研究相对论之余，演奏贝多芬的乐曲，那优美、和谐、充满想象力的旋律，引导他在数学、物理的广阔天空里翱翔，开拓他理性思维的空间，从而引发他创造性的遐想。

美育可以培育人高尚的情感和良好的个性心态，以美储善。古希腊著名哲学家柏拉图说："音乐和节奏通向灵魂的深处。"雨果说："开启人类智慧的宝库有三把钥匙——数字、文字和音符。"美学家宗白华说："美是调解矛盾以超入和谐，所以美术对于人类的情感冲动有'净化'的作用。""哲学求真，道德或宗教求善，介乎二者之间表达我们情绪中的深境和实现人格和谐的是'美'。"音乐家冼星海曾说："音乐是人生最大快乐，音乐是生活的一股清泉，音乐是陶冶性情的熔炉。"

真、善、美的有机统一对人的知、情、意有着特殊的完善及统合作用，对人有陶冶性情、开发智力、培养意志和完善人格的特殊作用。哲学家汤一介先生说："中西哲学肯定有区别，但也有共同的东西。从共识来说，真善美应该说是世界上所有大的文化系统都考虑过的问题。""中国传统哲学的基本精神是教人如何做人。做人要有一个理想的真、善、美的境界，达到'天人合一''知行合一''情景合一'的真、善、美境界的人就是圣人。"在传统教育教学中，我们没有很好地运用美育原则，把硬性理论灌输同软性审美陶冶有机结合起来，将对自然美、艺术美和社会美的认识和鉴赏有机地融入教学中，将枯燥的理论说教变成富有审美趣味的、学生主动参与、积极发挥、自觉探索和提高的双向互动教育活动。因此，无法提高学生的审美趣味和审美鉴别力，更难以增强学生自觉追求美、创造美的意志和能力。

习近平总书记在 2014 年文艺工作座谈会上指出："只要中华民族一代接着一代追求真善美的道德境界，我们的民族就永远健康向上、永远充满希望。"他在 2018 年全国教育大会上还指出："要全面加强和改进学校美育，坚持以美育人，以文化人，提高学生审美和人文素质。"他在 2018 年 8 月 30 日给中央美院 8 位老教授的回信中指出："做好美育工作，要坚持立德树人，扎根时代生活，遵循美育特点，弘扬中华美育精神，让祖国青年一代身心都健康成长。"

（5）热爱劳动。劳育即劳动教育，它是促进学生全面发展的一个重要环节，主要是为了让学生树立正确的劳动观点和劳动态度，养成热爱劳动的良好习惯。劳动教育具有重要的德育功能。然而，现在劳动教育往往被淡化、虚化和边缘化，不少学校和家长都忽视了劳动教育，导致现在不少学生鄙视劳动，好逸恶劳，丧失自立能力。不难发现，当前在学校的劳动教育往往形同虚设，只是停留在课程表上，没有落到实处；在家庭的家务劳动更是一片空白，家长不要求、学生不自觉。

劳动是立身之本。明代廉吏史桂芳曾告诫儿孙要积极参加劳作，以劳养德。他说："劳则善心生，养德养身咸在焉；逸则妄念生，丧德丧身咸在焉。吾命言儿稽孙，不外一'劳'字。"日本稻盛和夫对劳育有着深刻的认识，他提出："怎样才能提升人格呢，修身养性具体该怎么做呢？要居深山、击瀑布，进行特殊的专门修炼吗？不必。在这世俗的社会里，天天勤奋劳作就足够了。"他还说："劳动对人具有崇高的价值和深远的意义。劳动具有克服欲望、磨炼心志、塑造人格的功效。劳动不仅是为了生存、为了温饱，它还陶冶人的情操。""劳动不仅创造经济价值，而且提升人本身的价值。"

邓小平同志非常重视生产劳动、社会实践对于青少年成长成才的重要作用。他在 20 世纪 50 年代为吉林大学团组织题词中曾题写："把劳动和教育结合起来，是培养具有共产主义品德和真实本领的年轻一代的根本道路。"1957年5月15日，他在团的三大祝词中，希望全国的青年学生努力学习，积极准备参加建设祖国的生产劳动，首先是体力劳动。提倡从事脑力劳动的青年，也应经过一段时间的体力劳动，这对于德育、智育、体育的全面发展是必要的。

习近平总书记非常重视劳动教育，多次进行了强调。2013年他倡导"三爱教育"，即"爱学习、爱劳动、爱祖国"。2015年他在庆祝"五一"国际劳动节暨表彰全国劳动模范和先进工作者大会上的讲话中特别指出，"以劳动托起中国梦"。在2018年全国教育大会上还指出："要在学生中弘扬劳动精神，教育引导学生崇尚劳动、尊重劳动，懂得劳动最光荣、劳动最崇高、劳动最伟大、劳动最美丽的道理，长大后能够辛勤劳动、诚实劳动、创造性劳动。"这是首次把劳动教育纳入党的教育方针。

为此，我们要进一步加强和完善劳动教育，一是要端正学生的劳动观，让他们真正理解和认识到"劳动最光荣、劳动最崇高、劳动最伟大、劳动最美丽"的道理；二是要引导学生积极参加各种形式的劳动实践和劳动锻炼，做到知行合一，如干家务、参加义务劳动和志愿服务、整理宿舍和教室卫生；三是要结合职业技能教育，开展各种形式的劳动技能竞赛，做到以赛促学。

3. 全方位育人的实施方法

（1）理论教学与实践教学相结合。理论联系实际是教学的一个基本原则，实践教学是学生思政教育的重要内容和渠道。同时，实践教学也是学生专业技能培养的必要教学环节，是课堂理论教学的延伸。我们要把实践教学纳入青年学生职业教育教学体系，科学制订教育教学实施计划。

知行合一是做好育人工作的重要方法，我们要引导学生积极参加社会实践活动。著名教育家陶行知先生说："社会即学校，生活即教育，教学做合一。"大学生要在各种社会实践活动中锻炼自己、提高自己。大学生参加社会实践活动不仅能培养自己的社会服务能力，更主要的是能培养自己的社会服务意识，体会社会角色的意义，接受来自劳动人民群众中的人文、道德教育，养成有利于社会、有利于他人的良好品质。

（2）专业教育与人文教育相结合。人文素质是大学生健康成长和成才的必备素质，人文教育关乎学生的全面发展。"科学""实用"与"人文""理想"是人类生存和发展不可或缺的两个价值向度。二者的根本区别在于："科学"重点在如何去做事，"人文"重点在如何去做人；"科学"提供的是"器"，"人文"提供的是"道"。只强调其中一方面，或用"做事"的方式"做人"，用"做人"的方式"做事"，都会给人们带来麻烦。《中共中央国务院关于深化教育改革全面推进素质教育的决定》强调指出："高等教育要重视培养大学生的创新能力、实践能力和创业精神，普遍提高大学生的人文素养和科学素质"。

当前，大学生人文素质总体不容乐观，具体表现在知识、能力和修养三个层面。在知识层面上，主要表现为人文知识面偏窄，知识结构不合理；在能力层面上，有些大学生口头和文字表达能力、动手能力、心理承受能力、协调人际关系能力等较差，在综合素质上不太适应实际工作的需要和要求；在修养层面上，由于人文素质不高，有些大学生抵御各种错误思想文化的渗透和侵蚀的能力较差。缺乏人文精神的大学生是浅薄的，这正如美国学者怀特赫在《教育目的》一文中指出："没有人文教育的技能教育是不完备的，而没有技术的教育就没有人文。"

人文社科的教学是培养学生人文素质的主要途径，包括文学、艺术、历史、哲学、科学技术史以及伦理学等在内的人文科学知识是形成人文素质的基础。教育"以人为本"，这是教育的核心理念。人文社科教学是将人类优秀的文化成果通过知识传授促使学生内化为相对稳定的内在品质，引导学生学会做人，其核心是贯穿于人的思维和言行中的信仰、理想、价值取向、行为规范、人格、能力、情趣以及如何处理人与人、人与社会、人与自然的关系。人文社科教学主要由人文社科知识和人文精神构成，人文社科教学是通过人文社科知识传授及其他手段重在培养人文精神、塑造人文精神。

（3）集中教育与分散教育相结合。我们过去传统教育习惯于集中教育，其特征在于教育时间的同时性，教育内容的同一性，这种教育方式有助于扩大教育规模，节约教育成本，但是这种教育方式也存在着不足，即教育缺乏针对性和有效性，不能真正做到因材施教。在我国改革开放进入新时代条件下，这种过于集中的教育工作方法已经不能适应新的形势，必须向集中和分散相结合型的教育工作方法转变。因此，我们在坚持必要集中教育的同时，要善于根据教育工作对象的不同情况，突出重点和个性，灵活安排时间和内容，有的放矢，对症下药，这样才能取得实效，而不能满足于一拥而上，大造声势，图表面热闹。

（4）显性教育与隐性教育相结合。所谓显性教育，是指工作意图让工作对象明显感觉到的一类工作方法。它的特点是把道理、观点、要求开诚布公地告诉工作对象。而所谓隐性教育，则是工作意图不为工作对象明显感觉到的工作方法。它的特点在于工作意图的隐蔽性。隐性教育工作方法的表现形式是多种多样的，它可以是一次随机的聊天，可以是某种有目的设计的学习、工作环境，还可以是精心营造的心理环境或文化氛围等。它的优点在于能有效避免工作对象产生逆反情绪，增强工作的吸引力、愉悦感，延伸工作的时间和空间。过去我们只重视显性教育工作方法的运用，这显然是不够的。我们应根据新形势下教育对象的特点，重视隐性教育工作方法的运用。当然，隐性教育工作方法也有它的局限性，如无法完成系统理论的教育任务，无法对工作过程进行动态控制等。因此，我们要善于把显性教育工作方法和隐性教育工作方法有机结合起来，二者互补其短，各扬其长，相得益彰，互相促进。

（5）单向灌输型教育与双向交流型教育相结合。所谓单向灌输型教育工作方法，又称单纯主体型教育工作方法，其特征是：工作主体居高临下，信息由工作主体向工作客体单向流动，工作主体不关注工作客体的信息反馈。所谓双向交流型教育工作方法，又称主客体互动型教育工作方法，其特征是：教育工作主体和客体地位平等，工作过程中住处是双向流动的，工作主体十分重视工作客体的信息反馈。单向灌输型教育工作方法必然造成"你说我听""我打你通"的强制性工作格局，容易招致逆反心理和对抗情绪。而双向交流型教育工作方法能很好地适应市场经济条件下人们心理活动的特点，满足了工作客体受尊重的心理需求，有利于激发工作客体热情参与，接受教育的积极性、主动性。因此，必须把二者有机结合起来，实现扬长避短。

（6）"线形教学"与"立体教学"相结合。所谓"线形教学"，就是以教师为中心的"教材—教室—教师—粉笔—讲台—黑板"的教学模式。所谓"立体教学"，就是按照各种符合大学生认知特点和教学规律，为大学生喜闻乐见和各种丰富多彩的教学方法，如案例教学、边讲边议、演讲辩论、答记者问、角色参与、直观教学、愉快教学、情景教育、电化教学等。传统的教学就是一种单一型的"线形教学"，不利于调动学生学习的积极性和能动性。要实现由"满堂灌"到"启发式"的转变，就必须对传统的"线形教学"进行改革，实现由单一型的"线形教学"到与复合型的

"立体教学"相结合的转变，这对调动学生学习主动性和启发学生积极思维具有重要作用。

（7）学校教育与自我教育相结合。学校教育是由学校根据教学安排和教学大纲组织开展的教育活动，它具有统一性、规范性和有序性。自我教育就是激发受教育者的主体意识和培养受教育者的主体能力，让受教育者能自主学习、自我教育、自我成长、自我成长，从而达到"无须扬鞭自奋蹄"的成效。

（三）全过程育人

1. 实施全过程育人的重要性和必要性

（1）保证教育过程的完整性。育人工作具有整体性和一贯性。习近平总书记在 2018 年全国教育大会上的讲话中指出："要把立德树人融入思想道德教育、文化知识教育、社会实践教育各环节，贯穿基础教育、职业教育、高等教育各领域，学科体系、教学体系、教材体系、管理体系要围绕这个目标来设计，教师要围绕这个目标来教，学生要围绕这个目标来学，凡是不利于实现这个目标的做法都要坚决改过来。"

（2）实现教育结果的有效性。教育工作是"知、情、意、行"的有机统一的过程，也是课堂教育与课外教育、线上教育与线下教育相互协同的过程。各个环节相互联系、相互制约和相互促进，形成一个系统的有机体。如果其中有一个环节出了问题，都会影响到教育的成效。因此，我们在教育上要有"一盘棋"思想，分工协作，而不能条块分割，各自为政，这样，才能增强育人工作合力，提升育人工作水平和成效。

（3）推进教育改革的长效性。教育改革是一项系统工程，具有复杂性和长期性，必须科学规划、统筹兼顾、循序推进。教育是一项长效工程，不能追求短期效益，不能急功近利。教育改革事关和谐稳定大局，事关人才培养质量，事关国家可持续发展。因此，我们一定要树立长远和全局观，积极推进教育改革发展，把我国从一个教育大国变成教育强国，从而为实现中华民族伟大复兴提供坚强的人才支撑。

2. 全过程育人的实施途径

全过程育人的实施就是按照"十大育人"体系，充分发挥课程、科研、实践、文化、网络、心理、管理、服务、资助、组织等方面工作的育人功能，挖掘育人要素，完善育人机制，优化评价激励，强化实施保障，构建比较完善的"十大"育人体系，促进"课程思政"与"思政课程"同向同行，有效促进学生综合素质的全面提升，努力培养德智体美劳全面发展的中国特色社会主义建设者和接班人。

3. 全过程育人的实施方法

（1）利用课堂载体。要把工匠精神融入大学生职业教育和思想政治教育中，必须充分发挥课堂教育的主渠道作用。这个课堂不仅是思政教学课堂，也是专业教学课堂和素质教育课堂。古人云："师者，传道授业解惑也。"所有的教师都负有教书育人的职责。为此，我们必须构建"思政课程"，充分发挥思政课堂的主阵地作用，也要积极构建"课程思政"，有效发挥其他课程的育人功能，把工匠精神教育工作落到实处。

（2）利用活动载体。要加强青年学生工匠精神教育，必须充分发挥学生第二课堂活动的作用，把工匠精神的价值追求和职业品质有机融入形式多样、内容丰富的第二课堂活动中，引导广大青年学生追求真、善、美，让广大青年学生在参与活动中受到教育感染，内化为思想自觉和外化为行动自觉，提升道德认知和精神境界。

（3）利用文化载体。"文以载道，文以化人"。习近平总书记指出："文化是一个国家、一个民族的灵魂。"文化是一种软实力，也是思想政治工作的重要载体，我们要积极构建有特色的校园文化，以各种生动形象的形式，推进工匠精神的价值理念有机融入校园文化活动中，让广大青年学生在参与校园文化活动中潜移默化受到熏陶教育，提升精神境界和道德水平。

（4）利用环境载体。环境具有重要的育人功能。俗话说：一方水土养一方人。环境对人的塑造作用是巨大的。所以荀子强调："居必择地，游必就士。"马克思也指出："人创造环境，同样环境也创造人。"做好工匠精神教育和传播，必须营造良好的教育环境，充分发挥环境育人的作用，让广大青年学生在良好、健康的学习、生活环境中受到陶冶，养成积极向上的精神追求和文明健康的生活习惯。

（5）利用信息载体。在"互联网＋"时代，我们要善于利用现代信息网络媒体，做好工匠精神的教育传播工作，提高青年学生职业教育的针对性和便捷性。正如习近平总书记指出的："要创新改进网上宣传，运用网络传播规律，弘扬主旋律，激发正能量，大力培育和践行社会主义核心价值观，把握好网上舆论引导的时、度、效，使网络空间清朗起来。"通过现代信息网络媒体，促进工匠精神教育趣味化、形象化和生活化，不断提高工匠精神教育成效。

二、立德为先

搞好教书育人工作，必须坚持立德为先原则，这是社会主义办学的基本方针。2014年，习近平在北京大学师生座谈会上的讲话中指出："德是首要、是方向，一个人只有明大德、守公德、严私德，其才方能用得其所。"2018年5月，习近平在北京大学师生座谈会上的讲话中指出："要把立德树人的成效作为检验学校一切工作的根本标准，真正做到以文化人、以德育人，不断提高学生思想水平、政治觉悟、道德品质、文化素养，做到明大德、守公德、严私德。"工匠精神的培育是新时代我国职业教育的重要内容，也必须始终坚持立德为先原则，让青年学生做到明大德、守公德、严私德。

（一）明大德

所谓"大德"，就是一种崇高的家国情怀，即忠于党、忠于国家、忠于人民。古人云："天下至德，莫大乎忠。"习近平总书记指出："要立志报效祖国、服务人民，这是大德，养大德方可成大业。"

明大德要做政治上的明白人，坚定正确的理想信念，以党和国家、人民的利益为重，一切服从于党和国家、人民的利益需要，在大是大非面前保持清醒的头脑。

（1）忠于党。党是中国工人阶级先锋队，是中国人民和中华民族的先锋队，是社会主义事业的领导核心。党的十九大报告指出："党政军民学，东西南北中，党是领导一切的。"在新时代，忠于党就是要牢固树立"四个意识"，坚决维护以习近平同志为核心的党中央权威和集中统一领导，始终在政治立场、政治方向、政治原则、政治道路上同以习近平同志为核心的党中央保持高度一致，严明党的政治纪律和政治规矩。

（2）忠于国家。热爱祖国，这是一种崇高的爱国主义情怀，是中华民族的优秀传统。任何人都要忠于国家，维护国家利益。陆游说："位卑不敢忘忧国。"苏霍姆林斯基说："热爱祖国，这是一种最纯洁、最敏锐、最高尚、最强烈、最温柔、最有情、最温存和最严酷的感情。一个真正热爱祖国的人，在各个方面都是一个真正的人。"

忠于国家，就是要求我们要始终坚持国家利益至上，不能出卖国家核心利益，不能损害国家根本利益，并敢于同一切违背国家利益的行为作斗争。此外，爱国主义在真正落实在行动上，从我做起，从小事做起。林则徐说："苟利国家生死以，岂因祸福避趋之。"习近平总书记指出："我国工人阶级要增强历史使命感和责任感，立足本职、胸怀全局，自觉把人生理想、家庭幸福融入国家富强、民族复兴的伟业之中，把个人梦与中国梦紧密联系在一起，始终以国家主人翁姿态为坚持和发展中国特色社会主义做出贡献。"为了祖国利益，我们要勇于奉献自己的一切。作为青年学生更应努力学习，提高本领，报效国家。

（3）忠于人民。广大人民群众是历史的创造者，全心全意为人民服务是党的根本宗旨。习近平总书记在新时代提出了以人民为中心的发展理念，并发出了"我将无我，不负人民"的铿锵誓言，为全党做表率。忠于人民不是一句空话，要真正落实在行动上。为此，我们要培植对人民群众的深厚感情，把人民利益看得高于一切，真正把人民放在心中的最高位置，所作所为都以人民的根本利益为标准；要坚持人民利益无小事，多做对人民群众有利有益的事，坚决不做违背人民群众利益的事；要树立群众观点，走群众路线，一切为了群众，一切依靠群众。

（二）守公德

所谓"公德"，就是人们在社会公共生活领域中所应遵循的道德规范，是人类社会生活中最起码、最简单的行为准则。遵守公德是每一个社会公民应尽的义务，也是青年学生必须具备的道德品质。

（1）要遵守社会公德。社会公德是社会道德的基石和支柱之一，它能调节社会关系，扬善惩恶，保障社会正常秩序，促进社会和谐稳定。如果社会公德遭到了任意践踏和破坏，那么整个社会的道德体系就会瓦解，以德治国就会成为一句空话。因此，一个人生活于社会一定要有公德心，不能为所欲为，必须认真遵守社会公共生活的道德规范和行为规范。

（2）要遵守职业道德。职业道德是指从业人员在职业活动中应遵循的行为准则，是社会道德的重要组成部分，是社会道德在职业活动中的具体表现。遵守职业道德是从业之本，只有认真遵守职业道德，才能提升个人的职业形象，促进职业活动人际关系的和谐。虽然青年学生还未真正走上社会参加工作，但在职业生涯开始前也必须注意学会职业行为规范，培植爱岗敬业、诚实守信、办事公道、服务群众、奉献社会等职业精神，为今后职业生涯奠定良好的职业品质。

（三）严私德

所谓"私德"，就是个人的道德品质。习近平总书记指出："严私德，就是要严格约束自己的操守和行为。""不矜细行，终累大德。"私德是大德、公德之基础，私德不立，公德难守，大德难彰。所以，对于"私德"涵养，一定要"严"字当头。

（1）端正家风。家风影响着一个人的成长、发展。墨子曰："人性如素丝，染于苍则苍，染于黄则黄，所入者变，其色亦变。"家是我们出生和立足的地方，一个人的习性和品格不能不受家庭的影响。良好的家风，会涵养一个人的正气，让人有正义感和责任感，让人有律己之心，仁爱之心。反之，如果家风不正，就会"近墨者黑"，让人放松了律己之心，最终身败名裂。为了端正家风，弘扬家庭美德，我们要按照《新时代公民道德建设实施纲要》提出的要求，努力弘扬中华民族传统家庭美德，倡导现代家庭文明观念，推动形成爱国爱家、相亲相爱、向上向善、共建共享的社会主义家庭文明新风尚，让美德在家庭中生根、在亲情中升华。

资料链接

2020年春节，因新冠肺炎疫情焦虑紧张的日子里，一个名字如定海神针，给我们带来信心和希望——钟南山。

17年前，抗击非典前线，他喊出"把重症病人都送到我这里来"；如今，84岁的他不顾安危，加入抗击新型冠状病毒感染肺炎的战役。

《人民日报》评价钟南山：既有国士的担当，又有战士的勇猛，令人肃然起敬。那么，是什么信念，给予他自信与勇气？是怎样的力量，支撑他挑起千钧之重？其实，这一切，与家庭对他的鞭策与支持是分不开的。

有人说，好家风是最贵的不动资产。而家风好的父母，胜过万千名校，他们才是不动资产的缔造者。钟南山曾说："在我的生活中，对我影响最大的是我的父亲钟世藩。"

钟世藩，我国著名儿科专家，曾被世界卫生组织聘为医学顾问。在近40年的时间里，钟世藩为了祖国的医学事业，奋斗终生。

对于子女的"言传"，他"人狠话不多"，却总能说到孩子的心里。钟南山小时候，有一次挪用要交给学校的饭钱，偷偷买零食，父亲不严词厉色，也不讲大道理，只是问："南山，你想一想，这样做对吗？"一句话噎得钟南山说不出话来，再也不敢乱来。成年之后，钟南山和父亲一样投入到了医学行业。

钟南山说："治学严谨上，我受的是父亲的影响，但我对人的同情心是从妈妈那里学来的，我到现在还记得妈妈是怎么对待其他有困难的人的。"

（2）端正学风。要提高学习成效，就必须端正学风。毛泽东同志早就指出："学风问题是领导机关、全体干部、全体党员的思想方法问题，是我们对待马克思列宁主义的态度问题，是全党同志的工作态度问题。既然是这样，学风问题就是一个非常重要的问题，就是第一个重要的问题。"毛泽东同志的这段话是对党员干部说的，但对于青年学生来说也是很有启发作用的。我们要提高学业水平，就必须注意端正学风。当前，我们在学风上还存在一些不正之风，如急功近利、学术浮夸、学术不端等现象，必须下大力气加以克服。

要端正学风，必须从以下方面着手：

首先，在"严"字下功夫。就是学习上要认真严谨，能严格要求自己，虚心请教，不骄傲自满；学术上要言之有物，有创新思想，不说空话、套话；技能上要勤学苦练，精益求精，不满足于过得去。古人云：严师出高徒。学习如果不严谨，满足于过得去，最终只能成为平庸之人。

其次，在"实"字下功夫。就是学习上要脚踏实地，一步一个脚印，稳扎稳打，不浮躁，不急功近利，不好高骛远；学术上能注重调查调研，了解和掌握实际情况，不主观想当然。毛泽东同志指出："没有调查研究，就没有发言权。"他还说："凡是忧愁没有办法的时候，就去调查研究，一经调查研究，办法就出来了，问题就解决了。"

再次，在"真"字下功夫。就是敢于求真、较真。孔子曰："当仁不让于师。"孔子认为只要符合真理和正义，即使在自己的老师面前也不必谦让。毛泽东同志说："世界上怕就怕'认真'二字，共产党就最讲'认真'。"对于青年学生而言，讲"认真"就是在学习上要勇于追求真理，坚持真理，捍卫真理；学术上要坚持实事求是，敢于说真话，做到不唯上、不唯书，只唯实。特别是在是非面前，敢于较真碰硬。

最后，在"行"字下功夫。陆游诗曰："纸上得来终觉浅，绝知此事要躬行。"知易行难，学习关键要懂得学以致用，坚持知行合一，做到理论联系实际。一个人如果学了很多东西而只是把它束之高阁，那么这种学习充其量就是一种摆设，华而不实，哗众取宠。对于职业院校的学生，许多职业技能必须靠长期艰苦的练习才能掌握并达到熟能生巧的水平。

三、主体性

工匠精神的培养关键在于学生，一定要注意发挥学生的主体作用，充分调动学生的内生动力，让学生能自我教育、自我超越和自我成长。

主体性教育理论认为：教育是通过培养人来为社会服务的，教育功能的实现、教育质量的提高都离不开培养人，离不开提高和发展人的主体性。主体性教育理论提出：根据社会发展的需要和教育现代化的要求，教育者通过启发、引导受教育者内在的教育需求，创设和谐、宽松、民主的教育环境，有目的、有计划地组织、规范各种教育活动，从而把他们培养成为自主地、能动地、创造性地进行认识和实践活动的社会主体，其任务是培养学生的主体意识，发展学生的主体能力，塑造学生的主体人格，使人的潜能得到充分的发展。主体性教育既保留了传统教育的那些反映规律性的共同特征，又有自己独特鲜明的个性特征，即科学性、民主性、活动性和开放性。

自我教育已成为主体性教育的长效目标，也是未来教育发展的必然趋势。苏联教育学专家苏霍姆林斯基指出："只有能够激发学生进行自我教育的教育，才是真正的教育。"他还说："只有当受教育者，不是依赖外在力量而靠内在的力最，根据社会需要和自己的需要，主动的调遣和丰富充实自己时，才是教育最大的成功。""如果教师不想办法使学生情绪高昂和智力振奋的内心状态，就急于传授知识，那么这种知识只能使人产生冷漠的态度，而使不动感情的脑力劳动带来疲劳。"

传统教育以教育者为中心，以课堂为中心的教学模式，这在一定程度上遏制了受教育者的思维能力和创造力的发展，不利于受教育者整体素质的提高，影响了教育落实的实效性。国际教育发展委员会在向联合国教科文组织提交的《学会生存》报告中曾指出的："如果任何教育体系只为持消极态度的人们服务，如果任何改革不能引起学习者积极地亲自参加活动，那么，这种教育充其量只能取得微小的成功。"

美国著名教育家布鲁姆认为：知识的获得是一个主动的过程，学习者不是信息的被动接受者，而是知识获得过程的主动参与者。主体性教育打破了教育者对知识和课堂的垄断和权威地位，将受教育者置于自我发展的主体地位，受教育者运用已有的知识和理论对现实的思想、政治和道德问题进行分析和探讨，将自身发展融入社会生活，在关注社会、关注他人的基础上进行自我反思和反省，从而使受教育者从受动的教育客体转化为能动的教育主体。

主体性教育其实就是要激发受教育者持续学习的动机、恒心、毅力和创造力。林清玄在其散文集《发芽的心情》中指出：教育最要紧的是唤起人内在的渴望。他举例说，舞蹈家林怀民、音乐家李泰祥、电影导演侯孝贤、剧场导演赖声川、雕刻家朱铭，这些充满创造力的人物，他们的教育并没有成为艺术家的环境，但他们有强烈的成就动机，都走上了自我教育的道路，最终取得了成功。蔡元培先生在《教育独立议》中说："教育是帮助受教育的人，给他能发展自己的能力，完成他的人格，不是把被教育的人，造成一种特别的器具，给抱有他种目的的人去应用的。"杜威也指出："学校教育的价值及其标准，就是看其能否激发持续成长的愿望，能否提供实现这种愿望的方法。"因此，能达到"不教而教"是教育的最高境界。

四、实践性

老子曰："上士闻道，勤而行之；中士闻道，若存若亡；下士闻道，大笑之。"实践是一所伟大的学校，我们不仅从实践中获取知识、智慧，也从实践中培养人格。古人云："读万卷书，行万里路。"

实践是一本"无字之书"。我们不仅要向书本学习，因为书本知识是人类知识和经验的总结，是人类智慧的结晶。同时，我们也要积极向生产实践学习，因为"实践出真知"。毛泽东曾说过："读书是学习，使用也是学习，而且是更重要的学习。"这里所说的"使用"，就是知识的使用，即实践的过程。此外，在参加劳动实践中，也可让学生获得成就感和满足感。苏霍姆林斯基指出："自己从事劳动的满足感是一个人的自尊感的根源，同时，也是一个人严格要求自己的源泉。只有那体验到取得成功的欢乐的人，他才有希望成为一个更好的人。"

古人云："坐而论道，不如起而行之。"朱熹说过："为学之实，固在践履。苟徒知而不行，诚与不学无异。"意思是说，学习的目的在于实践，如果只是明白道理而不去做，那么学与不学就没有什么区别了。学校的实践活动是多种多样的，其目的都是为了提高学生的实际动手能力，让学生把理论与实践能有机结合起来。

（1）要引导学生积极参加专业实训活动，让学生在实习中掌握专业技能，提升动手操作动力，这种实践活动与专业知识紧密结合，具有专业性又有实践性，这对于培养学生的工匠精神最为有利。

（2）要引导学生积极参加第二课堂的实践活动，让学生在参加各种业余活动中培养健康的情趣、锻炼吃苦耐劳的意志，也培养团队协作意识。如让学生参加兴趣小组、各种学生社团，以及各种技能竞赛等。

（3）要引导学生积极参加创新创业活动，让学生在参与这类活动中培养创新意识，增长见识和才干，提升沟通和办事能力，培养职业道德，学习职业规范，了解国家有关政策和行业发展动态，为今后职业生涯奠定良好的基础。

（4）要引导学生要积极参加各种类型的社会实践，如社会调查、社区援助、勤工助学、志愿劳动等。通过参加社会实践活动，即可进一步认识和理解社会，加深理解所学的理论知识，逐步摆正个人与社会、个人与人民的关系，克服骄傲自满和自视优越的心理定式，逐步把自己的命运同祖国的富强、人民的幸福和民族的振兴联系起来。

五、引领性

榜样的力量是无穷的。与理论说教相比，榜样教育更具有现实性、生动性，更具有感染力、号召力。列宁曾在 1920 年一次会议上强调指出："多用行动少用语言来进行宣传。要知道，现在用言语既不能说服工人，也不能说服农民，只有用榜样才能说服他们。"工匠精神的培养需要充分发挥榜样的示范和引领作用，让青年学生学有榜样，赶有目标。

（一）教师的榜样

学高为师，身正为范。教育者的榜样示范就是一种无言的教育。老子曰："圣人处无为之事，行不言之教。""不言之教，无为之益，天下希及之。"老子强调了"不言之教"的重要性。所谓"不言之教"就是"身教"，即身体力行。孔子同样也强调了教育者以身作则的重要性，他说："其身正，不令而行；其身不正，虽令不从。"孟子曰："教者必以正。"

学生在学校学习，教师的思想、学识、人品和兴趣，无时无刻不在影响着学生。所以，古人会说，"一日为师，终身为父"。荀子很早就提出教师必须具备的条件，他说："师术有四，而博习不与焉。尊严而惮，可以为师；耆艾而信，可以为师；诵说而不陵不犯，可以为师；知微而论，可以为师。"他认为教师除了具有广博知识这一条外，还必须具备四个条件：①教师要有尊严，能使人敬服；②教师要有崇高的威信和丰富的教学经验；③教师需具备有条理、有系统地传授知识的能力而且不违反师说；④教师了解精微的理论而且能解说清楚。

作为教师，承担着教书育人的重任，不仅要"言传"，更要"身教"，以自己的行为榜样影响、感染学生。语言上的说教往往是苍白无力，而身体力行才是最好的榜样和表率，也是最能打动学生的教育。习近平在 2019 年主持召开学校思想政治理论课教师座谈会上强调指出，教师"要有堂堂正正的人格，用高尚的人格感染学生、赢得学生，用真理的力量感召学生，以深厚的理论功底赢得学生，自觉作为学为人的表率，做让学生喜爱的人。"

1. 教师要用高尚的人格感染学生

俄国教育家乌申斯基曾说："在教育工作中，一切都应以教师的人格为依据，因为教育力量只能从人格的活的源泉中产生出来，任何规章制度，都不能代替教师人格的作用。"教师的人格魅力对学生影响极大，教师的一言一行对学生都是无形的熏陶。作为教师要帮助学生学会做人的基本道理，首先自己应遵守教师的职业道德规范，为人师表，以身作则，身体力行，这样才能成为学生道德的楷模。

资料链接

　　我国著名教育家张伯苓，1919 年之后相继创办南开大学、南开女中、南开小学。他十分注意对学生进行文明礼貌教育，并且身体力行，为人师表。

　　一次，他发现有个学生手指被烟熏黄了，便严肃地劝告那个学生："烟对身体有害，要戒掉它。"没想到那个学生有点不服气，俏皮地说："那您吸烟就对身体没有害处吗？"张伯苓对于学生的责难，歉意地笑了笑，立即唤工友将自己所有的吕宋烟全部取来，当众销毁，还折断了自己用了多年的心爱的烟袋杆，诚恳地说："从此以后，我与诸同学共同戒烟。"果然，打那以后，他再也不吸烟了。

2. 教师要用渊博的学识赢得学生

俗话说，老师想给学生一滴水，自己要有一桶水。作为一名教师，一定要有牢固的专业知识和渊博的理论功底，否则就难以胜任教育教学工作的需要，会误人子弟。"打铁还须自身硬"，作为称职的教师除了要有较强的教学基本功，还要有扎实的专业知识和技能，两者缺一不可。爱因斯坦说过："学生对教师的尊敬的唯一源泉在于教师的德与才，无德无才的教师是绝对不可能受到学生的爱戴与尊敬的。"

我国学术大师陈寅恪，曾是清华国学院四大导师之一，与梁启超、王国维、赵元任齐名。他博学多才，被人称为"教授中的教授"和"中国最后一位鸿儒通才"。梁启超曾说："我的所有著作，都不及他的几百字有价值。"

陈寅恪熟悉多国文字，如拉丁文、梵文、巴利文、满文、蒙文、藏文、突厥文、西夏文及中波斯文非常之多，至于英、法、德、俄、日、希腊诸国文更不用说，甚至于连匈牙利的马扎儿文也懂。苏联学者在蒙古发掘了三件突厥碑文，但都看不懂，更不能理解。后来，陈寅恪以突厥文对译解释，各国学者都毫无异词，同声叹服。唐德宗与吐蕃的《唐蕃会盟碑》，许多著名学者如德国的沙畹、伯希和等，都难以解决，又是陈寅恪做了确切的翻译，才使得国际学者感到满意。

在清华大学的课堂上，陈寅恪一上课即提出所讲之专题，然后逐层展开，每至入神之处，便闭目而谈，滔滔不绝，有时下课铃响起，依然沉浸在学海之中尽情地讲解。每堂课均以新资料印证旧闻，或于平常人人所见的史籍中发现新见解，以示后学。对于西洋学者之卓见，亦逐次引证。有时引用外文语种众多，学生不易弄懂辩明，陈寅恪便在黑板上把引证材料一一写出，读其音，叩其义，堂下弟子方知如何为梵文，何为俄文等语言文字。因陈每次讲课不落俗套，每次必有新阐发，故学生听得津津有味，陈寅恪的名声越来越大，一些大学教授与外校师生也专程前来听讲。

3. 教师要用真理的力量感召学生

真理是对客观事物运动变化发展规律的正确认识，是人们征服世界、改造世界的重要指导力量。没有真理的指引，人们会在黑暗中摸索更长的时间，会走更多弯路，会犯更多错误。因此，真理的力量是无穷的，真理的魅力是无穷的。为了追求真理，许多仁人志士抛头颅，洒热血，英勇献身。孔子曰："朝闻道，夕死可矣。"学习本身就是一种探索真理的过程，而向学生传播真理，也是作为教师义不容辞的责任。通过在课堂上向学生传播真理性认识或理论，让学生真切感受真理的光辉和信仰的力量，从而激发学生勇于追求真理，捍卫真理，努力探索自然和社会的发展规律，为人类社会发展服务。

4. 教师要用生动的形式吸引学生

人们常说，"教学有法，教无定法"。教师授课时要吸引学生的注意力，必须讲究教学技巧，掌握教学艺术，遵循教学规律和美的规律。这样，才能使学生听课时感到愉悦、激动，而且能使课堂教学变得情趣盎然，生动活泼。这有助于活跃课堂气氛，激发学生的学习积极性；也有助于融洽师生之间的关系，陶冶学生的情操，培养学生健全的人格，使学生形成优美的、高尚的、健康的品质；此外，也能引起学生情感上的共鸣，激发学生的学习兴趣，使枯燥乏味的学习变成了一种精神享受，增强课堂的感染力，从而提高课堂教学成效。

（二）先进的榜样

先进典型是一面旗帜，具有强烈的引人向上的力量。苏霍姆林斯基指出："所谓自我教育，就是用一定的尺度来衡量自己。很重要的一点是，要让学生用英雄人物的生活作为测量自己的尺度。"从近的来说，学生身边有许多值得学习先进榜样，如学习优秀生、优秀团员、优秀学生干部、优秀志愿者等；从远的来说，有劳动模范、英雄模范和伟大科学家等。通过树立先进典型，让受教育者学有目标，赶有榜样，从而营造一种"人人学先进，人人争先进"的良好氛围，激励受教育者积极进取，做到"想做事，能做事，做成事"。

（三）家长的榜样

在一个人的成长发展中，父母的影响是最大的。俗话说："父母是孩子最好的老师"。孩子从出生开始，往往都与父母亲生活在一起，父母的一言一行，孩子都耳濡目染。孩子的很多习惯、品行，往往都是从父母亲和家里长辈那边学到的。

一个好的老师，也许只能够影响孩子三五年，但是家长的影响却是一辈子的。所以古人云：养不教，父之过。苏霍姆林斯基也指出："教育的完善，它的社会性的深化，不是意味着家庭作用的减弱，而是意味着家庭作用的加强。"因此，想要让孩子有良好的品行，家庭教育至关重要，在这方面学校和教师都不能代替。因此，作为父母，一定要把教育孩子当作一生中最重要的事业，为孩子树立良好的榜样。

第二节 成为工匠的途径

工匠精神的培养必须多管齐下，多措并举，既要内化于心、外化于行，又要融化于文、固化于制，这样才能真正取得实效。

一、内化于心

北宋张载说："欲立事，须是立心。"习近平指出："要勤于学习，敏于求知，注重把所学知识内化于心，形成自己的见解，既要专攻博览，又要关心国家、关心人民、关心世界，学会担当社会责任。"

内化于心最重要的就是要解决一个人心灵塑造和成长的问题，这比其他方面的成长更为重要。要成为一名工匠，如果只有专业技能的发展而没有心灵的成长，那就难以到达成功的彼岸。因为一个人的成败最终是由其内心的眼界和格局所铸就的。

（一）内化于心的重要性

荀子曰："心居中虚，以治五官。"人活在世上想成就一番事业，首要的是必须促进自身心灵的成长，这是个立心的过程。立心是立业之基，它对个人、组织如此，对一个国家、民族也是如此。

1. 修心是"内圣外王"之道

修心的境界决定了事业的高度，也决定人生的高度。因此，一个人想在事业上或专业上有所作为，就必须在修心上下功夫。古人所讲的"厚德载物""德不配位，必有灾殃"，其实说的就是这个道理。

中国儒家倡导"内圣外王"之道。所谓"内圣"，指内具有圣人的才德，"外王"是指对外施行王道。二者中，"内圣"是基础和根本，而"外王"是延伸。因此，"内圣"实际上是强调修心，即君子必须自觉以圣人的标准要求自己。孔子曰："为仁由己，而由人乎哉？"仁爱之心是发自个人内心的，而不是由外力来强迫的。

古人的理想人格就是：修身、齐家、治国、平天下，简称为"修齐治平"。国学大师钱穆说："治国平天下，此固中国民族自古已有之理想抱负。"而修身正是实现人生理想之基础，"齐家、治国、平天下"都是"修身"的向外延伸和必然结果，这是一个水到渠成的过程。

修心实质上是通过修德来成就"内圣外王"之道，即通过修心来提升个人的道德品质，从而铸就王道之基。显然，修心是内核，修德是外显，二者是一体的。孔子曰："德之不修，学之不讲，闻义不能徙，不善不能改，是吾忧也。"因此，一个人如果不修德，那修心也只是空话。

唐朝时，初唐四杰才华横溢，少年得志，很多人以为他们会大有作为，而丞相裴行俭却说："士之致远者，当先器识而后才艺。勃等虽有才华，而浮躁浅露，岂享爵禄之器邪？"曾国藩早年为官时，锋芒毕露，言语狂妄，不仅失去了很多朋友，还让自己的仕途平添了诸多不顺。后来他幡然悔悟，在写给弟弟的诫语中说："今日我以盛气凌人，预想他日人亦盛气凌我之身，或凌我之子孙。常以'恕'字自惕，常留余地处人，则艰难少矣。"稻盛和夫总结出一个规律："才能出众的人往往容易做才能的奴隶，把才能用错方向。因此需要有一种力量来控制才能发挥的方向。这就是道德，就是人格。"

2. 修心是修行之本

孔子曰："君子务本，本立而道生。"人生是一场修行，而修心正是修行之本。东汉文学家、书法家蔡邕说："心犹首面也，是以甚致饰焉。面一旦不修，则尘垢藏之；心一朝不思善，则邪恶入之。咸知饰其面，而莫修其心，惑矣。夫面之不饰，愚者谓之丑；心之不修，贤者谓之恶。愚者谓之丑犹可，贤者谓之恶，将何容焉？"

"下士养身，中士养气，上士养心。"只有潜心修行，才能修得一颗安定的心，从而做到宠辱不惊，进退有度，不以物喜，不以己悲。既能经得住逆境中的黑暗，也能守得住顺境中的辉煌。曾35次创造世界纪录的俄罗斯撑杆跳高运动员布勃卡的教练曾语重心长地对他说："记住，先让你的心从杆上'跳'过去，你的身体就一定会跟着一跃而过。"其实一个人成长的最大障碍不在外部，而是内在之心。

3. 修心是学习的升华

学习是一个修业与修心的过程，而任何知识的学习和专业技能的掌握，都必须提升到修心的高度，使知识与灵魂能同步成长、和谐发展。这既是教育者的职责，也是学习者的使命。康熙皇帝说："学以养心，亦所以养身。"

英国丹娜·左哈尔教授认为："所有基础性的改变都是心灵变革，这里的心灵指的是在最宽泛的精神层面上产生于反思、意义和价值的东西，这对个人乃至公司组织而言都是适用的。"她还提出："我们的奋斗、我们对于完美的追求、我们的付出以及我们对于奉献服务的需求，都与我们的灵智有关。"日本家政女皇藤麻理惠很形象地说："要收拾出整洁的效果，须有整洁的心灵。定期清扫心灵垃圾，才能有明亮人生。因为你的家就是你心灵的投射。"

如果专业知识的提升与心灵的成长不能实现和谐、同步，必然会给自己的事业和社会发展带来灾难和挫折。在这方面已经出现了许多危机，如政治危机、经济危机、道德危机、生态危机等。而所有这些危机中，最根本的危机乃是人类心灵的危机。正如稻盛和夫所指出的："人类依靠科学技术构筑了高度的文明，享受了富裕的生活。然而在这方面的成功，却导致了另一种结果，就是人们忘记了人的精神、人的心灵的重要性。"他还说："必须将知识提升为'非如此不可'的坚定信念——即

'见识'，然而，这还不够，更需由强烈的决心确保见识的贯彻实行，不为任何事所动，即升华为'胆识'。"

（二）内化于心的要诀

1. 正心

中华传统文化实质上是关于"心"的文化。儒家之学是"仁学"，也是"心学"。孟子曰："学问之道无他，求其放心而已矣。"道家主张通过人的内心保持虚静来实现"无为而治"。庄子说："正则静，静则明，明则虚，虚则无为而无不为。"佛家更是注重心性修炼，提出"三界唯心，万法唯识"，"明心见性"，"相由心生"，"心生种种法生，心灭种种法灭"。总之，儒家让我们"提得起"，佛家让我们"放得下"，道家让我们"看得开"，其实都是关乎心的问题。

中华传统文化强调正心为本。《大学》中曰："修身在正其心。"司马光说："古圣人之治天下也，正心以为本。"而"正心"的标准就是儒家所倡导的"五常"，即仁义礼智信。孟子曰："恻隐之心，仁之端也；羞恶之心，义之端也；辞让之心，礼之端也；是非之心，智之端也。人之有是四端也，犹其有四体也。"

那么，如何才能达到正心呢？

（1）确立正确"三观"。世界观、人生观和价值观是人生的"总开关"。人生的这"三观"正了，人生的道路就会正，就不会走上歧途。

明朝吕坤在《呻吟语》中说："一念收敛，则万善同来；一念放恣，则百邪乘衅。"意即收敛一个欲念，万种善行就会随之同来；放纵一个欲念，百般邪恶就会乘虚而入。因此，一个人的起心动念都要善良，否则就会带来恶果。人的灵魂可以被磨炼，也可以被污染，人的精神可以变得高尚也可以变得卑微，这都取决于我们的人生态度，就是我们准备怎样度过自己的人生。越是才华出众的人越需要人生的指针，依靠它才能沿着正确的方向前进。这指针就是我们所说的理念、思想和哲学。

当前，我国改革开放进入了新时代，个人正确的"三观"要符合社会主义核心价值观。习近平总书记指出："是非明，方向清，路子正，人们付出的辛劳才能结出果实。"他还说："要树立正确的世界观、人生观、价值观，掌握了这把总钥匙，再来看看社会万象、人生历程，一切是非、正误、主次，一切真假、善恶、美丑，自然就洞若观火、清澈明了，自然就能做出正确的判断和选择。"

由于受市场经济的商品化原则、利益驱动原则、竞争性原则冲击，人们的"三观"出现了严重扭曲，精神生活出现严重危机，功利主义、拜金主义、享乐主义等不良思想大行其道。在一个社会意识形态中，如果正能量的东西不去占领，那么负能量的东西就会去占据。因此，我们一定要用社会主义核心价值观和中华优秀传统文化的民族精神去引领人们的思想，让人们在大是大非面前能够保持清醒的头脑。

（2）端正心态。心态正，一切正；心态邪，一切邪。弥尔顿说："意识本身可以把地狱造就成天堂，也能把天堂折腾成地狱。"马云说："心态决定姿态，姿态决定状态。"人生是否幸福，不是取决你的金钱、地位，而是取决于你的心态。所谓"一念成佛，一念成魔""心地无私天地宽"，说的就是这个道理。

心态也直接影响着一个人事业的成败。日本稻盛和夫认为人生和工作的成果是由思维方式、热情、能力三个要素所决定的，而"思维方式"最为重要。他指出思维方式是指人的心态，对于人生的态度。能力强，热情高，但思维方式的方向错了，就是负值，因为三者是相乘的关系，结果就导致一个相应的负值，而命运可以随着我们心态的改变而改变。

张德芬在《遇见未知的自己》一书中曾说："当你遇到困难、痛苦，去接受它，把它当作一个孩子那样去安抚。"心理学家荣格也曾说过："你所抵抗的，会持续存在。"所以，当我们遇到不如意时，如果能调整好自己的心态，就会发现，原来接受会让自己更坦然、更从容地面对挫折和困难。这样，我们才能做到"胜不骄，败不馁"。

2. 净心

工匠精神的培育，一定要有一颗纯粹的心，不夹杂其他非分的妄想，这就是清净心。真正的伟业正因为源于高洁无暇之念，从而得到许多人的协助，才能成功。南怀瑾曾说过："什么叫净心呢？平常无妄想，无杂念，绝对清净，才是净心。"人要有干净的外表，更要有一颗干净的心灵。净心实际上就是保持正念、正见，它是心灵的自我保洁和自我净化。王阳明曾说："擒山中贼易，捉心中贼难。"因此，净心最为珍贵和难得。同时，净心才能让我们真正看清和看透事物的内在本质而不会被外在假象所蒙蔽。正如稻盛和夫所说："清澈而单纯的心灵才能感受到真理，而自私的心看见的只是复杂、混沌。"

人活在这个世上，难免思想会受到社会一些不良习气的影响和污染而蒙上灰尘。但是，我们要懂得"洗洗澡""照照镜"，注意去除心灵上的污垢。契诃夫曾说："人的一切都应该是干净的，无论是面孔、衣裳，还是心灵、思想。"孟德斯鸠也说："美必须是干干净净，清清白白，在形象上如此，在内心中更是如此。"南怀瑾认为："以佛法来讲，一切人生理上的病，多半是由心理而来，所谓心不正，心不净，人身就多病。"

毛泽东说过："房子是应该经常打扫的，不打扫就会积满了灰尘；脸是应经常洗的，不洗也就会灰尘满面。我们同志的思想，我们党的工作，也会沾染灰尘的，也应打扫和洗涤。"有一首"扫地诗"这样写道："扫地扫地扫心地，心地不扫空扫地。人人都把心地扫，世上无处不净地。"

人们往往只注重自身外表的修饰，而忽视了内在心灵的修饰。其实，人们内在心灵的修饰比外在长相的修饰更为重要。台湾作家林清玄曾说："三流的化妆是脸面的修饰，二流的化妆是精神的丰腴，一流的化妆是生命的化妆。"净心就是生命的化妆，它能去除我们的思想杂质，保养我们的内在精神，提升我们的人生境界，增强我们的生命能量。

人要自我净化、自我完善，必须注意行善积德，做到"勿以善小而不为"。明代文学家方孝孺说："君子畜德，无忽细微。"我们要从平时的小事做起，用同情心去关爱；用体谅心去包容；用明智心去判断；用真诚心去陪伴；用厚道心去谋利；用信任心去为人；用责任心去育人；用感恩心去待人。

人要自我净化、自我完善，必须做到防微杜渐。古人云："从善如登，从恶如崩。"因此，对于一些看似微不足道的小过错、小问题，我们也不能熟视无睹，轻易放过，必须认真检点反省，做到"勿以恶小而为之"。习近平总书记强调："深刻认识增强自我净化、自我完善、自我革新、自我提高能力的重要性和紧迫性，坚持底线思维，做到居安思危。"

3. 宽心

宽心，是指宽容之心，它既是对自己的，即不苛求自己；同时也是对别人的，即宽恕他人的缺点或过错。荀子曰："君子贤而能容众，知而能容愚，博而能容浅，粹而能容杂。"

干事创业，一定要有宽容的品质。苏轼在《贾谊论》中说："君子之所取者远，则必有所待；所就者大，则必有所忍。"而要保持宽心，最重要的是做到恕己宽人。

（1）面对挫折、失败能泰然处之。成功的人并不是那些不会碰到困难和挫折的人，而是那些在人生的低谷时依然能保持乐观自信的人。这些人在从容淡定中，能保持清醒的头脑，认真总结失败的经验教训，从而能东山再起；然而，有一些人在遭遇失败和挫折时，自暴自弃，妄自菲薄，丧失了继续奋进的精神动力，以至于一蹶不振。贝多芬说："卓越的人一大优点是：在不利与艰难的遭遇里百折不挠。"

（2）对他人过失、过错能宽容。"金无足赤，人无完人"，谁都难免会有缺点和过错。孔子曰："躬自厚而薄责于人，则远怨矣！"孔子所说的其实就是"严以律己，宽以待人"。《中庸》告诫人们："正己而不求于人则无怨。上不怨天，下不怨人。"佛法的禅宗也提出："只见己过，不见世非"，与孔子的话如出一辙。宋代范仲淹之子范仁纯官至宰相，他说："人虽至愚，责人则明；虽有聪明，恕己则昏。苟能以责人之心责己，恕己之心恕人，不患不至圣贤地位也。"因此，我们要学会原谅、宽恕他人，得饶人处且饶人，不要别人的一点小过失就揪住不放，眼睛容不下一粒沙子；更不能由此在心中埋下仇恨的种子，睚眦必报，搞得人际关系十分紧张。

宽容是人性中的一种非常美好的品格，也是一种生存的智慧和生活的艺术。关于包容，网上流传这样一段话说得很有道理：包容蔑视你的人，因为他觉醒了你的自尊。包容欺骗你的人，因为他增进了你的智慧。包容中伤你的人，因为他砥砺了你的人格。包容鞭打你的人，因为他激发了你的韧劲。包容遗弃你的人，因为他教会了你的独立。包容绊倒你的人，因为他强劲了你的双腿。包容斥责你的人，因为他提醒了你的缺点。包容伤害你的人，因为他磨炼了你的心志。

4. 诚心

所谓诚心，就是真心诚意，信守诺言，说到做到。中国古代"曾子杀猪""商鞅立木为信"等故事，就是讲做人必须言行一致，一诺千金。

荀子曰："君子养心莫善于诚。致诚则无它事矣……"《中庸》曰："诚者，天之道也；思诚者，人之道也。""唯天下至诚，为能尽其性；能尽其性，则能尽人之性；能尽人之性，则能尽物之性；能尽物之性，则可以赞天地之化育；可以赞天地之化育，则可以与天地参矣。""诚者，物之终始。不诚无物。是故君子诚之为贵。"为人处世贵在诚心，这既是天之道，也是人之道。

以诚做事，事业才能长久、稳固，并达到"无为而无不为"的最高境界。《中庸》曰："故至诚无息。不息则久，久则征，征则悠远，悠远则博厚，薄厚则高明。薄厚，所以载物也；高明，所以覆物也；悠久，所以成物也。薄厚配地，高明配天，悠久无疆。如此者不见而章，不动而变，无为而成。"

以诚待人，人际关系才能和谐，才能获得他人的回报。孔子曰："德不孤，必有邻。""唯天下至诚为能化。"你真诚对待他人，他人也会受感化，也会真诚对待你。曾国藩说："唯天下之至诚，能胜天下之至伪。""待人总宜于真心相向，不可常怀智术以相迎拒。人以伪来，我以诚往，久之则伪者亦共趋于诚矣。"曾国藩当年在募集湘军时，提出专用乡村朴实、诚笃的农夫，对那些油头滑面、不诚不信者，概不收录。

讲究诚信，这是为人处世的基本准则，也是社会主义核心价值观的重要内容之一。当今社会物欲横流，人心不古，最缺的就是诚信。稻盛和夫指出："世间有爱耍小聪明、玩弄诡计之徒，他们用尽机关，处世圆滑，一边海满脸堆笑，一边毫不在乎将他人踏于脚下当垫脚石。"他认为，如此行事，自己最终也会被拖下水。因此，他告诫人们："只要坚持努力做好分内之事，贯彻己之诚，这就足够，何必在意他人种种。"

（三）内化于心的任务

1. 把科学价值观内化于心

一个人如果没有以科学的价值观作为指引，人生就很难取得成就，甚至还可能走上歧途。因此，内化于心首先是要把科学价值观内化于心，以科学的世界观、方法论引领人生的航向。这样，人生和事业的航船才不会偏离正确的方向，从而驶向成功的彼岸。

历史上那些功成名就的伟人、科学家、专家，他们之所以能取得非凡的业绩，归根到底是有科学的价值观做思想引领和支撑，即使他们碰到艰难或挫折，也能坚定理想目标，矢志不移，迎难而上，开拓进取，从而攻克一个个难关，化解一个个问题，使人生理想和目标成为现实。因此，科学价值观是人生的指路明灯，是事业奋进的精神动力。

（1）坚持以科学的世界观、方法论作指导。科学的世界观、方法论为我们提供正确认识世界、改造世界的指导思想和具体方法。马克思主义及其中国化的理论成果，如毛泽东思想、邓小平理论、"三个代表"重要思想、科学发展观、习近平新时代中国特色社会主义思想，都是科学世界观和方法论，是我们征服世界、改造世界的强大思想武器，我们必须认真学习掌握，并用以指导工作实践，推动工作发展。

（2）坚定正确的理想信念。爱因斯坦在《我的世界观》一书中说："每个人还有一定的理想，这种理想决定了他判断的准则和努力的方向。"白岩松指出："没有办法，缺乏信仰的人，在一个缺乏信仰的社会里，便无所畏惧，便不会约束自己，就会忘记千百年来先人的古训，就会为了利益，让自己成为他人的地狱。"他还说："有信仰，就会有敬畏，就会有变好的冲动与行动，就会有自觉对恶的克制，个体与社会就会美好一些。"习近平总书记指出："理想指引人生方向，信念决定事业成败。没有理想信念，就会导致精神上'缺钙'。"因此，要成就一番事业，一定要以正确的理想信念为支撑。

2. 把人生目标内化于心

每个人都要确立自己的人生目标，这实际上就是立志的过程，它是人生必须完成的大事。老子曰："强行者有志。"苏东坡说："古之立大事者，不唯有超世之才，亦必有坚忍不拔之志。"《训欲遗规》中说："虽百工技艺，未有不本于志者。"曾国藩说："人之气质由于天生，本难改变，欲求变之之法，总须先立坚卓之志。"而稻盛和夫对人生目标确立的重要性说得更加形象，他认为："即使是相当努力的天才，如果缺乏明确的人生目标，一味地绕着圈子走，也只是枉然。"

一个人有了坚定的人生目标，才能有克服困难的坚定决心，才能有百折不挠的坚强意志。1999 年的阿里巴巴创办者马云，对人生梦想从不放弃。他曾经想考重点小学，但却失败了，考重点中学也失败了，考大学更是考了三年才考上，想念哈佛大学也没有成功。但他有坚持不懈，勇往直前的精神，正是这种精神，让马云创立了阿里巴巴商业帝国。

"一定要看到那束光"

彭祥华是中铁二局二公司隧道爆破高级技师，被同行称为"爆破王"。但他入行前竟然是位杀猪卖肉的门外汉。

1969 年，彭祥华出生于重庆铜梁的一户乡村人家。因父亲常年在外，彭祥华初中毕业后，先是跟着外公学习做木工，后来又跟着爷爷杀猪卖肉。1994 年，彭祥华进入中铁二局二公司，被分配到一个隧道工程组做木工，因为表现出色，很快成为木工班长。但他并没有满足现状，1997 年，在山西参加朔黄铁路建设时，彭祥华开始接触隧道爆破技术，并产生了浓厚兴趣，他一边从事木工工作，一边学习爆破技术。为了尽快掌握爆破技术，他起早贪黑，从零学起。凭借勤学多思、刻苦钻研的劲头，彭祥华很快掌握了基本技术，并在不断钻研创新的基础上在隧道爆破领域独当一面。

2015 年 6 月，川藏铁路的拉萨至林芝段全面开工，彭祥华和工友们负责开凿拉林段地质最复杂的东嘎山隧道。针对软岩变形、隧道涌水等施工难题，彭祥华提出了多种创新施工工艺，极大地降低了人工作业量，提前了 8 个多月完成工期，为国家节约资金约 2000 万元。

工作 25 年以来，彭祥华的足迹遍布全国各地，经历了上万次的爆破，解决了上千个技术难题。多年来，作为业内知名的爆破专家，彭祥华拒绝了很多公司几十万年薪的邀约，依然奋战在爆破一线。无论天南海北，祖国需要的地方，他从不缺席。彭祥华说，隧道爆破工人最希望看到的，就是隧道贯通的时刻一束光照进来，那时工人们的心情暖洋洋的。

"干了这么多年，遇到再大的难题，我心里只有一个想法，就是一定要看到那束光。"2019 年 4 月，彭祥华被授予全国五一劳动奖章。

---

3. 把职业道德内化于心

职业道德是社会道德体系的重要组成部分，它是从事一定职业的人们，在职业活动中应遵循的道德要求和行为规范、职业操守。

每种职业都担负着一种特定的职业责任和职业义务。由于各种职业的职业责任和义务不同，从而形成各自特定的职业道德的具体规范。三百六十行，行行都有自身的职业道德，如师有师德，医有医德，官有政德。

职业道德对于从事该职业工作的人员都具有普遍的约束力，都必须认真遵守，否则就会受到行业的制裁和舆论的谴责，丧失人心。对于想在某一行业做出成就的人来说，必定要把职业道德牢记于心，并真正落实到行动上。优秀的人才一定有良好的职业操守，这是他们的职业生命所在。

4. 把职业标准内化于心

按照标准化对象，通常把标准分为技术标准、管理标准和工作标准三大类。工作标准是指对工作的责任、权利、范围、质量、程序、效果及检查方法和考核办法所制定的标准，一般包括部门工作标准和岗位（个人）工作标准。

国家职业标准属于工作标准。国家职业标准是在职业分类的基础上，根据职业（工种）的活动内容，对从业人员工作能力水平的规范性要求。它是从业人员从事职业活动，接受职业教育培训和职业技能鉴定以及用人单位录用、使用人员的基本依据，也是衡量劳动者从业资格和能力的重要尺度。国家职业标准由劳动和社会保障部组织制定并统一颁布。

职业标准有着严格的规范要求，对于职业工作者必须认真把握相关要求，并在职业工作中严格遵守，这样才能保证产品质量和工作质量。这既是对他人或组织的负责，也是对自己的负责，丝毫不能马虎应付了事。

二、外化于行

工匠精神的培养一定要引导学生学会做人，学会做事，否则工匠精神的培养就成为空谈。而在做人与做事的关系上，做人在先，做事在后，二者先后关系不能颠倒。

（一）引导学生学会做人

1. 学会做人的重要性

（1）学会做人是教育的首要目标。教育的目的就是让学生学会做人和学会做事，而学会做人更为重要。教育家叶圣陶先生曾说："若有人问我干什么，我的回答将是'帮助学生得到做人做事的经验'，我决不说'教书'。"学会做人是学会做事的前提和基础。因此，教育的秩序应该是先成人，再成才，这就是养成教育。

做人是一辈子的，做事是一阵子的。所谓"活到老，学到老"，说的就是指做人的。弘一法师（李叔同）常对其弟子丰子恺说一些有关做人与艺术的准则。其中最精炼的一句就是："士先器识，而后文艺。"陶行知曾说，学生"千学万学，学做真人。"马云说："如果一辈子都做事的话，忘了做人，将来一定会后悔。"

教育是培养人才的活动，但"教"与"育"二者是有区别的，"教"是技术层面的，"育"则是价值层面的，后者赋予前者以意义。如果把"育"从教育中抽掉之后，"教育"也就不折不扣地沦落为训练与操作了。训练只是一种心灵的隔离活动，教育则是人与人精神相契合。梁启超曾教导子女说："你如果做成一个人，智识自然是越多越好；你如果做不成一个人，智识却是越多越坏。"因此，要做事必须先学会做人。

（2）学会做人是修身之要。修身的关键在于要学会做人。哲学家冯友兰说："人类发展第一步先解决人与自然的关系，第二步解决人与社会的关系，第三步解决人与内心的关系。"而处理人与社会的关系，其实就是强调学会做人，处理好各种人际关系。

中华传统文化中儒家、道家、佛家等虽思想各异，主张角度不同，但教人们怎样做人却是共同的。因此，在如何学会做人上，我们可以从传统文化汲取精神营养和人生智慧，以儒治世，以道修身，以佛修心。

习近平总书记指出："中国古代历来讲格物致知、诚意正心、修身齐家、治国平天下。从某种角度看，格物致知、诚意正心、修身是个人层面的要求，齐家是社会层面的要求，治国平天下是国家层面的要求。"而这三者之中，个人的修身是基础和前提。如果这个基础没有打好，那么就会"地动山摇"，而"齐家、治国平天下"就会成为一句空话。

（3）学会做人是成事之基。《吕氏春秋》中有一句话："凡事之本，必先治身。成其身而天下成，治其身而天下治。"一个人要成就一番事业，不能只靠自己一个人去单打独斗，必须去发动志同道合的人共同创业。而如何让众人跟你齐心协力去打拼闯事业，这就看你怎么做人了。你做人好，就有人缘，大家会与你同舟共济；你做人差，大家就不会尽心尽力，甚至众叛亲离。碧桂园集团董事长杨国强说："一个人怎么去做人，怎么去做事，这个很重要的。我以前什么都没有，可以说是上无片瓦，下无寸土，亲朋之中没有当官的。我一步一步走到现在，靠的就是对人好，对社会好，靠的就是把事情做好。"

2. 做人的境界

关于做人的境界，我们可以从传统文化吸取一些思想智慧。孟子曰："充实之谓美，美而有光辉之谓大，大而化之之谓圣，圣而不可知之之谓神。"这告诉我们人生从低到高可以分为四种境界：

（1）"美人"。美人的阶段产生了气质。所谓"充实"，指的是个体通过自觉的努力，把其固有的善良之本性"扩而充之"，使之灌注满盈于人体之中。"充实"之所以能成为美，在于它能使人的外在形体"生色"，给人以美感。因此，"美人"只是一种表象的美，这种美只让人赏心悦目，利益的只是个人而已。

（2）"大人"。大人的阶段产生了气场。这种气场影响的不仅是个人，而是众人了，就是既利己又利人。《易经》曰："飞龙在天，利见大人。"意即龙飞翔在天上，它的境界很高，可以俯视天下，洞察宇宙苍生一切玄机，自然可以顺风顺水，得到更大的利益。

古人把人分为"小人"和"大人"，所谓"小人"和"大人"并非从身材或年龄来分，而是从其心胸的格局来分的。"小人"就是那些格局小的人，而"大人"就是那些格局大的人。

要成为"大人"，除了要处理人与人的关系，还要处理好人与自然之间的关系。《易经》曰："夫大人者，与天地合其德，与日月合其明，与四时合其序，与鬼神合其凶。"要成为一个顶天立地的"大人"，必须遵循自然法则，做到"天人合一"。

（3）"神人"。神人的阶段产生了气势。这个阶段不再追求功名利禄了，视金钱地位如粪土。但它利益的不是个人，而是众生。庄子在《逍遥游》中说："至人无己，神人无功，圣人无名。"其意是说，如果一个人道德修养很高，他就不会在乎个人的荣辱得失，就不会趋炎附势地追求功名，就不会把个人名声放在眼里。

（4）"圣人"。圣人阶段产生了气象。这种气象其实就是老子所说的"大象无形"，即是天地之最高境界了。而这种"大象"看似无形，却能使天下实现太平安康。老子曰："执大象，天下往，往而不害，安平泰。"《金刚经》曰："无我相，无人相，无众生相，无寿者相。"这种"无形"力量比"有形"的力量更大，它能达到天人合一的境界，实现"无为而无不为"。

在"圣人"阶段，不仅行"人道"，而且行"地道"和"天道"。在这三者中，"人道"要遵循"地道"和"天道"。老子曰："人法地，地法天，天法道，道法自然。"老子在这里其实很精辟地告诉我们如何处理人与自然之间的关系，那就是人道要遵循地道、天道，最终是归于自然之道。所谓自然之道就是我们现在所讲的"天道"。《易经》曰："观乎天文，以察时变；观乎人文，以化成天下。"这说明，人文是本于天文而来，人道循于天道。《黄帝阴符经》中言："观天之道，执天之行，尽矣。"这也强调人道要符合天道。

哲学家汤一介先生提出："人道本于天道，人道是天道的显现，因此人对天有着不可推卸的责任。"廖彬宇先生解释说："三才之道是天地人，这就是三个观的来源，天道代表了宇宙观，地道代表了世界观，人道就是人生观。将此三者联系起来，就形成了我们的价值观。""从宇宙观投射出相应的世界观，从世界观建构相应的人生观，从人生观选择相应的价值观。"日本稻盛和夫认为："宇宙中存在一股力量，它要让万物进化发展、变得更加美好。我们可以称这股力量为'宇宙的意志'。如果顺着'宇宙的意志'产生的潮流而动，我们的人生就会带来成功和繁荣；如果逆着这股潮流而动，就必然走向没落和衰退。"他所说的"宇宙的意志"

其实并不神秘，它就是"天道"。在他看来，人道也必须与天道相符合，不能逆天而动。

总之，人生的境界有高有低，"美人""大人"还只是停留于"人道"；而"神人""圣人"才是真正达到"天道"。所以，人要不断地超越自我，才能不断成长，从而造福众人。

我国著名的哲学家、哲学史家冯友兰先生，提出了人生四种境界之说。他认为人对宇宙人生的了解不同，宇宙人生对于人的意义不同，宇宙人生对于人的不同的意义，即构成了人所处的不同境界。人生境界从低到高依次可分四种：自然境界、功利境界、道德境界、天地境界。

一个人能达到什么样的人生境界，最主要取决于他的思想水平。因而，一个人想在人生事业上有所作为，首先必须在"立心"上下功夫，不断提高思想境界水平。

3. 做人的品质

老子曰："古之善为士者，微妙玄通，深不可识。夫唯不可识，故强为之容：豫兮若冬涉川，犹兮若畏四邻，俨兮其若客，涣兮其若释，敦兮其若朴，旷兮其若谷，浑兮其若浊，孰能浊以止，静之徐清，孰能安以久，动之徐生？保此道者不欲盈，夫唯不盈，故能蔽而新成。"老子其实在这里告诉了我们为人处世应具有的品质，值得我们认真借鉴。

（1）要谨慎。所谓"豫兮"是指做人要谦虚谨慎、如履薄冰，小心翼翼，不能骄傲自满、狂妄自大。

（2）要知敬畏。所谓"犹兮"是指做人要有敬畏之心，懂得收敛自制，不能胆大妄为、无所顾忌、为所欲为。是否具有敬畏之心，是君子与小人的一个重要区别。孔子曰："君子有三畏：畏天命，畏大人，畏圣人之言。小人不知命，则无畏也。侮大人，狎圣人之言。"

（3）要庄严。所谓"俨兮"是指容貌要庄严，如在做客一样，举止得体，不能轻浮放荡。

（4）要和气。所谓"涣兮"是指做人要和和气气，平易近人，不能盛气凌人，或以势压人、仗势欺人。

（5）要敦厚。所谓"敦兮"是指做人要老实敦厚，不要玩弄阴谋诡计和耍小心眼算计他人。

（6）要包容。所谓"旷兮"是指做人要能包容，心胸宽广，不能斤斤计较或睚眦必报。

（7）要合群。所谓"浑兮"是指做人不要脱离大众，要与大众融合为一体，团结他人，不要孤芳自赏。

（二）引导学生学会做事

工匠精神的培养着力点在于学会做事。我们要引导学生在做事中磨炼、提高自己，不断增长自己的能力和才干。

1. 要发挥主观能动性

外化于行是一个知行合一的过程，这个过程更为关键，也更为艰难，必须充分发挥个人的主观能动性，激发内生动力。毛泽东指出："思想等等是主观的东西，做或行动是主观见之于客观的东西，都是人类特殊的能动性。这种能动性，我们名之曰'自觉的能动性'，是人之所以区别于物的特点。"

（1）树立"自力更生、艰苦奋斗"的精神。在个人成长过程中，要重视内因的作用，因为内因在事物发展过程中起着决定性的作用。在相同的条件下，个人主观努力的程度不同，所取得的成绩和做出的贡献就会有很大的差别。因此，我们一定要自立自强，不等、不靠、不赖，自己的事情自己负责，自己解决。

（2）解放思想、转变观念。要发挥个人的主观能动性，必须坚持解放思想、转变观念，注意破除传统习惯和定势思维的制约。比尔·盖茨也说过："一个人如果不能勇于打破常规思维的束缚，不能勇于制订新的规则，他就永远是个平庸的人。"

1）一方面，要破除主观思想的束缚。由于每个人的专业学识、人生经历、思想方法的不同，因此对同一问题的看法也就往往不同，"仁者见仁，智者见智"，这就是一种主观认识的局限性。古人所说的"不识庐山真面目，只缘身在此山中"，说的就是这个道理。所以，如果我们要开阔视野，有所创新，有所发现，就必须注意破除自身主观思想或个人经验的限制，大胆地解放思想，转变观念，否则就可能成为"井底之蛙"。南宋思想家陈亮曾言："推倒一世之智勇，开拓万古之心胸。"

2）另一方面，要破除惯性思维的束缚。首先，要破除个人的惯性思维。很多人学习、工作和研究，往往会受个人惯性思维的影响，过去是怎么样，现在还是怎么样，凡事按部就班，循规蹈矩。这样必然墨守成规，因循守旧，凡事只能亦步亦趋，难以有所创新，有所超越。因此，我们必须注意破除惯性思维的影响，挣脱惯性思维的束缚，打开思路，另辟蹊径，这样才能充分领略到"柳暗花明又一村"的新境界。稻盛和夫指出："我们必须摒弃头脑中的'惯性思维'，抛开任何可能限制我们进步的、先入为主的观念，这样才得以突破最后一道障碍，迈向成功。"其次，要破除社会的惯性思维。一个社会的发展也有自身的惯性思维，这种惯性思维既有良性的，它能促进社会实现可持续发展；但也有其恶性的，会阻碍社会的进步和发展，如社会偏见、不良的传统习惯等。因此，必须坚持与时俱进，积极推进思想观念形态的创新，并以此推动社会变革。

（3）充分发挥自身内在潜能。每个人都有自身的潜能，这是实现科学新发现和工作新创造的重要条件。有的人认为只有科学家或专家才有潜能，一般人都没有。其实每个人都有自身的潜能，只是你没有意识到而已。要知道，人的潜能是十分巨大的，它是一座蕴藏着巨大能量的宝库。生理学研究成果表明，人类的大脑潜能是一个无穷尽的宝藏。据权威估算，人类尚未曾利用的大脑潜力竟高达 90%。

充分地激发学生的潜能，这是教育的重要使命。联合国教科文组织指出："解放人民的才能，挖掘他们的创造力，在发展明天的世界教育未来前景中，居于首位。"因此，在某种意义上，强化潜能的开发比知识的学习更为重要。"天才就是潜藏于我们体内有待开发的潜能。只待正确的条件出现，它就能得以表达。"然而，在日常学习生活中，每个人自身潜能的发挥都是十分有限的。因此，教师在加强学生基础知识传授的同时，还应重视学生创新潜能的培养。

（4）善于捕捉日常生活中的灵感。科学的发现和工作创造，需要有一定的灵感和天赋。当然，灵感也并非无缘无故地产生的，它往往来自平时大量的积累、细心的观察和反复的思考。所谓厚积薄发，说就是这个道理。正如鲁迅所说的："哪里有天才，我只是把别人喝咖啡的工夫用在了工作上罢了。"

洗澡盆里解开"皇冠之谜"

古希腊希洛国王做了一顶纯金的冠冕，但是不知工匠是否掺了别的贱金属。国王请阿基米德帮助解开"皇冠之谜"。当时这实在是一个难题。他正准备去回报国王说毫无办法的时候，又准备去洗个澡。他刚进澡盆，水便往上升；再坐下来，水又漫溢到盆外。同时，他还觉得入水愈深，身体愈轻。于是，他猛然跳出澡盆，光着身子，不顾一切地奔向皇宫，狂呼："我得之矣，我得之矣！"的确，由于这一灵感的触发，他不仅得到了测定皇冠的办法，更重要的是他得到了浮力定律！

2. 要遵循客观规律

做事既要发挥主观能动性，也要注意遵循客观规律，不能为所欲为，否则就可能犯了主观主义的错误了。

（1）要从客观实际出发。我们既要解放思想，也要实事求是，必须把二者有机统一起来。解放思想固然重要，但如果不讲实事求是，不遵循客观规律，就可能会莽干、瞎折腾，犯主观主义错误，最终得不偿失。很多人之所以会好心办坏事，就是这个原因。习近平总书记指出："不实事求是，不老老实实按客观规律办事的人，有时也可能捞到便宜，但最终是要碰壁吃亏的。"在这方面我们有过深刻的历史教训。

客观实际有微观、中观和宏观方面的，从微观方面就是个人实际，从中观方面就是工作实际，从宏观方面就是社会实际。因此，从实际出发必须既要从个人实际出发，也要从单位实际和社会实际出发，这样才不会好高骛远，犯主观主义的错误。

（2）遵循科学的工作方法。唯物辩证法告诉我们，自由是对必然（规律）的认识和对客观世界的改造，人们只有认识和根据客观必然性来确定自己的行动，才会有主动权，才能获得自由。做事情既要苦干，也要巧干。所谓巧干，就是要遵循客观规律，讲究工作方法、方式，这样才能提高工作效率，取得事半功倍的成效。否则，就会事倍功半，收效甚微，甚至前功尽弃，徒劳无功，浪费了时间、精力。

"踏水有道"

在《庄子·达生》中曾记述：孔子有一天来到吕梁之畔，看到洪水从悬崖绝壁中飞流直下千丈，一泻几十里，凶险异常。在这汹涌澎湃的洪水中，即使是鱼类也不能游渡，可是有个汉子却在其中自由自在地漂游。孔子十分惊异。等那汉子游进一湾静水塘里，便跑到塘边去问那人游水要不要掌握什么规律。那汉子大声回答："我说不上有什么规律，我只是始乎故，长乎性，成乎命罢了。每天我随漩涡卷进去，又随波涛掀出来；顺从水性而不凭个人好恶，这就是我的游水之道。"

孔子问什么叫"始乎故，长乎性，成乎命"，泗水汉子回答说："我生于河边而安于河边，这叫始乎故；我长于水中而熟悉水性，这叫长乎性；我进水里自然就会游起来，这叫成乎命！"说罢，他便一头扎进水里游走了。

"踏水有道"故事告诉我们，人的主观愿望只有服从客观规律才能获得自由。

三、融化于文

（一）文化及其作用

1. 什么是文化

文与化并列使用，最早见于《易经·贲卦·彖传》，其中曰："观乎天文以察时变，观乎人文以化成天下。"在我国古典文献中，文化作为一个固定词汇最早出现于西汉刘向的《说苑·指武》，其中曰："圣人之治天下也，先文德而后武力。凡武之兴，为不服也。文化不改，然后加诛。"

世界上对文化的定义很多，有一百多种，可谓众说纷纭。《辞海》中对"文化"的定义为：从广义来说，指人类社会历史实践过程中所创造的物质财富和精神财富的总和；从狭义来说，指社会的意识形态，以及与之相适应的制度和组织机构。

文化体系一般包括以下四个层次：

（1）物态文化。如服饰文化、饮食文化、建筑艺术文化均属物态文化层，展示的是中国传统物态文化。

（2）制度文化。如家族制度、婚姻制度、官吏制度、经济制度、政治法律制度、伦理道德。

（3）行为文化。多指人际关系中约定俗成的礼仪、民俗、风俗，即行为模式。

（4）心态文化。指文学艺术等，如书籍、绘画、书法、雕塑。

2. 文化的作用

老子曰："为之于未有。"文化是一种无形的精神力量，任何个体和组织、国家的发展，都离不开文化。华为的任正非说："世界上的一切资源都可能枯竭，只有一种资源可以生生不息，那就是文化。"习近平总书记指出："文化即'人化'，文化事业即养人心智、育人情操的事业。""一个没有精神力量的民族难以自立自强，一项没有文化支撑的事业难以持续长久。"文化具有教化、规范、凝聚和激励等重要功能，对促进人和组织的和谐、稳定发展具有重要作用。

文化是个人内在的素养和一种重要的精神品质，它作为一种人生价值观，渗透在我们生活、工作和管理的方方面面，潜移默化地影响着人们的实践活动、认识活动和思维方式。优秀的文化具有极强的感染力、凝聚力和号召力，它能增强人的正能量，为人们的健康成长提供不可或缺的精神食粮，对促进人的全面发展起着不可替代的作用。

文化是国家一种重要的软实力，是民族的血脉，是人民的精神家园。文化的力量正深深熔铸在民族的生命力、创造力和凝聚力之中，成为综合国力的重要标志。党的十九大报告中提出："文化是一个国家、一个民族的灵魂。文化兴国运兴，文化强民族强。没有高度的文化自信，没有文化的繁荣兴盛，就没有中华民族伟大复兴。"

文化作为一种无形、柔性的力量，与制度相比，文化的作用更为深远和长久。稻盛和夫指出："影响管理的因素包含可见和不可见的。可见的是比较具体的东西，例如资金、研究发展的能力、机器和设备等。不可见的是由管理阶层和员工共同形成的企业文化、哲学与理念。"文化是无形的，制度是有形的，它们都是组织管理不可缺少的工具。二者相辅相成，共同规范和指导人们的行为。

（二）在工匠精神培育中充分发挥文化的作用

工匠精神是讲术与器的，文化是讲道的。必须把术、器融化于道中，才能发挥作用。同时，术、器是形而下的，道是形而上的。"形而下"必须与"形而上"相结合，才有生命力。

1. 把工匠精神融化于校园文化建设之中

校园文化是工匠精神建设的一个重要载体，把工匠精神有机融入校园文化建设体系中，这是当前职业教育改革的一个重要任务。它一方面可充分彰显和升华工匠精神，提升学生践行工匠精神的自觉性和能动性，另一方面又可提升校园文化作用的深度和广度，充分彰显校园文化的整体精神风貌，并为校园文化的发展与创新注入更强劲的生命力。

要把工匠精神融入校园文化建设中，渠道有多种多样：

（1）把工匠精神融入校园各种文体活动中，如校园文化艺术节，各种学生社团活动、学校体育运动会、学生技能竞赛等，让青年学生在参与活动中潜移默化接受工匠精神的熏陶，从而达到寓教于乐的成效。

（2）把工匠精神融入校训和校史教育中，让青年学生了解和掌握学校的办学历史、办学理念、办学风格，以及让学生了解和学习杰出校友的先进事迹和科学精神，激励青年学生勤奋好学，立志成才。

（3）把工匠精神融入学生创新创业教育中，让青年学生掌握创业技能，培养创新精神，体悟和掌握职业精神和道德规范，为今后职业生涯奠定良好的职业素养和品质。

（4）把工匠精神融入学生社会实践活动中，让青年学生深入社会、了解社会，积极践行社会主义核心价值观，增强社会责任感，使个人价值与社会价值有机统一起来。

2. 把工匠精神融化于企业文化建设之中

企业文化是在一定的社会经济条件下通过社会实践所形成的并为全体成员遵循的共同意识、价值观念、职业道德、行为规范和准则的总和，是企业在自身发展过程中形成的以价值为核心的文化管理模式，是一种凝聚人心以实现自我价值，提升企业竞争力的无形力量和资本。现代有人说，一流的企业做文化，二流的企业做标准，三流的企业做品牌，四流的企业做服务，末流的企业做制造。还有人说，一年企业靠运气，十年企业靠经营，百年企业靠文化。

工匠文化是企业文化的重要组成部分，而工匠精神又是工匠文化的核心。因此，必须把工匠精神贯穿于企业文化建设的全过程，渗透到企业文化建设各环节中。

（1）把工匠精神融入企业文化建设战略之中，根据企业的具体实际和发展战略，进行科学规划、统一设计并积极实施，充分彰显工匠精神的创造价值，培养企业持久的竞争力和发展能力。

（2）把工匠精神融入企业核心价值观之中，积极倡导精益求精、专业专注的工匠精神，并通过企业文化的精神载体、制度载体和行为载体，使之成为全体员工共同的价值导向和行为准则。

（3）把工匠精神融入企业精神之中，努力弘扬开拓创新、追求卓越的时代精神，让员工在生产经营中结合岗位工作，自觉践行工匠精神和工匠文化，不断提升企业的知名度和美誉度，增强企业的品牌影响力和竞争力。

3. 把工匠精神融化于社会文明建设之中

精神文明是社会主义建设一个重要组成部分，我们必须坚持依法治国与以德治国相结合，这样才能促进社会和谐稳定发展。在社会主义精神文明建设中，要采取各种有效措施，大力宣传和弘扬工匠精神，让工匠精神不单成为制造业的行为准则，也要成为整个社会文明的价值导向，形成人人爱护工匠、尊崇工匠精神的良好社会氛围。要把工匠精神的价值理念有机融入社会文明价值体系的建设中，使之成为社会主义精神文明重要组成部分，并延伸到社会各行各业中，不断提升工匠精神的引领力和渗透力，促进整个社会文明水平的稳步提升。

四、固化于制

（一）制度及其作用

没有规矩不成方圆。国有国法，家有家规。荀子曰："隆礼重法，则国有常。"所谓"礼"，就是"典""宪"制度和法规，以及治国方略和政策。"礼"就是治国安民的行为准则。任何一个组织的发展都离不开科学化、规范化的管理制度。工匠精神的培育也离不开建立和完善一套科学有效的制度体系，这样才能有规可依。

制度大体上可分为规章制度和责任。规章制度侧重于工作内容、范围和工作程序、方式，如管理细则、行政管理制度、生产经营管理制度。责任制度侧重于规范责任、职权和利益的界限及其关系。规范化的管理制度必须达到"四个凡事"：凡事有章可循、凡事有人负责、凡事有据可查、凡事有人检查考核。这样，才能形成一个比较完整的闭环管理体系。

小智治事，大智治制。制度的好坏对一个组织的稳定和发展的影响非常大。邓小平同志曾指出："一个好的体制，可以使坏人变好；一个坏的体制，可以使好人变坏。"如果一个组织的管理制度好，能营造良好的工作氛围，有效激发员工的工作热情，调动员工的工作积极性和创造性，从而促进个人与组织的共同发展。如果一个组织的管理制度不好，那就会导致组织管理的无序和混乱，并损害组织的内部运行效率，最终使组织难以实现可持续发展。

（二）在工匠精神培育中充分发挥制度的作用

工匠精神是无形的东西，制度是有形的东西。无形的东西必须与有形的东西相结合，才能有效落地，转化为改变主观世界和客观世界的现实力量。教育必须坚持"刚柔相济"，工匠精神是柔性的东西，而制度是刚性的东西。柔性的东西必须与刚性的东西相结合，才能发挥柔性的作用。基于此，在工匠精神培育中，必须把宏观和微观结合起来，充分发挥各种制度的作用。

1. 推进我国教育体制改革

把工匠精神的培养纳入国民教育，从小抓起，从基础抓起，形成一个从基础教育、职业教育到高等教育完整的教育体系。过去我们比较重视基础教育和高等教育，但忽视了职业教育，导致我国职业教育的发展相对滞后，难以满足我国对大量技能人才的需求，影响了我国制造业的可持续发展。这是我国教育领域发展不平衡、不充分、不协调的具体表现。

我国改革开放已经进入新时代，要实现我国从制造大国向创造大国迈进，我们需要更多创新能力的技术人才和能工巧匠，这就需要大力发展我国的职业教育体系，这是我国今后教育体制改革的一个重要任务。在这方面我们可以学习和借鉴国外职业教育的先进经验和做法，如意大利完善的初等、中等、高等职业教育体系，德国以企业为主、校企合作的双轨制职业教育。

2. 进一步深化职业教育改革

当前我国教育还存在着重学历、轻能力和重理论、轻技术的问题，严重制约着我国职业技术教育的发展，也影响着青年学生工匠精神的培育。为了促进我国职业教育改革，我们必须做到：

（1）加快构建现代职业教育体系。2019年，国务院印发了《国家职业教育改革实施方案》，把职业教育摆在教育改革创新和经济社会发展中更加突出的位置，明确职业教育与普通教育是两种不同教育类型，具有同等重要地位。

《国家职业教育改革实施方案》提出了改革的总体目标是：经过5~10年时间，职业教育基本完成由政府举办为主向政府统筹管理、社会多元办学的格局转变，由追求规模扩张向提高质量转变，由参照普通教育办学模式向企业社会参与、专业特色鲜明的类型教育转变，大幅提升新时代职业教育现代化水平，为促进经济社会发展和提高国家竞争力提供优质人才资源支撑。

《国家职业教育改革实施方案》提出要完善国家职业教育制度体系，健全国家职业教育制度框架，提高中等职业教育发展水平，推进高等职业教育高质量发展，完善高层次应用型人才培养体系。明确提出推动具备条件的普通本科高校向应用型转变和开展本科层次职业教育试点。

（2）深化校企合作和产教深度融合。深化校企合作，并推动产教深度融合，这是当前职业教育改革的一个基本方向，它有利于合理利用企业职业教育资源，也有助于职业院校以"订单班""双元制"等形式为企业精准培养技能型人才，从而使校企合作双方实现双赢。同时，在校企合作和产教融合中，通过学生在企业"顶岗实习"形式，也有助于青年学生在参与实训中培养工匠精神。

（3）继承和发扬古代"师徒制"教育传统。我国当代的职业教育改革，可以按照"古为今用"的原则，注意借鉴中西方职业教育的优秀传统。

在中国古代职业教育中，艺徒制是最为普遍、受教育者人数最多的教育形式，也是中国古代职业教育中时间保持最长的教育形式。墨子创办的私学是以传授木工、器械制造技艺为主的，其教学方法注重实际操作。当时，突破家庭圈子收徒，实行个别传授也已出现。例如，《史记·扁鹊仓公列传》上记载了医术高明的长桑君收扁鹊为徒的经过。

西方的学徒制起源于公元 5 世纪后期到公元 15 世纪中期，它最早出现在手工业领域，是一种在实际生产过程中以口传手授为主要形式的技能传授方式。在家庭式的手工作坊中由父向子传授祖传技艺，随着生产规模扩大，业主逐步向外招收除儿子以外的学徒以解决劳动力不足的问题，于是这种以父子关系为基础的学徒制开始转向以契约形式为基础的师徒分工合作生产模式。

古代流行的中国艺徒制度和西方行会的学徒制，采取的都是一种"心传身授"的默会教学方式，学徒都是在实践中边看、边干、边学，不断磨炼技艺，体验并形成精雕细琢、精益求精、严谨专注的职业精神。

3. 强化职业技能的激励保障制度

建立优秀民间传统技艺表彰奖励制度。我们可借鉴当今建筑界"鲁班奖"、工艺美术界"金奖""银奖"形式，对技艺界的精品、优品实行专项奖励制度，提升优秀技艺的知名度和美誉度。可组织评选德艺双馨的工匠大师或能工巧匠，并给予精神激励和物质奖励，有效提升名匠大师在社会上的地位。建立传统工匠技艺知识产权保护制度，保护传统工匠的合法权益不受侵害，促进优秀传统技艺的有效传承与发展。

4. 实行国家工匠技能认证制度

我们在加强现行职业教育法规执行力度的同时，可借鉴德国职业教育举行国家考试制度，全面实行工匠职业从业资格考试制度和工匠技能等级认证制度，不断提高职业资格水准和职业荣誉感。同时，我们在鼓励职业院校学生在获得学历证书的同时，积极取得多类职业技能等级证书，拓展就业创业本领，缓解结构性就业矛盾，培养复合型技术技能人才。

第五章

工匠精神之新时代

　　党的十九大报告中明确指出，中国特色社会主义进入了新时代。"工匠精神"已经成为新时代国家经济转型不可或缺的精神资源，对我国社会主义现代化具有重要推动作用。时代呼唤工匠精神，社会需要工匠精神，产业结构的优化调整离不开工匠精神。从某种意义上来说，各行各业都急需工匠精神的回归，中国社会对工匠精神的倡导与弘扬刻不容缓。

第一节 新 意 义

很长一段时间内，"工匠精神"似乎淡出了人们的视野，但这不意味着"工匠精神"已经过时。不同时期和不同地域的"工匠精神"虽然各自表现形式不同，但是古今中外的"工匠精神"也具有相通之处。"工匠精神"中蕴含的爱岗敬业、精益求精、求实创新等精神品质，对促进个人的全面发展，提高经济竞争力以及传承和发展民族文化都有重要的价值。

一、增强国家经济竞争力的精神资源

国家经济竞争力的提升是综合效应产生的结果，除了有形的物质资源作用外，也包括了无形的精神资源。而新时代工匠精神强调的精益求精和钻研创新的精神理念就是一种无形精神资源，在推动企业转型升级、提升产品质量，增强市场竞争中发挥着重要作用。

（一）培育工匠精神是推动供给侧结构性改革的内在要求

供给侧结构性改革是当前推动我国经济发展的主要动力之一，是促进经济高质量发展的新出路。供给侧结构性改革，其根本上是通过内部结构的变化来提高供给体系的质量和效率。而工匠精神的精髓就是不断追求精益求精、追求完美、专注耐心的精神来提升工作、产品的质量和效率。可见，"工匠精神"与供给侧结构性改革有着共同的精神追求。因为更多的时候，工匠精神表现为一种气质和追求，以仁者之心来对待产品和客户，以道家无为之心来面对产品制造的过程，以像对待生命一样去精心呵护品牌的价值，而这种精神正是推进供给侧结构性改革的基础和前提，是实现供给侧结构性改革的真正突破。

（二）培育工匠精神是推动品质革命的动力源泉

所谓品质革命，其实就是一场倒逼品质全面升级的革命，其核心的导向是以消费者的需求为中心，通过精益求精的工匠精神、工艺与服务创新，满足消费者不断提升的消费需求。而要推进"品质革命"，就需要所有劳动者的共同努力，因为，只有每一个劳动者都发扬"工匠精神"，抓住每个细节，才能生产出消费者满意的优质产品，才能推动"中国制造"赢得市场附加值。因为"中国制造"要成功突围并迈上发展新台阶，需要创新型人才的支持，而创新型人才中，其中就包含大量技艺精湛的能工巧匠以及具有工匠精神的大国工匠。基于此，我们必须秉承工匠精神，在产品质量上下足功夫，通过提升产品质量稳定性、精度的保持性、消费的安全性，以推动"中国制造"加快走向"精品制造"，以赢得大市场。

（三）培育工匠精神是加快制造业转型升级的现实路径

实践证明，重视工匠精神的培育和传承是国际制造业强国成功的重要因素。纵观德国、日本、美国等制造业发达的国家，其产品之所以有着做工精细考究的共同特点，其内在的原因就是这些国家始终注重工匠精神的培育和传承，企业的精品理念根深蒂固和从业人员一丝不苟、精益求精、追求完美的工作态度和优良品质。这些国家的从业者通常会把个人的荣辱得失与自己的本职工作联系在一起，即便是非常不起眼的工作也会尽最大努力追求完美和极致，这正是归功于这些国家对工匠精神的不断弘扬和培育。

作为国民经济的主体，制造业是当代中国的"立国之本、兴国之器"，而我国现在的现实状况是一个制造大国，但却远非一个制造强国。要实现从"制造大国"向"制造强国"的根本转变，客观上要求培养和造就数以亿计的高素质、高技能的技术技能型人才。而要培养和造就此类人才，就必然要大力培育与弘扬工匠精神，通过具备工匠精神人才的耐心、专注、执着与创新，持续推进当代中国制造业的质量升级、技术升级、品质升级、战略升级，积极促进我国制造业日益向"高端、智能、绿色服务"等高科技、高效率、高品质的方向发展，进而培育我国制造业新的"增长极"，凝聚我国制造业新的"加速度"，增强我国制度业竞争的新优势，不断推进当代中国制造业追求高品质、打造新格局、提升新境界。

二、企业生存、发展的重要保障

中国的企业很多，但真正做大做强的却很少。德国、日本、荷兰等长寿企业众多的秘诀就是工匠精神的传承，他们生产态度严谨、重视技术更新、注重产品质量，把工匠精神看作是一种新的生产理念。由此可知，"工匠精神不仅可以帮助企业制造出高品质的产品，还可以使企业实现真正的持续发展。"纵观历史，中国也不乏像长城、都江堰等享誉中外的作品，即使到现在，像格力、海尔、华为等国内优秀品牌仍然得到大家青睐，究其原因正是始终坚持对品质的极致追求。如果都抱着"差不多"即可的思维，不愿意花时间、花精力去打造产品，一味求快、求量，产品必然沦为"粗制滥造"，更谈不上企业的发展。因此追求品质的工匠精神是企业文化的最基本组成部分。同时，一丝不苟的工匠精神是企业制度得以执行的保障，是其在激烈的竞争中立于不败之地的法宝。

（一）工匠精神是加快企业转型、产业升级的需要

由于多种原因，我国很多产业出现了产能过剩、企业利润下滑的问题。在一个质量至上、追求性价比的时代，必须淘汰高耗能、高污染、高排放的企业，加快成本低、品质低、技术低的传统企业转型升级。工匠精神是极致、精益的精神，对质量、品质的执着追求正是我国企业转型升级的有效途径。企业要做到适当放缓工业增长速度，踏踏实实、勤勤恳恳、一步一个脚印来提升产品质量。因为要做出高技术、高质量、高效用的产品，就需要培育精益求精的工匠精神。

（二）工匠精神是企业形成良好风尚的需要

工匠精神是传承下来的优秀精神品质，不仅属于手工业者，更是技术人员乃至企业所有员工应具有的对工作认真负责、对产品精益求精、对质量追求完美、对服务求实创新的职业态度。如今部分企业存在的假冒伪劣、唯利是图等不良作风，导致企业效益下滑、市场认可度不高。所以提升企业整体形象，形成良好企业风尚，必须大力弘扬工匠精神。国家积极倡导工匠精神，就是对我国企业提出的新要求。

（三）工匠精神是企业提高市场竞争力的需要

工匠是企业生产发展中最坚实的基础，企业的生产、建设、发展都离不开默默付出的员工。他们可能从事着平凡简单甚至机械的工作，但正是这份看似"廉价"的劳动和这份看似"平凡"的坚持，创造了一批又一批供人们使用的产品，更为企业带来了财富，带来了新的机遇。工匠精神提倡不断改进生产工艺、加强技术创新，使产品从低端精益到高端，使企业走出国门走向世界，提升中国企业的整体水平和国际市场竞争力。工匠精神既是一种职业态度，也是一种精神力量，关乎企业的生存发展。要想让企业在产业转型过程中赢得市场竞争，关键是企业应该全力弘扬和培育工匠精神，将工匠精神付诸实践体现在行动上，在产品质量和服务态度上下功夫，满足消费者需求，才能在市场化转型过程中，形成企业良好的氛围，赢得市场竞争，让工匠精神真正成为促进企业的可持续发展的精神力量。

三、职业院校自身生存、发展的需要

职业院校以市场需求为导向，以学生就业为目标，必须重视企业的人才需求。根据对国内 600 多家企业的调查，大部分企业对青年就业人员的最大希望和要求是：除了上岗必须的职业技能之外，还必须懂得做人的道理，具备工作责任心。他们几乎一致认为，经验、知识和能力可在工作实践中逐步培养，但是为人、工作责任心等基本素质必须从学校抓起并逐步形成。因此，高职院校在加强培养学生职业技能的同时，还应高度重视对学生职业精神的塑造和培养。

（一）培育工匠精神是高职院校生存发展的需要

作为以市场为导向、以学生就业为目标的高职院校，在加强培养学生职业技能的同时，高度重视对学生职业精神尤其是工匠精神的塑造和培养等，这对于进一步增强高职院校学生的就业竞争力具有重要的作用。但是，就目前各高职院校培养出的毕业生来看，大部分的学生仅掌握的是最基本的职业技能，而极少数具备良好的职业道德以及职业精神，所以培养具备专业知识技能和职业精神的工匠，不仅是高职教育的责任，同时也是国家在召唤，时代在呼唤的必然趋势。将工匠精神的核心要义和精髓有机地融入高职教育教学中，不仅能有效地提高学生的职业道德，涵养职业精神，同时又能为我国制造业的升级转型培养更多具有专业知识技能和工匠精神的高素质人才。因此，在高职教育教学的过程中引入工匠精神的教育是非常有必要的。

（二）培育工匠精神是将立德树人根本任务落细落实的需要

2019 年，《国家职业教育改革实施方案》（简称"职教 20 条"）指出：职业教育坚持把立德树人作为根本任务，德智体美劳全面培养，努力形成更高水平的技术技能人才培养模式。作为教育的首要任务，立德树人是高职教育必须坚持的根本，立德树人必须培养学生树立科学崇高的理想信念，引导他们积极地培育和践行社会主义核心价值观，树立职业道德和职业精神，实现全面发展，培养职业精神，锻造职业素养更是高职院校人才培养的重中之重。以培育当代工匠精神为载体，是造就数以千万计"德艺双馨"的大国工匠、行家里手，促进我国由"制造大国"向"创造大国"转型发展的重要途径，是形成尊重技能人才、认同技能人才、争当技能人才良好社会氛围的有效手段。

（三）培育工匠精神是推进"产教融合"，提升人才培养针对性的需要

全面深化产教融合，不仅有助于推动职业教育的内涵式发展、促进国家创新体系的建设、应对新科技革命及新工业革命的严峻挑战，同时也有助于提高人才培养质量。作为高水平人才培养体系建设的底蕴性支撑，"产教融合"从本质上来看，是以实现人的成长成才为价值旨归的，它生动体现了对人类精神的目标追求。而这与工匠精神所内蕴着的敬业、精益求精、专注、创新等理念，强调从业者的职业品质、职业道德和职业能力，重视对从业者职业价值和行为表现的引导和培养等方法和措施是相一致的。因此，对工匠精神的关注和强调，是产教融合的内在本质和属性要求。高职院校必须大力弘扬和培育劳模精神和工匠精神，通过坚持走产教融合、校企合作发展之路，让学生从课堂走入工厂，从书本走向实践，从理想走进现实，以加速其从学生到工匠的华丽"蜕变"。同时，通过企业和社会对学生的"检阅"，在教书育人方面也进一步对高职院校提出改革创新要求，从而不断深化高职院校改革创新，持续提高人才培养水平，为实现"制造强国"提供坚实的人才支撑。

（四）培育工匠精神是高职学生个人就业和发展的需要

人才是企业最重要的生产要素，是重要的生产力，企业的竞争不仅是资本和技术的竞争，也是人才培养和创新驱动的竞争，这是未来制造业竞争成败的关键因素。而作为为企业培养、输送大量的高素质技术技能型人才的高等职业院校，唯有抓住时机，与时俱进，在加强培养学生技能的同时，重视对学生职业道德、职业情感与职业精神的培养，才能使培养的人才成为用人单位的"香饽饽"，才能在促进职业院校良性发展的同时为国家产业转型升级提供坚实的人才保障。基于此，作为技术技能人才培养主战场的高等职业院校，应从以培养"够用实用"的技术技能转向培养"工匠精神"所需的技术技能，从以培养学生专业技能素质为主转向培养职业素质为主，以促进学生职业素养全面发展的轨道上来。作为准职业人的高职学生也只有在秉承一种坚持、专注，"干一行爱一行"的理念的基础之上，才会去认真学习专业知识，踏实实习实训，探寻自己的职业兴趣和职业理想所在，努力汲取相应知识和能力，从而为成为未来的"大国工匠"做准备，也只有内化了这种精神理念的职业人才，才有动机在本行业内精益求精，不断探索，成为行家里手；才能实现服务企业、回报社会、个人持续发展的终极目的。

四、促进工作主体自我价值的实现

马克思说："任何一个民族，如果停止劳动，不用说一年，就是几个星期，也要灭亡"。劳动是劳动者的脑力和体力的支出，通过劳动创造物质财富和精神财富，是人类文明进步的源泉，而劳动者又是整个生产过程中的主体，在生产力发展过程中起主导作用。

只有劳动力与生产资料相结合，才能为社会创造出物质财富和精神财富，并且在生产过程中不断提高和促进自身的全面发展。在新时代，劳动者仍然是社会发展过程中的重要细胞，而新时代工匠精神的培育也可不断地促进工作主体自我价值的实现。

现代化科学技术的不断发展，机器化生产模式的大量普及，客观上极大地提高了劳动生产率，促进了社会经济的发展。但同时它也对劳动者的发展构成了威胁，一定程度上阻碍了劳动者的向内发展，使工作成为一种简单地、机械地的重复，职业者丧失发展的方向和动力。对于制造业可能就是面临着不顾质量只拼产量，不仅降低产品的质量，而且从业者也会丧失工作的热情。现在新时代工匠精神的重塑可从精神层面唤起工匠，启发工作者的主动性和创造性，为工作者提供清晰的方向和强劲的精神动力，这样即可调动从业者不断发挥自己的热情和聪明才智，积极投身于中国特色社会主义的各项事业中，并在其中实现工作主体的自我价值。

（一）培育工匠精神有利于工作主体价值规范

首先，新时代工匠精神为从业者提供了从业的价值观，对从业者起到价值规范作用。当今社会中各行各业都有很严重的逐利思潮，实业中各种假冒伪劣、以次充好、粗制滥造，不胜枚举。由此引发的安全事故也是层出不穷。而虚拟经济中侵犯知识产权、蒙混过关、作假也不在少数。这种现象的存在不仅影响了当下的社会风气，而且对整个社会将来发展也是不利的。弘扬新时代工匠精神不仅可以为各行各业提供价值观的引领，而且可以为产品的品质从精神层面提供保障。

其次，新时代工匠精神为从业者指明了事业发展的根本。新时代工匠精神把实体经济和虚拟经济的职业发展好坏都落实到产品或作品的品质上，以产品或作品质量的好坏来评价从业者事业的发展程度。在这样的评判标准下，从业者就可以心无旁骛、聚精会神地投入产品和作品的质量上，少些投机取巧、弄虚作假，多点实事求是、脚踏实地。

（二）培育工匠精神有利于工作主体价值的实现

首先，新时代工匠精神的长期培育有利于为从业者提供动力。在许多实业中，从业者缺乏动力和热情，一方面由于机械化大生产的发展，使得许多从业者处于了流水线重复劳动的地位；另一方面正是处于流水线的地位，那么对于劳动者来说涉及升迁的机会很小。在这样的情况下，从业者也觉得自己的工作只是重复的简单劳动，既没有价值也没有前途，在从业者的精神层面出现了茫然，导致"空心化"的状态。不断弘扬和培育新时代工匠精神，并且明确从业者的价值大小通过产品的品质的好坏来衡量，好的产品品质就是对从业者工作价值的认可，这样也就解决了从业者这精神层面的茫然化。因此，通过弘扬和培育新时代工匠精神，为从业者制定新的价值评价体系，赋予了从业者职业发展的热情和动力。

其次，新时代工匠精神有利于员工获得满足感。产品是工作者自由意志的表达。工作者可对整个工作过程有完整的掌控，这样产品就可根据工作者自己的意志去构建，渗透在作品中的是工作者自我价值和想法的表露，体现了工作者对于世界的认识和体会，工作者的自我价值观、世界观和人生观通过作品实现了客观外化，得到了表达。工作者秉持工匠的态度去做事，工作就不会再是为了完成任务痛苦的事情，而是自我情感和态度的投入。工作过程变成自我生命活动的展开，工作本身就成为一种生命外在的表达。自我的价值依赖于自己思想、自己的劳动，外化为作品。因此，在工作过程中能够获得真正的满足感。

再次，新时代工匠精神有利于员工实现自我价值。现代机器时代的部分企业为了降低成本、扩大利润，让工人从事机械重复的流水工作，他们从事的工作是日复一日的体力劳动，不具备创造性，甚至是被动消极的，更没有自我价值的追求。企业员工要想实现自我价值必须具备两种能力：① 专业的知识水平、技术能力；② 爱岗敬业、认真负责的素质能力，也就是职业精神，更是企业积极培育的工匠精神。工匠精神是在劳动中学习、在工作中发现快乐并创造价值的精神理念，所以企业培育工匠精神可以使员工产生对自己工作的满足感、自豪感和荣誉感。员工只有具备一定的工匠精神，可以在制作生产的过程中，不断对效率进行提升、对技艺进行完善、对程序进行优化，也可以通过经验获得自己的想法，提出更好的意见来对工作进行创新改造，最后将自己的意志通过产品表现出来，在工作过程中获得真正的成就感，从而实现自我价值。

第二节　新内涵和新要求

千百年来，工匠精神已深深融入中华民族的血液之中。在当今世界进入信息化、网络化、智能化的时代背景下，我国也正处于由"中国制造"转型升级为"中国智造"的关键阶段，这就要求我们培养大批具有新时代工匠精神的优秀人才，以实现对"中国制造2025"的对接与支撑。而在这样的时代背景下，我们就要重新思考、探索工匠精神的时代价值与内涵。

一、精益求精、追求极致的职业品质

将工作完成的精确程度从60%提高到99%，与从99%提高到99.99%是两种完全不同的概念，这与科学研究中"灵光闪现"的顿悟不同，更多地表现为"十年磨一剑"的千锤百炼、追求卓越的不断改进和累积，更多地体现工匠们追求品质、精益求精并愿意为某一项技艺的传承与发展贡献毕生精力的内心诉求。

从远古简陋的石器到商周的青铜器、唐代的彩塑、明清的家具，到今天精美无双的各种日用品、艺术品……其间凝结的，正是工匠们追求极致的精妙匠心。老子曰："天下大事，必作于细。"《大学》曰："如切如磋者，道学也；如琢如磨者，自修也。"朱熹道："言治骨角者，既切之而复磨之；治玉石者，既琢之而复磨之，治之已精，而益求其精也。"这些描述均充分体现了工匠们代代传承下来的"追求卓越、崇尚质量，精益求精、追求极致"的精神所在。这是几千年前就植入到工匠血液中的基因，是推进工业发展的巨大能量，也是缔造人类传奇的伟大力量。

纪录片《大国工匠》中匠人们的成功之路，不是进名牌大学、拿耀眼文凭，而是默默坚守，孜孜以求，在平凡的岗位上，追求职业技能的完美和极致，最终脱颖而出，跻身"国宝级"技工行列，成为一个领域不可或缺的人才。尽管此纪录片中故事内容林林总总，故事主人公文化、年龄、职业均有区别，但从中提炼出共性，毋庸置疑都是有着追求品质、精益求精的敬业精神。而对于企业而言，只有每位员工对每件产品、每个环节、每道工序都能做到精雕细琢、好上加好，形成精益求精、追求极致的职业品质，养成勤思好学、脚踏实地的职业精神，那么，产品的品质与企业声誉就能不断提升，进而在激烈的竞争中快速成长与发展，并在全球市场中占据一席之地。

资料链接

黄新民是国网新疆乌鲁木齐供电公司继电保护工作负责人，曾获得全国五一劳动奖章，国家电网有限公司继电保护检测专家、劳动模范、国网工匠等荣誉。他曾说过："立足岗位，树立求真务实工作观，建立严谨细致的工作作风，形成敬业奉献工作态度，善于思考、勤于钻研、甘于奉献，这一切看似普通却不平凡。"

截至 2019 年，从事继电保护工作 22 年来，黄新民负责了 30 余座老旧变电站改造、20 余座新建变电站验收投运等重点工作。

黄新民每天在施工现场忙个不停，加班到凌晨更是家常便饭。按常规进度，一条线路的保护换型工作需要 4 ~ 5 天，可黄新民加班加点，硬是将时间缩短至 3 天。

2007 年 6 月，改造工程进入关键期，黄新民患上支气管炎。同事送他到医院，可转眼黄新民又出现在了工地："我挂号了，可排队的时候突然想起来，今天的工作要'五防'解锁，容易发生隔离开关误动，还是等工作结束后再去看病吧。"

2009 年，黄新民担任继电保护一班班长。班员几乎都是年轻人，普遍缺乏现场工作经验。每次安排工作，他反复交代安全注意事项，然后再逐一检查。

2010 年 12 月，110kV 安宁渠变电站开展数字化改造。从方案设计、技术指导到现场管控，黄新民全过程参与。他说："这是国网新疆电力第一座 110kV 数字化变电站，没有经验可借鉴，必须从零开始、从头学起。"改造过程中，遇到不懂的问题，黄新民就向设备厂家的技术人员请教。厂方人员也解决不了的问题，他就查资料自学。工程结束后，他成为乌鲁木齐供电公司数字化变电站建设的技术带头人。

掌握了新知识新技术的黄新民，在此后的工作中大力培养专业技术人员。2011 年，以他名字命名的黄新民职工创新工作室成立了。在他的带领下，工作室累计完成 75 项创新课题的研究，获得国家专利 52 项、软件著作权 5 项，并发表论文 132 篇。

电力是关系千家万户和国计民生的行业，在新时代更需要工匠精神的回归。在建设具有中国特色国际领先的能源互联网企业的伟大征程中，黄新民、张林垚等电力人在自己的本职岗位上默默奉献着，他们承担着一个新时代高技术技能人才应尽的责任，他们用一个个细节尽显电力人的英雄本色，用过硬的本领不断挑战安全生产新的极限，用持之以恒的坚持书写着永不褪色的电力人生。他们是新时代工匠精神的楷模。

二、开放协同、分工协作的共赢意识

中华民族数千年承袭下来的工匠文化，是以传统小作坊为基本生产单元，以师傅将手艺传授给徒弟、徒弟免费为师傅工作的师徒制为纽带，以家庭成员为组成的自产自销经营模式。中国匠人们坚持以品质取胜、口碑相传作为经商之道，自古就有"酒香不怕巷子深"的商道名言。如今在经济全球化、专业化、市场化、信息化的背景下，企业内部与企业之间的分工协作更加紧密。专业化的分工可短时间内聚合优势资源，促进资金、资本、技术等要素高效流动配置，在产品创新、产品制造等诸多领域形成优势集合体，推动生产力更快发展。此外，企业间通过全球合作共同提升品质、提高效率、开拓新市场、分享制造服务新价值成为趋势。近几十年的世界经济发展实践证明，开放协同、互利共赢是经济发展的重要动力。如今，在经济全球化条件下，我国经济发展已全面、深度融入全球市场经济体系中，对产业链中产品的专业化、精细化要求更细、更高。合理分工、开放协同、高效合作，成为现代工匠精神的一个重要标志。

一个团队的优秀就体现在善于协同作战，共同学习成长上。一个高效的团队必然是由一群高度忠诚并乐于合作的成员所组成的。这样的成员愿意为团队的成功做出自己的贡献，并努力寻求团队的最佳执行方案。只要有需要，无论何时都会全心全意地投入；总是乐于帮助他人，愿意承担更多的责任；乐于将自己的经验与团队成员分享，共同学习进步。

三、爱岗敬业、专注专业的执着追求

敬业精神是推动人类社会进步的重要精神财富，也是社会对从业人员提出最基本的职业道德要求。爱岗敬业与专注专业互为前提，相互支持，相辅相成。爱岗敬业是专注专业的基石，专注专业是爱岗敬业的升华。当我们把爱岗敬业、专注专业当作一种人生追求时，就会在工作上少一些计较，多一些奉献；少一些抱怨，多一些责任；少一些懒惰，多一些上进，享受工作带来的快乐和充实。皮尔·卡丹曾经对他的员工说："如果你能真正地钉好一枚纽扣，这应该比你缝制出一件粗制的衣服更有价值。"更深一层地理解这句话应该是：行使自己的工作职能，无论你的工作是什么，重要的是你是否做好了你的工作。孔子提出的"执事敬""事思敬""修己以敬"，实际上就告诉我们敬业是立业之本，是人实现社会价值的重要依据。无论在任何时候，我们都要尊重自己的岗位职责，对自己的岗位勤奋有加。

2015年"五一"开始，央视新闻推出八集系列节目《大国工匠》，该片以热爱职业、敬业奉献为主题，讲述了八位"手艺人"的故事。在他们中间，有在中国航天事业中，给火箭的"心脏"——发动机焊接的第一人高凤林，有载人潜水机上被称作"两丝"钳工的顾秋亮，有高铁研磨师宁允展，有港珠澳大桥深海钳工管延安，有捧起大飞机的钳工胡双钱，同时还有錾刻人生、为APEC会议制作礼物的孟剑锋及捞纸大师周东红。

在这部《大国工匠》纪录片当中，所介绍的八位手艺人基本上都是奋斗在生产第一线的杰出劳动者，尽管他们文化不同，年龄有别，但他们身上都拥有一个共同的闪光点——工匠精神。他们数十年如一日地追求着职业技能的极致化，靠着传承和钻研，凭着专注和坚守，缔造了一个又一个的"中国制造"，打造出一个又一个技术神话。他们中有的文化水平并不高，从事的行业也不是很起眼，但在他们的身上，我们看到了他们技术的炉火纯青、登峰造极，品质的高尚与伟大。他们以默默无闻、波澜不惊的"技术奉献"和特有的"匠心"，书写着劳动者的品质，用他们的精巧绝技向我们诠释爱岗敬业的深刻内涵。而这种敬业精神的存在的最大意义，就是把工作看作是一种修行，甚至将其看作"人生"本身，无论何时何地，都能保持对工作与生活的热情；无论何时何地，他们都能专心致志，坚持不懈，以耐心、坚持、默默奉献，无怨无悔的精神专注于自己的专业工作，敢于创新进取、勤于钻研探索、甘于寂寞平淡、乐于奉献付出，以一丝不苟、专注专业的态度为民族制造业注入灵魂，为振兴民族产业贡献力量。

四、与时俱进、勇于创新的开拓精神

工匠的能力从来就不止于"造物"，还在于"用我们周围已经存在的事物制造出某种全新的东西"，实现"青出于蓝而胜于蓝"的价值追求。如我国历史传说中的黄道婆、庖丁、鲁班以及欧冶子等。国外亦是如此，如本杰明·富兰克林、托马斯·爱迪生以及怀特兄弟等。工匠精神绝不同于因循守旧、拘泥一格的"匠气"，工匠精神有着对任何一个环节的力求完美，也不乏大胆突破传统窠臼的创新与探索。很多时候，工匠精神意味着毫不犹豫地否定自己，但其终极目标仍然是，以更合理的技术实现对更精致产品与服务的追求。所以说，创新是"工匠精神"的一种延伸，是在技术上和精神上的一种自我超越。

资料链接

王伟胜，中国电科院新能源研究中心主任。他先后获国家科技进步奖2项、中国标准创新贡献一等奖1项，2015年入选首批"万人计划"国家高层次人才特殊支持计划领军人才，2019年获国家电网有限公司特等劳模称号。

从1998年开始，王伟胜和团队成员就在国内率先开展新能源并网仿真与试验研究。2010年，他主持建成了世界规模最大、唯一具备风电机组全部并网性能试验功能的张北试验基地，组织研发了我国首套新能源功率预测和调度系统，用于我国26个省级及以上电网，显著提高了我国电网的新能源消纳能力。中国电科院新能源研究中心在新能源大规模并网与高效利用上实现了技术引领。

"参加工作20余年来，王伟胜凭借对新能源科研领域的追求和热爱，在工作中充满激情，永远有新想法、新点子。"同事们经常这样评价他。他常说，干事创业要敢于创新，创新要立足实际解决问题。

新能源具有随机性、波动性和低抗扰性，运行不确定度大，使并网技术成为困扰全世界新能源发展的难题。我国新能源实行大规模集中开发，缺乏灵活调节电源，消纳和安全运行问题突出，并网运行和有效消纳已成为我国新能源发展的主要瓶颈。

王伟胜带领团队在国内率先开展新能源并网仿真研究，建立适应新能源消纳评估与并网稳定分析一体化仿真平台，完成全国千万千瓦级新能源基地新能源接纳能力分析，开展300余个新能源场站接入系统专题研究，为新能源可靠接入电网提供重要技术支撑。

王伟胜带领团队成功研发了我国首套新能源功率预测系统和新能源调度计划系统，在26个省级电力调控中心应用，显著提高了受限地区的新能源消纳能力。他的研究成果"新能源发电调度运行关键技术及应用"项目获2016年国家科学技术进步二等奖。

伴随着"互联网+"时代的大潮滚滚向前，互联网思维犹如一股飓风，正以一种狂风扫落叶之势急速影响和改变着世界。顺势而为，就能站在风口上乘势而起；逆势而为，则会在这股飓风的冲击下不知所踪，甚至尸骨无存。在这样的时代，创新始终是社会的主旋律、时代的最强音。但不管什么样的创新求变，目的只有一个，就是使工业更加发达，使产品和服务更加完美。近几年来，我国以供给侧结构性改革为主线，对传统产业进行新一轮技术改造及升级创新，加快做大做强新兴产业集群，着力解决发展不平衡、不充分问题，加快实现质量、效率、动力的变革，加快实现向中国创造、中国品牌转变。在这一过程中，精进不休和勇于创新成为工匠精神传承和发展的不竭动力，是新时代工匠们必须具备的最基本素养。

资料链接

　　冯振波是国网福州供电公司输电带电作业一班班长，国家电网公司的生产技能专家。"守护银线为民生"，冯振波常对班员们这么念叨，在他看来，守护线路不停电，就是在守护大家的美好生活。

　　作为电力系统的"特种兵"，输电带电作业工人每天都要面对高山、高空、高压的三大难关。作为班长，冯振波要守护好跟了自己多年的班员，不能更不愿拿兄弟们的生命冒险。然而，守护之间，似乎有难以调和的博弈，冯振波陷入了沉思。"对，搞发明创造"，他决定用创新去超越这种博弈。

　　创新很辛苦，推倒重来是家常便饭，好多次身心俱疲的他想放弃。但每当想起搞发明的初衷，避免老百姓停电，避免班员受伤害，他都会咬紧牙坚持下去。二十多项创新发明就这样诞生了，使用新工器具解决作业难题，也成了冯振波的"制胜法宝"。

　　在很多人看来，冯振波搞发明要求很高。原因其实很简单，冯振波的发明不是为他自己发明的。他的"链式出线飞车"已经成熟运用于生产，但在一次模拟训练中出现了脱链故障。外人看来，飞车只是有点小毛病。冯振波却表情凝重，他想到的是班员的安全受威胁。特别是在出导线作业的情况下，头上是苍茫的天空，脚下是百尺的深渊，唯一能依靠的，是挂在那根几十万伏电压导线上的飞车。怎么办？重新设计。经过近半年的攻关，他又发明了"轴传动出线飞车"。这种截然不同的飞车，承载的是冯振波对班员安全的牵挂，带来的是工具综合性能的巨大提高。

　　近年来，冯振波先后主持完成了"带电消弧装置"等一系列新项目，8项成果达到国内领先水平。截至目前，他共获得35项国家专利，获评全国发明展奖、福建省电力科技进步奖等42项，并有6项成果在全省电力系统推广应用，每年应用近百次。这些项目，极大地拓展了带电作业内容，取得了较好的经济效益，创新的"软实力"转化为生产的"硬实力"。

　　为了更好地引领创新，国网福州供电公司先后成立了以冯振波名字命名的"冯振波劳模创新工作室""冯振波高压线路带电检修工技能大师工作室"。"我希望能很好地利用这两个平台，弘扬我们的工匠精神，让更多的年轻人和我们一起开展创新。"冯振波说道。近年来，在他的组织下，工作室对8个传统项目70多个主要流程、关键步骤、特殊工艺进行优化创新，并获评全国、省级优秀质量管理小组称号。工作室也被国家电网公司授予"劳模创新工作室示范点"、被人力资源和社会保障部评为国家级"技能大师工作室"。

第三节　新时代职业教育改革

在我国的传统观念中，普遍认为"万般皆下品，唯有读书高""劳心者治人，劳力者治于人""学而优则仕"。这种"官本位"和"白领至上"的错误思想扭曲了大众对职业教育的评价和认同。当前，我国职业教育改革进一步深入，但工匠精神理念并未真正深入师生之心，教学培养计划中缺乏工匠精神课，校企合作仍停留在浅层次上，学生学习主动性不高等主要问题依然较为凸显，而究其原因，在于其长期深受传统的文化观念、制度政策、院校人才培养模式等层面的桎梏。故而在新时代，对于高职院校而言，应在整合各种教育资源并合理安排的基础之上，通过多种途径和方法，切实有效地培养学生的工匠精神。

一、立德树人

工匠的成长和工匠精神的养成既要依靠学校教育与实践，也要依赖于其日后在职业岗位上的培训和提升。但是，按照一个人职业成长和发展的规律，个人职业前期的教育至关重要，它会影响一个人未来的职业发展甚至决定个人一生的发展命运。而从当前高职教育的现状来看，大部分高职院校在人才培养过程中更多的是注重学生技术、技能、技艺的培养而忽视了学生"工匠精神"的培育，学生只注重自身技能、技艺和技术的提高，而忽视了对专业独特的职业态度、企业忠诚的精神境界和社会人文的综合素质。马尔库塞认为"技术理性就是工具理性，技术理性张扬必然导致价值理性衰微"，虽然目前已经有高职院校在人才培养过程中加入了思想政治教育，培养"又红又专"的高素质、高技能能工巧匠，但如何在高职院校专业人才教学过程中渗透"工匠精神"，还缺乏系统和完整的研究。对此，如何避免高职教育陷入误区，使培养出的人才既有娴熟的专业技能，又具备良好的品德修养和忠诚的企业精神就成为当前高职院校人才培养的重中之重。

所谓种树者必培其根，种德者必养其心。有一流的心性，方有一流的技术。以培养具有一定理论知识和较强实践能力，面向基层、面向生产、面向服务和管理一线职业岗位的实用型、技能型专门人才为目的的高等职业技术教育，承担着落实"以立德树人为根本，以服务发展为宗旨，以促进就业为导向"的根本任务，这就必然要求高职院校必须将"立德树人"始终作为办学的基本出发点，注重对学生的职业道德养成教育，高度重视对学生工匠精神的培育，把培养学生的"工匠精神"渗透到高职院校办学思想、教育理念及教风学风等价值体系中，纳入人才培养的全过程，体现在教学目标的设定、教学体系的安排、教学内容的组织、教学方法的选择和考核方式的多元等诸方面，从而使弘扬"工匠精神"成为学校的一种文化自觉，使造就"大国工匠"成为师生的一种文化追求，引领学校的人才培养，不断提升办学水平。

二、课程教学

"工匠精神"作为一种观念形态的存在，其涵盖了职业理想、职业道德、职业信念以及职业态度和职业规范等要素，虽有共同遵守的价值规范，但具体到不同的行业与专业，又会表现出其特有的内涵。从这个意义上说，"工匠精神"是植根于专业的坚实土壤之中，以专业的思想、精神、方法以及技术等融合交织而成的一个动态系统。这种观念形态的传播需在立足于专业价值观、师生行为准则及角色意识等方面的基础之上，通过一定的渠道，以学习、认知、体验以及反思、激励等方式予以实施，而充分发挥课程教学主渠道作用、奠定工匠精神传承基础，就成为高职院校传承"工匠精神"的主要渠道。

（1）应用工匠精神扎实打造思想政治理论课。高校思政课作为对学生进行系统马克思主义理论教育和高校意识形态传播的主渠道、主阵地，必须高度重视"工匠精神"在课程教育教学过程中的有机融入，以"人生价值观、职业观和专业观"培育为主线，以"思想道德素质、职业人文素质和专业文化素质"培养为核心，通过不断深化教学改革，努力探索从教学内容、教学形式到教学方法的全面创新，将"工匠精神"的培育贯穿教育教学的全过程。通过着力强化以"工匠精神"为核心的职业素养培育，通过对学生开展专业、专注、精准、创新和个性化培养，使"工匠精神"培育与职业技能培养有机结合起来，让学生将"工匠精神"内化于心并外化于行。从而更好地引导学生在正确认识劳动、技能和创造的价值和意义的基础之上，从整体上系统地把握和认识"工匠精神"的实质与内涵，并自觉将职业理想的树立与工匠敬业奉献的职业追求相结合。也只有这样，才能给思政课灌注丰富的思想内容，才能提升职业教育真正的人文价值。

（2）应在专业课程教学中渗透工匠精神教育。专业课是工匠精神最主要的物质承载，专业课教师的深度参与是工匠精神内生性成长不可或缺的主导力量。要在研究和分析本专业学生必须具有职业素养的基础上，以就业能力为导向，通过充分挖掘本专业知识和技术体系中所蕴含的精神特质和文化品格，充分彰显"大国工匠"的技术美、力量美、平凡美，结合不同专业课程的特点，在教育教学过程中逐步将工匠精神渗透在专业课程教学的目标、过程和评价等各环节。以学生专业技能的培养和对精湛技艺的追求为目标，在培养学生提升专业技能的同时，让学生理解并感受"精益求精，追求卓越、不断革新、钻研"的工匠精神内涵，充分认识工匠精神在提升专业技能和专业素养中的作用，以防止学生对"工匠精神"认识的表面化、片面化以及庸俗化。

（3）在学生创新创业教育中融入工匠精神教育。我们要在结合行业、企业和专业特点的基础上，通过分析相关行业、专业的职业岗位、就业创业以及创新创造所应具备的工匠精神要素，将工匠精神作为一种职业规范以及素质要求有机、系统地纳入创新创业课程体系、教学内容以及课程的学业考核中。通过深入挖掘并宣传各行各业所涌现出的著名工匠、创业典型的先进事迹等，进一步丰富并彰显专业课程所蕴含的工匠精神元素，从而使学生切身感受他们身上的匠心匠气和创新创业精神，体会企业家们创业的艰辛和不屈不挠的精神，并进而养成创新创造、爱岗敬业以及严谨认真、精益求精、专注执着等核心职业素质，从而为我国实施制造强国战略提供坚实的人才保障。

三、实践育人

知识内化成素养，素养升华为精神，精神涵养成习惯，是"工匠精神"从意识层面发展到品质层面的过程，而要顺利实现这一转变，其最佳途径为实践活动。高职院校在推进"工匠精神"的培育过程中，要高度重视实践体验，特别要注重让学生通过广泛的社会实践感知、体悟"工匠精神"的社会价值。

（1）可通过组织学生开展主题体验活动，有目的地引导学生到企业参观、体验工作流程，观看企业宣传片，与企业工匠座谈交流等，让学生深刻地认识企业、了解工作岗位、体验工作环境。从而更加直接地了解企业对从业人员职业素养的要求，更加深刻地认识到工匠精神这一职业素质在未来就业和职业发展中的重要性。

（2）可通过邀请"工匠"进校园等，以榜样带动，用典型引路，强化学生对"工匠"的敬仰。邀请的"工匠人物"既可以是能请到的且学生崇拜的"大国工匠"，也可以是本校在专业方面做出较大成就的优秀毕业生。通过让学生近距离接触这些有影响力的工匠，分享这些优秀工匠因"工匠精神"成就出彩人生的历程；通过和本专业"工匠"座谈、互动，让学生更加深刻地感受到其实"工匠"人物并不遥远，"工匠精神"并非遥不可及，工匠梦并非是一个无法企及的梦，从而进一步强化学生对"工匠精神"的敬仰与传承，树立成就精彩人生的信心，争做大国工匠。

（3）可通过组织学生开展"匠心筑梦"主题征文活动，举办"弘扬工匠精神"演讲比赛，举办"工匠精神"论坛等，在全校范围内掀起"弘扬工匠精神"热潮，进一步夯实德育实效，使工匠精神渗透到校园的每个角落，融入每位学生的心田，塑造学生的责任意识，让学生更加深刻地意识到中国制造由大变强需要具有工匠精神的技术技能人才，青年一代要勇于担当，积极作为。

（4）可通过组织学生参加技能大赛，以赛促学、以赛促教，让技能比赛实现常态化，周周有赛、课课有评，把精雕细琢、精益求精、追求极致的"工匠精神"融入技能训练和技能比赛过程中，让学生在此过程中锤炼精益求精、追求极致、严谨勤奋的工匠精神，并通过组织学生观摩大赛，引导学生产生崇尚工匠精神、提高工匠素养、追求卓越的品质，努力成为德技双优的工匠级人才。

（5）可通过扶持专业社团建设，有效地将专业教师、学生以及工艺大师、技能大师、能工巧匠以及社会成功创业者有机结合起来，共同组建"双创"团队、众创空间、创客实训室等，以具体"双创"项目为载体，联合开展技术创新、产品研发、项目孵化、应用推广等活动，从而更好地促进学生在"双创"实战中切身体悟工匠精神的价值和魅力，进而潜移默化地将工匠精神内化到自身的精神结构之中，提高创新创业成功率。

四、校园文化

工匠精神作为一种价值理念，仅依靠灌输的方法来培育是不够的，还需要一个各要素协同配合的培育体系，而在这一各要素协同配合的培育体系中，其中最为重要的因素之一就是校园文化氛围。作为学校内涵建设的主要方面，是每个学校特有的精神环境和文化气氛，校园文化氛围不仅是学校长远发展的不竭动力，同时也会对生活于其中的每个人产生潜移默化的影响。特别是优秀企业文化的融入，不仅可让学生在入职前通过接受企业文化的熏陶，具备准职业人的专业技能，同时还可让学生逐步培养起未来企业所需要并强调的职业素养与价值观念。因此，把工匠精神作为职业素养教育的重要内容，让工匠精神渗透到高职院校校园文化重塑与建设的方方面面，使学生置身于弥漫整个校园、无处不在的工匠精神文化氛围中，通过切身的耳濡目染，以达到春风化雨、润物无声的教育效果，真正实现走进工匠、学习工匠、成为工匠的教育目的，以确保毕业生入职前就具备强烈的工匠意识，拥有卓越的工匠品质，养成良好的工匠习惯。

（1）以物质文化建设传导工匠精神。苏霍姆林斯基说过，让校园的每一面墙壁都会"说话"。人生活在一定的环境之中，不可避免地会受到环境的濡染和熏陶。因此，通过将习近平总书记以及李克强总理就弘扬工匠精神方面所发表的重要讲话、所作的重要指示以及和工匠精神的相关标语等以墙体文化的形式刻于学院的教学楼以及实训楼等内、外墙体；或者通过学校的展厅、展栏、黑板报、文化墙以及报刊、校报、学校网站、微信公众号等文化阵地，弘扬匠心文化，宣传古今中外工匠大师、大国工匠以及本校工匠级毕业生的典型事迹等，全方位营造工匠精神氛围，诠释工匠人才应当具备的精神品质，使学生逐步理解工匠精神的内涵。"蓬生麻中，小扶也自"，学生学习生活都浸染在浓郁的工匠精神文化氛围中，工匠精神定会内化于心。

（2）以精神文化建设涵养工匠精神。充分发挥校园文化对工匠精神养成的独特作用，通过积极推动优秀产业文化进教育、企业文化进校园、职业文化进课堂等活动，组织具有工匠精神的社会成功职业人士以及优秀校友进校园的专题报告、经验分享以及工作展示等，加强对学生的职业理想教育，培养学生的"职业情怀"以及责任担当意识，着力推进职业素质养成工程；通过搭建多样化宣传教育载体和平台，积极组织学生开展"工匠文化讲习所""寻找最美人物"以及"我的青春故事"等活动，以营造向上、向善的校园文化氛围，达到润物细无声的效果；通过依托"技能节大赛"及"才艺风采展"等活动展示平台，把工匠精神教育有机融入素质教育特色活动中，培养学生用巧手和匠心追求人生的极致和完美，做一名技艺精湛、具有"现代工匠"精神的"职业人"，实现个性化育人。

（3）以制度文化建设塑造工匠精神。校园制度文化主要体现在学校各项规章制度包括校规校纪、管理制度、奖惩制度等的制订与执行中。此外，学校的一些历史传统、仪式等作为一种内化的校园制度文化也会在一定程度上规范着师生的言行举止，从而对维系教学秩序发挥着不可替代的作用。利用校园制度文化塑造工匠精神，关键是要求学校在制订各项管理体制和规章制度时，首先，必须牢记自身培养人、塑造人的历史使命，将工匠精神作为对当代职业人的一种必然要求，在学校的各项制度中体现出来，从而激发学生的内生动力，满足学生对工匠精神培育的个性化需求；其次，学校应从顶层设计入手，通过构建一套有利于工匠精神培育的宏观制度框架，即将工匠精神有机地融入学校的工学结合制度、产学研合作管理制度以及教育教学制度、后勤管理制度中，以进一步研究工匠精神培育的微观落实办法，完善符合高等职业教育发展规律同时体现学校特色的大学章程，建立健全各类运行制度，推动科学、规范、细致、严谨的工匠精神培育。

（4）以行为文化建设彰显工匠精神。校园行为文化是校园文化建设的核心与关键，也是校园文化育人的最终落脚点。利用校园行为文化建彰显工匠精神，除了应从学生日常学习、生活的每一个细节抓起，持之以恒地培养学生认真负责的态度之外，同时还应加强对教师行为的管理，利用教师一丝不苟的敬业态度、与时俱进的创新精神来实际诠释工匠精神，进而达到引导和感染学生的目的；除此之外，还应通过加强与优秀企业的合作，定期组织学生参观、接触企业生产研发的各个环节，精心培育具有学校特色、反映学校师生价值追求的优秀文化活动品牌，努力形成符合广大师生"工匠精神"的养成需求、思想性和艺术性相统一的优秀文化活动体系，使学生身临其境地观察与体验企业的制度与文化，了解行业专业标准，感受企业精于细节、严谨专注的做事氛围。

五、培养模式

高职院校在人才培养上，要勇于打破传统的课堂说教式授课模式，根据学生学情和专业特点，大胆创新人才培养模式，引入蕴涵工匠精神的现代学徒制、专业工作室制及孵化器平台利用。以"工匠精神"为目标来组织实施职业素质教育，关键在于构建以"工匠精神"为核心的人才培养体系。

（1）应深化校企合作、产教融合，强化"工匠精神"的实践应用。作为职业教育理论体系中最具丰富内涵的概念，产教融合不仅是国家的制度安排，国家职业院校办学实践的过程体现，同时也是教育与产业两大领域资源的优化配置。为此，基于工作导向，依托校企合作平台，通过构建课程实训、项目实训以及毕业顶岗实训三位一体的实践教学体系，将工匠精神教育、体验教育和实践教育有机融合，着力构建和完善校企合作、产教融合、工学结合的技术技能人才培养模式，由校企双主体共同培养学生就成为现实之所需。

（2）应大力推广现代学徒制，通过"传帮带"传承和弘扬"工匠精神"。所谓"现代学徒制"是以校企合作为基础，以学生（学徒）的创新精神和实践能力培养为核心，以课程为纽带，以学校、企业的深度参与和教师、师傅的深入指导为支撑的人才培养模式。作为服务于产业转型升级及适应现代企业发展内在要求的人才培养模式，现代学徒制是在校企合作的基础上，把现代学校教育与传统学徒培训相结合，从以往注重技术和理论模型的讲解，向注重技术技能人才动手能力和实践能力的培养转变，由学校和企业共同完成的一种培养模式。在这样的一种培养模式中，学生的身份转向学徒和学生；学习地点的转变不仅是在学校学习，还在生产的一线进行学习，在学习的方式中也由单纯的理论学习转向工学交替，考核方式上由原来的教师考核到由师傅评价与教师评价相结合。通过采用"双导师"教师的人才培养模式，能让企业名师巧匠和学生建立师徒关系，有助于在真实的工作环境、任务规则下言传身教，让名师巧匠在"一帮一""师带徒"的传帮带中，指导学生对职业的敬畏、对技艺的执着，从而实现对"工匠精神"的传承。

（3）应推行专业工作室制，实行项目制教学。与传统的班级教学制不同，专业工作室有明确的专业方向，相对于传统的教学模式，其教学环境更加开放、多元，师生在教与学上拥有更多选择权与自主权。结合各专业特色和优势，通过成立相应专业工作室，由企业工程师、专业教师以及学生共同组成团队，依托创新工作室，通过开展项目教学、毕业设计、课题研究以及产品研发、技术服务、技能竞赛指导、创新创业孵化等一系列活动，可有效延续和补充学生专业技能的发展路径和工匠精神的渗透路径，从而进一步提升学生的专业技能、创新意识以及专注严谨的敬业精神。

（4）应充分利用孵化器平台，推进"工匠精神"的传承和培育。作为培养创新型企业及企业家的平台，孵化器并非新鲜事物。它是一种企业支持计划，通过自己所拥有的专业技术和公用资源网络为新创立的公司提供商业及技术支持渠道，是高校创新成果产业化的重要载体。通过该平台，学生可将其创新成果经市场运作落到实处，并根据成果转化的实际情况进行反复修改以及完善甚至返工，在这个过程中，也使学生深刻意识到纸面上理论研发与实际产品的生产之间所存在的差距，从而有助于消除学生的理想主义、空想主义，培养其敢于接受挫折和失败的勇气，善于沟通协作的能力以及精益求精、追求完美的职业品质。因此，除校企合作外，高职院校还要积极主动与科技园区、创意园区联系和互动，积极参与到产品研发、创新及市场运营之中，充分利用孵化器推进"工匠精神"的传承和培育。

六、育人体系和保障机制

培养具有工匠精神的高级专门人才就像某种产业，只有相关主体间形成相互需求、相互支持、环环相扣的"全链条"，发展才具有竞争优势，竞争才具有比较优势。为此，在招生、培养、就业的全过程中，形成协同育人长效机制就成为现实之所需。

（1）职业院校要充分认识工匠精神培育的重要性，并把工匠精神教育有机融入职业教育教学各环节中。院校领导要从高职教育的使命和职业教育的内在规律要求出发，充分认识工匠精神对于高职教育的价值和院校改革创新发展的现实意义，率先身体力行现代工匠的培育，大力推行追求卓越的工匠精神。在教育教学工作中，将工匠精神的培育贯穿全过程，融入课程设置、专业理论实践教学、思想政治教育和顶岗实习等各个教学环节。

（2）应加强"双师型"教师队伍建设，提升教师职业素养。高素质人才的培养离不开高素质的师资队伍，高职院校教师队伍建设要适应人才培养规格的要求。"双师型"教师不仅应具有扎实的专业理论知识，能以教师的角色组织教学，传授专业知识，而且应具有良好的职业道德和职业素养，具备丰富的实践经验和较强的专业实操能力，能对学生进行专业的实践示范和指导。能熟练教授学生就业岗位所需的应用技术和职业技能，培育学生练就过硬的技艺本领；同时还应善于接受新观念、新知识、新信息，在应用项目的研究和应用技术的实践中，不断总结和改进，锤炼学生勇于创新的意志和品质，培养学生技术革新的意识和能力。

（3）企业应身体力行，树立"工匠精神"典范。作为高职院校推行校企合作、工学结合、协同育人的重要主体，企业参与了高职人才培养方案的修订，学生实训实习的吸收、指导及学生毕业就业的接收、培养等工作，故此，在学生专业技能提升和职业素养等的培养方面发挥着越来越重要的作用。也正是基于此，企业无论是在产品观、质量观还是在企业文化建设等方面，都会对高职学生产生耳濡目染的影响。因此，企业身体力行传承和培育工匠精神，既是企业在激烈竞争中安身立命的生存需要，也是其推动高职教育发展、共育优秀人才的社会使命所在。

（4）应完善多维立体的评价体系，提升学生的工匠精神气质。要引导学生养成正向的行为习惯，高职院校就应在遵循学生职业发展规律的前提之下，通过构建科学的考核评价激励机制，实现将知识技能评价与职业素养评价相结合，将校内考核与社会考核相结合，将他评与自评、互评相结合，将书面考核与汇报答辩考核、技能操作考核相结合，将期末考核与平时考核相结合等的考核评价体系，以进一步激发学生的工匠精神内源性动力。与此同时，还可通过积极组织学生参加技能竞赛活动，健全"学技能、练技能、赛技能"的技能竞赛体系，深入宣传优秀典型，大力弘扬工匠精神，以更好地促进学生成长成才。

第四节　新时代员工成长

当前，随着全社会对工匠精神的迫切呼唤，如何发挥企业自身职能，积极引导职工培育"工匠精神"，已成为当下企业工作一项崭新的课题。因此，企业要勇于承担起这一责任和义务，在探索和创新中不断破解难题，不仅要把现代化进程中的一些老传统找回来，更要赋予这些老传统以新理念、新内容和新的时代内涵、新的活力，始终把"工匠精神"培育活动的重心放在基层、内容落实在班组、效果体现在岗位，抓紧抓实活动的各个环节，进一步激发职工尤其是新时代年轻员工学业务钻技术的热情，全面提升职工综合素质。

一、文化铸魂——营造工匠精神培育"大气场"

2016 年 3 月 5 日李克强在政府工作报告中指出："质量之魂，存于匠心。要大力弘扬工匠精神，厚植工匠文化，恪尽职业操守，崇尚精益求精，培育众多中国工匠。"费尔巴哈也说过，文化的最终成果是人。人的国籍、肤色、地位、职业不同，但是其"文化构成"绝对是独具特色的。只有工匠文化的土壤才能培育出工匠精神的花朵。而转换企业文化模式，培育工匠文化，是一个系统工程，是否抓紧落实落地无疑具有关键性意义。

（一）发挥企业管理者，特别是核心领导者在企业文化建设中的决定性作用

企业管理者，特别是核心领导者往往都是企业文化核心价值观的倡导者和人际促进力量。企业管理者必须清醒地认识到，过去向"数量"要效益，将来必须向"质量"要效益，在追求企业发展壮大和效益最大化的过程中，必须秉承"质量至上、精益求精"的核心价值观。这种价值观必须充分体现在日常的经营管理和重大决策中。例如，生产的汽车存在设计上缺陷，你能毫不犹豫地召回；生产的电冰箱有质量问题，你敢当众拿锤子把它砸碎……企业文化建设最大的忌讳就是管理者只喊口号，不做实事，甚至是说一套做一套。"没有比一个团队成员不出现或不扮演自己的角色而使团队失信更能伤害团队的行为了。"❶这也从反面说明了企业管理者在企业文化建设中的重要作用。

（二）建立健全高水平的质量标准体系并严格施行

首先，从产品生产工艺流程到产品周转流程，每一个环节都要有质量标准，不留空白，没有模糊区间。这一标准体系的严密程度、完善程度和覆盖程度，本身就是工匠文化在管理过程中的体现；其次，质量标准要高：它不再是国颁标准、部颁标准的简单复制，而应是世界范围内同行业的先进标准或领先标准，这样才能为培养工匠、发挥工匠的先锋模范作用打造坚实的平台；最后，严格施行，就是要将质量标准化作为企业所有成员在生产管理过程中的行为范式。

（三）建立科学的评价体系，健全激励约束机制

要对照质量标准体系建立科学的评价体系，有质量标准的就要有对应的评价指标。评价结论要作为进一步提高质量、改善管理的依据，同时也作为激励约束的依据。在工匠文化培育过程中，甚至在形成了比较成熟的工匠文化之后，物质激励永远都是促进质量提高的最大动力，惩戒永远都是防止重复犯错的不二法门。成员个体的技能水平和管理能力总是能与其获得的薪酬相匹配，其技能水平和管理能力的提高总是伴随着职级、薪酬水平的同步提高和更高的荣誉褒奖。当一个成员立足自己工作岗位，在研发新产品、改进旧工艺、提高产品质量和管理水平等方面更多地付出精力时，总能及时获得企业制度性的物质和精神上的回报，那么，这家企业就已经初步形成了工匠文化，质量至上、精益求精将会成为潜意识驱动下的业者群体

---

❶ 沙因．互相帮助［M］．北京：东方出版社，2009：1.

的本能反应。

（四）创造良好环境，成风化人

我们要以文化的形式来建设文化，并使之成风化人，形成崇尚和追求工匠精神的良好文化氛围。

（1）应编制企业文化宣传手册。可围绕"质量至上、精益求精"这一核心价值观，把企业发展中需要秉持的理念、宗旨等，高度概括成文字，并以适当的形式标示出来。现在很多企业都是以《企业文化手册》的形式出现。特别要注意三点：① 不搞繁文缛节，要易记易懂；② 通过培训学习，让企业每个组成人员入脑入心；③ 在管理和生产经营中贯彻这些理念。

（2）应开展行之有效的宣传活动。我们要通过形式多样、生动活泼的形式，积极倡导、宣传与工匠精神同向同行的企业价值观和企业宗旨，使之真正能让员工内化于心，外化于行。

（3）应广泛开展培训学习活动。这一活动本身就是企业文化的重要表现形式。不仅要培训学习企业的理念宗旨，更重要的是培训学习新技术、新技能、新工艺、新标准，让培训学习成为企业成员发展成长和尽职晋级的有效通道。

（4）应充分发挥先进典型的引领作用。我们要树立质量标兵，塑造创新典型，为他们树碑立传，让他们感到无上荣耀，让其他成员感到渴望可即。

（5）应营造家的氛围。如果企业既能为其成员提供充分的经济保障，又能为其提供成长的机会和环境，还能为其提供情感沟通和情感慰藉的话语权和话语场，那么，成员对企业的归属感就会油然而生，沉下心来追求精益求精的工匠精神才能孕育而生。

工匠培养是一个长期的教育、实践过程，需要社会、企业、教育机构共同完成。我国需要加强职业教育，实现职业教育与企业相结合，与生产劳动相结合，与广大劳动者相结合。每年我国有几百万大学生毕业，如果还有几百万工匠出师，那是何等强大的竞争力和创造力。

二、机制聚才——深挖工匠人才"蓄水池"

如果说强化价值引领，是工匠精神文化回归之源，那么，建立制度化手段则是工匠精神回归的路径和桥梁。如何建立健全科学合理的选人、用人、育人机制，加快培养国家发展急需的大国工匠，建设具有一丝不苟、精益求精工匠精神的高技能人才队伍，就成为摆在我们面前的一项重要而紧迫的任务。对此，我们应做好以下几方面的工作：

（1）改革评价制度，畅通技能人才成长通道。当前，学历文凭仍然是人才评价的主要标准，对技能人才存在不平等待遇问题。因此，要进一步解放思想，坚决破除不合时宜、束缚人才成长的体制机制障碍。当务之急是健全技能人才评价制度，加快职业资格证书制度改革进程，进一步突破年龄、学历、资历和身份限制，健全以职业能力为导向、以工作业绩为重点、注重职业道德和职业素质，管理科学、运行规范、基础扎实的评价标准和体系，完善社会化职业技能鉴定、企业技能人才评价和院校职业资格认证相结合的技能人才多元评价机制。

（2）重现人才培养，借鉴师徒制的人才培养方法。师徒制是我国传统行业人才培养的有效机制，同样也适用于电力行业。电力行业有许多技能工种，实用技术都是经验的积累和学习，要有效地在人才培养中借鉴师徒制的优势，将优秀经验传承下去。要培养企业员工成为工匠的心态，形成钻研技术的习惯与恒心，培养职业道德，培养对职业岗位的兴趣和信心，在培养学员乐于工作、善于生活中提高把控情绪的能力，在钻研技术中获得快乐。这是"工匠精神"除了技能外最重要的一点。

（3）鼓励深耕细作，着力营造人才成长的环境和机制。工匠精神需要重视，工匠精神更需要培育，企业要提高自身的竞争力，就应引导企业员工更好地专注于某一领域，培育员工的工匠精神。以电力行业为例，每位电力从业人员都有相对固定的工作领域，企业应提供相对稳定的工作环境和学习环境，建立有效的人才成长环境和机制，让职工能专注该领域、深耕该领域，成为专家人才。

（4）定期开展培训与交流机制，提升职工的业务水平。质量工作最能体现工匠精神，以电力行业为例，电力设备制造质量不达标、线路维修工作不规范、电力调度不严谨等都可能造成严重的安全生产事故，给国家和社会造成严重的经济损失，甚至人身伤亡。要定期开展培训与交流，提升职工的业务水平，增强职工安全意识，确保质量，确保无事故。

（5）建立选树能工巧匠等一系列管理制度，激发员工创新创业的热情。当前，各行各业都在走一条创新变革之路，需要越来越多的大国工匠。这样的大环境对提高队伍整体水平提出了迫切要求，企业要瞄准培养、选拔、发现人才过程中的痛点，

223

采取一系列举措突破机制，广泛聚集人才。面向高技能人才，建立选树能工巧匠、首席评聘、名师带徒、技能大师工作室等一系列管理制度，充分发挥高技能人才领军带头作用；将技能大师工作室作为传承工匠精神的摇篮，发挥其辐射、引领、示范和带动作用，进一步激发员工钻研技术、创新创业的热情，培育更多技术新秀和企业工匠。

（6）建立健全社会保障体系，建立有效的表彰激励机制。进一步完善收入分配政策，推动技术、技能等生产要素按贡献参与分配，着力提高技能人才的待遇水平，使广大拥有一技之长的"蓝领"工匠成为我国中产阶级的主体。制订高技能人才激励办法，使其在聘任、工资、带薪学习、培训、出国进修、休假和体检等方面享受与工程技术人员同等待遇。总之，要通过改革收入分配，加大表彰激励力度，让技能人才享有体面、令人美慕的待遇，让全社会的人都认识到职业有分工，地位无高下，技能人才受尊重。

（7）强化舆论宣传，营造良好社会环境。充分利用各类新闻媒体大力宣传国家关于高技能人才工作的重大战略思想和方针政策。弘扬工匠精神，树立职业英雄，形成广泛重视和支持技能人才工作的良好局面，将"行行出状元"的理念播撒到全社会，让"劳动光荣、技能宝贵、创造伟大"成为时代风尚。

总之，工匠精神的重建首要的是工匠精神在整个社会文化环境中的重塑。重提工匠精神，重视和传承我国工匠精神的传统，同时借鉴和吸收其他国家工匠精神发展的优势和经验，建立起支持工匠精神发展的制度性安排，才能真正将工匠精神落到实处，才能更加有力地支撑起"中国制造"的强国梦。

三、教育引领——提升工匠人才的思想品质

从当前企业发展的现状来看，大部分企业在人才培养过程中更多的是注重员工技术、技能、技艺的培养而忽视了员工"工匠精神"的培育。为此，我们必须充实和完善企业员工的人文综合素质水平，使培养出的人才既具有娴熟的专业技能，又具备良好的品德修养。

（1）多一份思想教育。工匠精神就是基石，只有认清工匠的作用，才会真正践行工匠精神，并不断创造辉煌。职工思想工作是企业提高职工职业素养、追求完美、实现自我的重要工作手段。要进一步将形势教育与职工技能学习相结合，将身边的

先进人物与职工成长成才相结合，不断丰富职工思想教育内容，努力为培育"工匠精神"奠定思想基础。

（2）多一份理念引领。近年来，对于精益求精、追求极致的完美，被一些人指责为"较真""不合群"；对于专注专一，被一些人指责为"呆板""傻帽"；对于精雕细刻、慢工细活，被一些人指责为"效率低下""不符合市场经济"。以至于造成"一认真你就输了""差不多就行了"等观点的盛行。凡此种种，都阻碍着国企"工匠精神"的回归。因而，一定要破除上述种种思想和观念上的各种障碍，尽快形成"工匠精神"滋养的舆论环境与氛围。为此，要根据企业特色，熔炼出体现本行业特点的企业文化中最深奥、最具魅力的包括敬业、精益、专注、创新等内容的企业核心价值观体系，并使之成为企业与员工之间的一种心灵契约，形成一种强烈的熏陶人、感染人的价值理念。

（3）多一份完善的职业教育体系支撑。职业教育是"工匠精神"培育的主要渠道。技术技能型人才"工匠精神"培育需要完善的职业教育体系支撑。系统的职业教育能让技术技能型人才实现专业理论和专业实践的统一。一方面，技术技能型人才对"工匠精神"的认知、认可、认同需要加强对专业理论的学习和系统的职业教育；另一方面需要通过专业实践将理论外化于行，提升自身的职业技能；此外，还应做好技术技能型人才培养质量的优化升级，要以提高人才培养质量为核心，构建起以"厚基础、精专业、强能力"为内涵的技能人才质量培养模式，建立和健全技能人才的考核和认证体系。为此，我国应完善现有的职业教育体系，通过整合职业教育系统的各个要素，更新教育理念、转变教育方式、整合教育资源等实现职业教育系统的最优化，从而为企业源源不断地输送优秀的技术技能型人才。

四、实战成军——打造工匠创新"主力军"

推动企业创新发展的主战场是生产、建设和服务的生产实践。开展各种形式的劳动竞赛和技术创新活动是促进工匠精神传承、打造大国工匠创新"主力军"的重要环节。

（1）实践出真知。秉承工匠精神的爱岗敬业、精益求精、守正创新、持之以恒和甘于奉献传承，将工匠精神融入员工技术创新活动中，努力深化"发现问题就是成绩，解决问题就是创新"的理念，践行"以人为本、服务社会"的服务宗旨，多措并举，善作善成，发动员工立足岗位，推出"耐心、爱心、细心、用心、匠心"的"五心"优质服务模式，积极践行工匠精神，用精益化服务诠释企业品牌。

（2）实战出铁军。以劳动和技能竞赛为舞台，促进优秀技能人才脱颖而出。技能竞赛是培养和选拔技能人才的重要方式，是促进优秀技能人才脱颖而出最直接、最有效的途径。要广泛开展劳动和职业技能竞赛，推动企业岗位练兵、技术比武活动，形成以世界技能大赛为龙头、以国内技能竞赛为主体、以企业岗位练兵为基础的职业技能竞赛体系，激发技能劳动者学习业务、钻研技术、提高技能、岗位成才，提升我国技能人才的水平。

总之，工匠精神培育是促进我国经济社会发展和产业转型升级的重要力量和素质保证。新时代需要工匠精神，工匠精神素养的回归势在必行。而工匠精神素养的培育不仅需要全社会的重视，更需要多措并举、多头并进。只有培育良好的工匠精神素养，营造良好的社会风气和氛围，才能涌现出更多的大国工匠，从而为我国的社会主义建设事业和实现中华民族的伟大复兴添砖加瓦，做出贡献。

参考文献

[1] 习近平. 习近平总书记重要讲话读本 [M]. 北京: 学习出版社, 人民出版社, 2014.

[2] 习近平. 习近平谈治国理政 [M]. 北京: 外文出版社, 2014.

[3] 习近平. 习近平谈治国理政 (第二卷) [M]. 北京: 外文出版社, 2017.

[4] 习近平. 之江新语 [M]. 杭州: 浙江人民出版社, 2007.

[5] 习近平. 摆脱贫困 [M]. 福州: 福建人民出版社, 1992.

[6] [德] 马克斯·韦伯. 新伦理与资本主义精神 [M]. 马奇炎, 陈婧, 译. 北京: 北京大学出版社, 2012.

[7] [德] 马克斯·韦伯. 儒教与道教 [M]. 康乐, 简惠美, 译. 桂林: 广西师范大学出版社, 2004.

[8] [美] 乔治·萨顿. 希腊黄金时代的古代科学 [M]. 鲁旭东, 译. 河南: 大象出版社, 2010.

[9] [美] 亚力克·福奇. 工匠精神: 缔造伟大传奇的重要力量 [M]. 陈劲, 译. 浙江人民出版社, 2014.

[10] [美] 理查德·桑内特. 匠人 [M]. 李继宏, 译. 上海: 上海译文出版社, 2015.

[11] [美] 马修·克劳福德. 摩托车修理店未来工作哲学: 让工匠精神回归 [M]. 栗之敦, 译. 杭州: 浙江人民出版社, 2014.

[12] [日] 根岸康雄. 精益制造 028: 工匠精神 [M]. 李斌瑛, 译. 北京: 东方出版社, 2015.

[13] [日] 秋山利辉. 匠人精神 [M]. 陈晓丽, 译. 北京: 中信出版社, 2015.

[14] [日] 阿九津一志. 如何培养工匠精神: 一流人才要这样引导、锻炼和培养 [M]. 张雷, 译. 北京: 中国青年出版社, 2007.

[15] [日] 北正史. 东京下町职人生活 [M]. 陈娴若, 译. 上海: 上海人民出版社, 2012.

[16] [日] 稻盛和夫, 中山弥伸. 匠人匠心 [M]. 窦少杰, 译. 北京: 机械工业出版社, 2016.

[17] [日] 小津安二郎. 我是开豆腐店的, 我只做豆腐 [M]. 陈宝莲, 译. 海口: 南海出版公司, 2013.

[18] [日] 秋山利辉. 匠人精神一流人才育成的 30 条法则 [M]. 陈晓丽, 译. 北京: 中信出版社, 2015.

[19] [日] 稻盛和夫. 稻盛和夫管理经典六册 [M]. 北京: 机械工业出版社, 2016.

[20] [日] 稻盛和夫. 活法 [M]. 曹岫云, 译. 北京: 东方出版社, 2012.

[21] [日] 稻盛和夫. 活法贰——超级"企业人"的活法 [M]. 曹岫云, 译. 北京: 东方出

版社，2015.

［22］［日］稻盛和夫. 活法叁——寻找你自己的人生王道［M］. 曹岫云，译. 北京：东方出版社，2014.

［23］国家制造强国建设战略咨询委员会. 中国制造 2025［M］. 北京：电子工业出版社，2013.

［24］工业和信息化部工业文化发展中心. 工匠精神——中国制造品质革命之魂［M］. 北京：人民出版社，2016.

［25］刘金才. 町人伦理思想研究［M］. 北京：北京大学出版，2001.

［26］汪中求. 中国需要工业精神［M］. 北京：机械工业出版社，2012.

［27］种青. 工匠精神是怎样炼成的［M］. 北京：人民邮电出版社，2016.

［28］付守永. 工匠精神：向价值型员工进化［M］. 北京：中华工商联合出版社，2013.

［29］付守永. 工匠精神：成为一流匠人的 12 条工作哲学［M］. 北京：机械工业出版社，2016.

［30］何守永. 新工匠精神［M］. 北京：机械工业出版社，2018.

［31］曹顺妮. 工匠精神：开启中国精造时代［M］. 北京：机械工业出版社，2016.

［32］邱杨，丘濂，艾江涛，等. 匠人匠心［M］. 北京：中信出版社，2016.

［33］宋犀堃. 工匠精神：企业制胜的真谛［M］. 北京：新华出版社，2016.

［34］巩佳伟，于秀媛，张丽丽. 匠心：追寻逝去的工匠精神［M］. 北京：人民邮电出版社，2016.

［35］杨巧雅. 大国工匠：寻找中国缺失的工匠精神［M］. 北京：经济管理出版社，2016.

［36］王茁. 颜值时代的工匠精神：从微观视角看供给侧改革［M］. 北京：清华大学出版社，2016.

［37］胡长荣，胡勇. 中国传统工匠［M］. 北京：中国农业科学技术出版社，2016.

［38］郑一群. 工匠精神［M］. 北京：新华出版社，2016.

［39］钱宸. 工匠精神 4.0［M］. 北京：中华工商联合出版社，2016.

［40］孙逸君. 工匠精神：看齐与创新［M］. 北京：中华工商联合出版社，2016.

［41］陈浩. 工匠精神：学习员工进阶手册［M］. 北京：中华工商联合出版社，2016.

［42］郭峰民. 工匠精神［M］. 北京：电子工业出版社，2016.

［43］李淑玲. 工匠精神：敬业兴企，匠心筑梦［M］. 北京：企业管理出版社，2016.

［44］邱杨，丘濂，艾江涛，等. 匠人匠心［M］. 北京：中信出版社，2016.

［45］宋犀堃. 工匠精神：企业制胜的真谛［M］. 北京：新华出版社，2016.

［46］许德友. 工匠精神与广东制造［M］. 广州：华南理工大学出版社，2017.

［47］齐白石. 匠人匠心［M］. 北京：新世界出版社，2017.

［48］朱则荣. 工匠精神——原理与六大原则［M］. 北京：中国质检出版社，2017.

［49］杨乔雅. 大国工匠［M］. 北京：经济管理出版社，2017.

［50］ 王如平. "和"文化与新时代领导力建设［M］. 吉林：东北师范大学出版社，2019.

［51］ ［英］丹娜. 左哈尔. 量子领导者［M］. 杨壮，施诺，译. 北京：机械工业出版社，2016.

［52］ ［捷］夸美纽斯. 大教学论［M］. 北京：教育科学出版社，1999.

［53］ 曾国藩. 曾国藩文集［M］. 北京：海潮出版社，1998.

［54］ 阎崇年，星云大师. 合掌录：阎崇年对话星云大师［M］增订版. 北京：九州出版社，2017.

［55］ 谢宝耿. 中国家训精华［M］. 上海：上海社会科学院出版社，1997：198.

［56］ 季羡林. 中流自在心［M］. 重庆：重庆出版社，2013.

［57］ 钱穆. 人生十论［M］. 北京：生活. 读书. 新知三联书店，2012.

［58］ 汤一介. 瞩望新轴心时代：在新世纪的哲学思考［M］. 北京：中央编译出版社，2014.

［59］ 宗白华. 艺境［M］. 合肥：安徽教育出版社，2000.

［60］ ［美］彼得·德鲁克. 卓有成效的管理者［M］. 许是祥，译. 北京：机械工业出版社，2012.

［61］ 陈春花. 管理的常识：让管理发挥绩效的8个基本概念［M］. 北京：机械工业出版社，2016.

［62］ 陈春花. 激活个体：互联时代的组织管理新范式［M］. 北京：机械工业出版社，2015：074.

［63］ 丰子恺. 此生多珍重［M］. 成都：天地出版社，2017：133.

［64］ ［苏］苏霍姆林斯基. 给教师的建议［M］. 周蕖，王义高，刘启娴，董友，张德广，译. 北京：教育科学出版社，2015.

［65］ 白岩松. 幸福了吗［M］. 武汉：长江文艺出版社，2010.

［66］ 成海涛. 工匠精神的缺失与高职院校的使命［J］. 职教论坛，2016（22）.

［67］ 查国硕. 工匠精神的现代价值意蕴［J］. 职教论语，2016（7）.

［68］ 蔡秀玲，余熙. 德日工匠精神形成的制度基础和启示［J］. 亚太经济，2016（05）.

［69］ 陈寅平. 德国制造业工匠精神对中国制造业工匠精神培育的启示商业经济，2018（8）.

［70］ 池漪. 刍议日本"工匠精神"企业科技与发展，2018（9）.

［71］ 徐春辉. 德国"工匠精神"的发展进程、基本特征与原因追溯. 职业技术教育，2017（7）.

［72］ 杜连森. 转向背后：对德日两国"工匠精神"的文化审视及借鉴［J］. 中国职业技术教育，2016（21）.

［73］ 董鹏，彭健生，刘嘉，刘希希. 德国制造业工匠精神之借鉴［J］. 中国物业管理，2019（2）.

［74］ 葛燕，吕晋. 论日本工匠精神的发展及启示［J］. 文化创新比较研究，2019（29）.

［75］ 胡冰，李小鲁. 论高职院校思想政治教育的新使命——对理性缺失下培育"工匠精神"的反思［J］. 高教探索，2016（05）.

［76］ 郝琦，房磊. 依托优秀传统文化涵养高职院校学生工匠精神研究［J］. 中国职业技术教育，2017（11）.

［77］ 贺正楚、潘红玉. 德国"工业4.0"与"中国制造2025"［J］. 长沙理工大学学报，2015（3）.

［78］ 姜汉荣. 势之所趋：工匠精神的时代意义与内涵解构［J］. 中国职业技术教育，2017（21）.

［79］ 姜大源. 现代职业教育体系构建的理性追问. 教育研究［J］. 2011（11）.

［80］ 肖春，祝昕，马良，唐萍萍. 从"工匠精神"到"工匠文化"的思考与实践［J］. 中外企业家，2018（24）.

［81］ 肖艺. 试论工匠精神与工匠文化的培育［J］. 辽东学院学报（社会科学版），2017（5）.

［82］ 肖群忠，刘永春. 工匠精神及其当代价值［J］. 湖南社会科学，2015（06）.

［83］ 陈文宇，谢建社. 供给侧改革背景下中小企业工匠文化建设探析［J］. 广州大学学报（社会科学版），2017（10）.

［84］ 孔宝根. 高职院校培育"工匠精神"的实践途径［J］. 宁波大学学报（教育科学版），2016（03）.

［85］ 李进，工匠精神的当代价值及培育路径研究［J］. 中国职业技术教育，2016（27）.

［86］ 李飞，陶晓玲. 应用型本科高校大学生工匠精神培育探析［J］. 教育观察，2017（07）.

［87］ 李宏伟，别应龙. 工匠精神的历史传承与当代培育［J］. 自然辩证法研究，2015（08）.

［88］ 李德富，廖益. 中德日之"工匠精神"的演进与启示［J］. 中国高校科技，2016（7）.

［89］ 李金华. 中国制造业与世界制造强国的比较及启示［J］. 东南学术，2016（2）.

［90］ 李宏昌. 供给侧改革背景下培育与弘扬"工匠精神"问题研究［J］. 职教论坛，2016（16）.

［91］ 李云飞. 德国工匠精神的历史溯源与形成机制［J］. 中国职业技术教育，2017（27）.

［92］ 李曾婷. 德国和日本工匠精神的启示［J］. 电器，2016（06）.

［93］ 刘志彪. 要工匠精神更要工匠文化［J］. 企业文化，2016（08）.

［94］ 刘志彪. 工匠精神、工匠制度和工匠文化［J］. 青年记者，2016（16）.

［95］ 刘洪银. 从学徒到工匠的蜕变：核心素养与工匠精神的养成［J］. 中国职业技术教育，2017（30）.

［96］　刘建军. 工匠精神及其当代价值［J］. 思想教育研究，2016（10）.

［97］　孟源北，陈小娟. 工匠精神的内涵与协同培育机制构建［J］. 职教论坛，2016
　　　（27）.

［98］　苏瑞莹."工匠精神"融入高职教育教学改革策略探析［J］. 山东工会论坛，2019
　　　（5）.

［99］　苏瑞莹. 供给侧改革背景下"工匠精神"融入高职思想政治工作探析［J］. 北京市
　　　工会干部学院学报，2019（3）.

［100］罗春燕. 日本工匠精神的意蕴、源起、缺陷与启示［J］. 职业技术教育，2018
　　　（18）.

［101］王颖娜，申乘林. 职业人格：工匠精神培育的基础和关键［J］. 中国职业技术教育，
　　　2017（20）.

［102］汪中求. 日本工匠精神：一生专注只做一件事［J］. 决策探索，2016（03）.

［103］薛栋. 中国工匠精神研究［J］. 职业技术教育，2016（25）.

［104］徐春辉. 德国"工匠精神"的发展进程、基本特征与原因追溯［J］. 职业技术教育，
　　　2017（07）.

［105］叶美兰，陈桂香. 工匠精神的当代价值意蕴及其实现路径的选择［J］. 高教探索，
　　　2016（10）.

［106］余同元. 传统工匠现代转型及其历史意义［J］. 鲁东大学学报，2010（5）.

［107］朱凤荣. 社会主义核心价值观视域下制造业工匠精神培育的思考［J］. 毛泽东思想
　　　研究，2017（1）.

［108］喻文德. 工匠精神的伦理文化分析［J］. 伦理学研究，2016（06）.

［109］杨红荃，苏维. 基于现代学徒制的当代"工匠精神"培育研究［J］. 职教论坛，
　　　2016（16）.

［110］闫广芬，张磊. 工匠精神的教育向度及其培育路径［J］. 高校教育管理，2017
　　　（06）.

［111］周菲菲. 试论日本工匠精神的中国起源［J］. 自然辩证法研究，2016（09）.

［112］邹仲海，徐小龙，谢萌. 工匠精神的当代解读：内涵与价值［J］. 沈阳大学学报（社
　　　会科学版），2017（06）.

［113］张培培. 互联网时代工匠精神回归的内在逻辑［J］. 浙江社会科学，2017（01）.

［114］朱京凤. 工匠精神的制度与文化支撑［J］. 人民论坛，2017（13）.

［115］张苗苗. 思想政治教育视野下工匠精神的培育与弘扬［J］. 思想教育研究，2016
　　　（10）.

［116］张迪. 中国的工匠精神及其历史演变［J］. 思想教育研究，2016（10）.

［117］张娟娟. 工匠精神在当代应用型人才职业价值观的缺失与培育研究［J］. 河北工程
　　　大学学报（社会科学版），2018（6）.